ベーシック
有機構造解析

森田博史・石橋正己 著

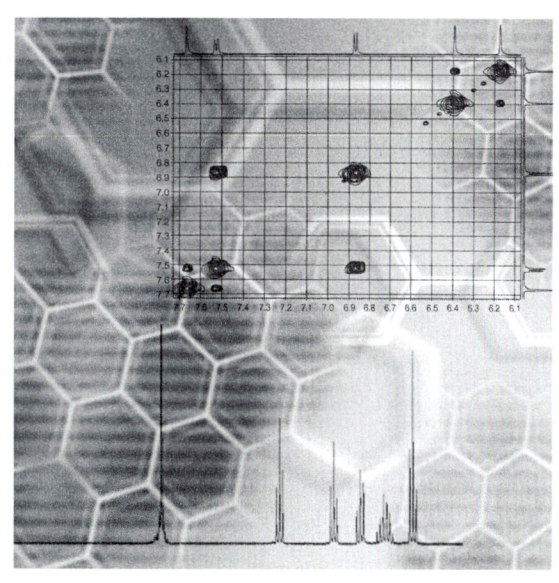

化学同人

まえがき

　最近の分析機器の進歩はめざましく，スペクトル解析による有機化合物の同定，構造決定は，天然物化学をはじめとして有機化学や分析化学の分野において必要不可欠である．一方，生体機能成分などの解明のためには，微量の有機化合物の構造を迅速に決定することが重要である．しかしながら，有機化学や分析化学の講義のなかで有機構造解析に対して十分な時間を割けない場合も少なくない．また，数多くの有機構造解析に関するデータ集，解説書，問題集などが出版されているが，学部学生を対象として，理論をわかりやすく説明して，演習問題によってそれらの知識を確認するような手頃な教科書は少ない．

　本書は，大学ではじめて有機化合物のスペクトル解析を勉強するような学生を対象とした教科書として編集した．特徴は，前半にUV，IR，MS，NMRなどのスペクトルの基礎理論を解説したあと，実際のチャートによる演習を数多く掲載していることである．とくに，多くの構造情報がNMRより得られるため，NMR解析を中心に構成した．また，基礎理論の理解のための平易な設問や，特徴的な天然物を用いた実際の構造解析法まで，順序よく理解できるように配列した．厚いスペクトルデータ集にみられるような詳細な記述は，可能な限り削除して，スペクトルによってどのような情報が得られるか，また基本的なスペクトルデータの読み方，解析の仕方を，実際のチャートを解析しながら身につくように編集した．一方，最近の技術進歩で測定が容易になった二次元NMR法の説明や解析は，紙面の関係から最小限にとどめた．薬学，理学，農学のみならず生命科学に関連した分野における入門書として役立つことを願っている．また，薬学部におけるCBTや薬剤師国家試験の対策としても役立つように意識して編集した．

　なお，本書に掲載したスペクトルチャートの多くは，独立行政法人産業技術総合研究所（SDBS）Web*より許可を得て転載させていただきました．ここに謝意を表します．最後に，天然物のNMRデータの測定と問題作成に協力していただいた星薬科大学 平澤祐介博士，また，本書の出版を熱心に勧められ著者との打ち合わせや校正などで多大な労をとられた化学同人編集部の皆さんに深く感謝致します．

2011年 早春

著者

---

* SDBS Web：http://riodb01.ibase.aist.go.jp/sdbs/〔（独）産業技術総合研究所，2011年2月〕

目　次

Part 1：スペクトル解析の基礎

第❶章　有機構造解析 ………………………………………………… 2
1.1　はじめに …………………………………………………………… 2
1.2　スペクトル分析の特徴 …………………………………………… 4

第❷章　UV スペクトルの解析 ……………………………………… 5
2.1　UV スペクトルとは ……………………………………………… 5
2.2　UV スペクトルで何がわかるか ………………………………… 5
2.3　測定 ………………………………………………………………… 7
2.4　チャートの見方 …………………………………………………… 8
2.5　解析 ………………………………………………………………… 8
【UV：確認問題】 ……………………………………………………… 9

第❸章　IR スペクトルの解析 ……………………………………… 10
3.1　IR スペクトルとは ……………………………………………… 10
　3.1.1　結合の振動 ………………………………………………… 10
　3.1.2　振動のエネルギー ………………………………………… 11
3.2　IR スペクトルで何がわかるか ………………………………… 11
3.3　測定 ……………………………………………………………… 11
3.4　チャートの見方 ………………………………………………… 12
3.5　解析 ……………………………………………………………… 13
　3.5.1　伸縮振動 …………………………………………………… 13
　3.5.2　変格振動 …………………………………………………… 13
　3.5.3　4000〜2500 cm^{-1} の領域（ヒドロキシ基，アミンの領域） ……… 14
　3.5.4　2500〜2000 cm^{-1} の領域（三重結合の領域） …………… 14
　3.5.5　2000〜1500 cm^{-1} の領域（カルボニル，二重結合の領域） …… 14
　3.5.6　1500〜400 cm^{-1} の領域（指紋領域） …………………… 16
【IR：確認問題】 ……………………………………………………… 16

第4章　MS スペクトルの解析 …… 17

- 4.1　MS スペクトルとは …… 17
- 4.2　MS スペクトルで何がわかるか …… 17
  - 4.2.1　同位体イオン …… 17
  - 4.2.2　高分解能 MS スペクトル …… 18
  - 4.2.3　窒素ルール …… 18
  - 4.2.4　不飽和度 …… 18
- 4.3　測定 …… 19
- 4.4　チャートの見方 …… 21
- 4.5　解析 …… 22
  - 4.5.1　結合の開裂様式 …… 22
  - 4.5.2　代表的な開裂様式 …… 23
- 【MS：確認問題】 …… 27
- 【コラム】ホモリシスとヘテロリシス　22／カルボカチオン，アリルカチオン，ベンジルカチオンの安定性　24／芳香族性　25

第5章　NMR スペクトルの解析 …… 29

- 5.1　^{1}H NMR スペクトルとは …… 29
  - 5.1.1　原子核と核スピン …… 29
  - 5.1.2　NMR 現象 …… 30
  - 5.1.3　NMR シグナルの強さ …… 32
- 5.2　^{1}H NMR スペクトルで何がわかるか …… 34
  - 5.2.1　化学シフト …… 34
  - 5.2.2　積分 …… 39
  - 5.2.3　カップリング …… 40
- 5.3　^{13}C NMR と二次元 NMR 法 …… 46
  - 5.3.1　パルス NMR …… 46
  - 5.3.2　^{13}C NMR …… 53
  - 5.3.3　二次元 NMR …… 55
- 5.4　測定 …… 58
  - 5.4.1　試料の調製 …… 58
  - 5.4.2　測定の手順 …… 59
- 5.5　チャートの見方 …… 60
  - 5.5.1　共鳴周波数とスペクトル …… 60
  - 5.5.2　カップリングシステム …… 61

5.5.3　化学的等価と磁気的等価 …………………………………… 64
　　5.5.4　ヒドロキシ基など重水素交換可能な水素シグナル ……… 64
　5.6　解析 ……………………………………………………………………… 66
　　5.6.1　ジエチルエーテル（diethyl ether） ………………………… 66
　　5.6.2　酢酸エチル（ethyl acetate） …………………………………… 66
　　5.6.3　トルエン（toluene） ……………………………………………… 67
　　5.6.4　ジメチルホルムアミド（dimethylformamide；DMF） …… 68
　【NMR：確認問題】 ………………………………………………………… 69

第6章　そのほかのスペクトル分析 …………………………………… 71

　6.1　はじめに ………………………………………………………………… 71
　6.2　旋光度（比旋光度） …………………………………………………… 71
　　6.2.1　旋光度とは ………………………………………………………… 71
　　6.2.2　旋光度の測定 …………………………………………………… 72
　【旋光度：確認問題】 ……………………………………………………… 72
　6.3　円二色性（CD）スペクトル ………………………………………… 73
　　6.3.1　円二色性とは …………………………………………………… 73
　　6.3.2　円二色性で何がわかるか（絶対立体配置決定への応用） … 73
　　6.3.3　円二色性の測定 ………………………………………………… 75
　【CD：確認問題】 ……………………………………………………………… 76
　6.4　X線結晶解析 …………………………………………………………… 77
　　6.4.1　X線結晶解析とは ………………………………………………… 77
　　6.4.2　X線結晶解析で何がわかるか ………………………………… 77
　　6.4.3　結晶解析の構造の正確さ ……………………………………… 80
　　6.4.4　X線結晶解析の測定 ……………………………………………… 80
　【X線結晶解析：確認問題】 ……………………………………………… 81

Part 2：スペクトル解析の演習

第1章　IRスペクトルの問題（問題1-1～問題1-4） ……………… 84

第2章　MSスペクトルの問題（問題2-1～問題2-4） ……………… 89

第❸章　NMRスペクトルの問題(問題3-1〜問題3-17)……………96

第❹章　総合問題(問題4-1〜問題4-32)………………………110

第❺章　天然有機化合物のスペクトル解析と問題…………………182
　❶ 構造解析法の流れ ……………………………………………182
　❷ 演習問題(クエルセチン，スコポラミン，メントール)……………184

問題の解答………………………………………………………199
索　引……………………………………………………………211

part

スペクトル解析の基礎

chapter 1 有機構造解析

1.1 はじめに

　医薬品をはじめとする薬物や化学物質は，分子から構成され，それらの有機化合物には必ず構造式がある．構造式を知ることは，きわめて基本的なことであり，構造式をみれば，その化合物の性質が推察できる．有機化学の反応も合成法も構造式で書かれているので，まず構造式に慣れることが必要である．構造解析のためには，さまざまな機器分析を用いて解析するのが主流である．多くの機器分析は，微量の試料を用いる非破壊的な分析であり，迅速に高精度で分析が行えるという特徴をもつ．また，混合物のままでの構造解析が可能な場合も多い．構造式はスペクトルを用いて間接的にではあるが，手軽に知ることができ，化合物の性質や有機化学を理解するうえでも必須である．

UV (ultraviolet spectroscopy)
IR (infrared spectroscopy)
NMR (nuclear magnetic resonance spectroscopy)
MS (mass spectrometry)
CD (circular dichroism)

ミリグラム = 10^{-3} g
ナノグラム = 10^{-9} g

　構造決定に用いられる機器分析には，紫外線吸収スペクトル（UV），赤外線吸収スペクトル（IR），核磁気共鳴スペクトル（NMR），質量スペクトル（MS），旋光度（$[\alpha]_D$），円二色性スペクトル（CD），X線結晶解析（X-ray analysis）などがあり，ミリグラムからナノグラムの試料で解析することができる．

　UV，IR，NMRは，電磁波が物質に吸収される現象を利用した吸収分光法に分類される．吸収分光法は，物質による電磁波の吸収の違いを調べることによって，構造解析に利用するものであり，電磁波の波長と分子の相互作用によって多くの情報が得られる（図1.1，1.2，表1.1）．

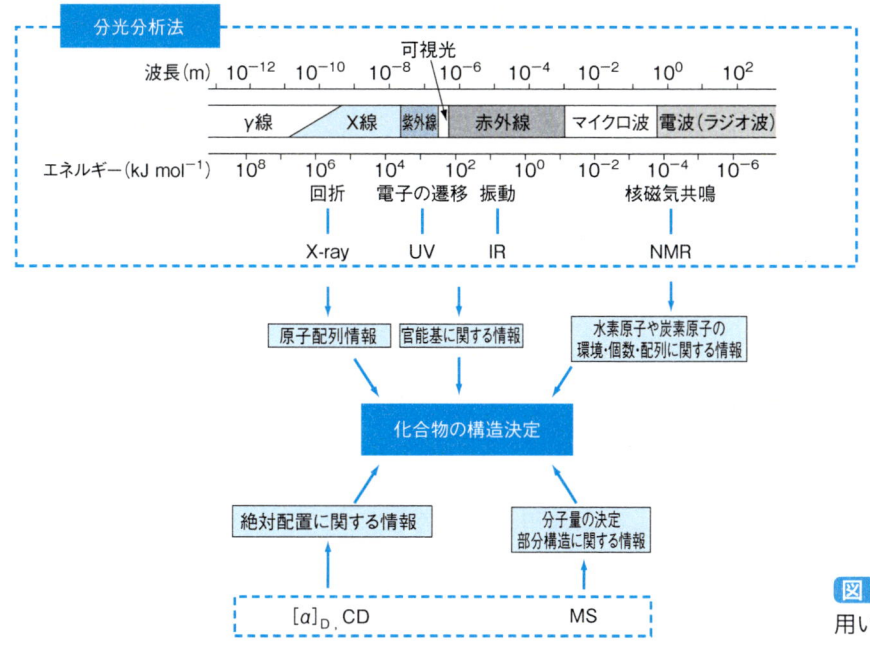

図1.1 化合物の構造決定に用いる分光法

表1.1 スペクトルから得られる情報

		UV	IR	NMR	MS
同定	定性	△	○	○	△
	定量	○	△	△	×
構造決定	分子量	×	×	△	○
	分子式	×	×	○	○
	官能基	△	○	△	△
	炭素骨格 脂肪族	△	△	○	△
	芳香族	○	○	○	△
	立体構造	×	×	○	△

○役立つ，△役立つときがある，×役立たない．

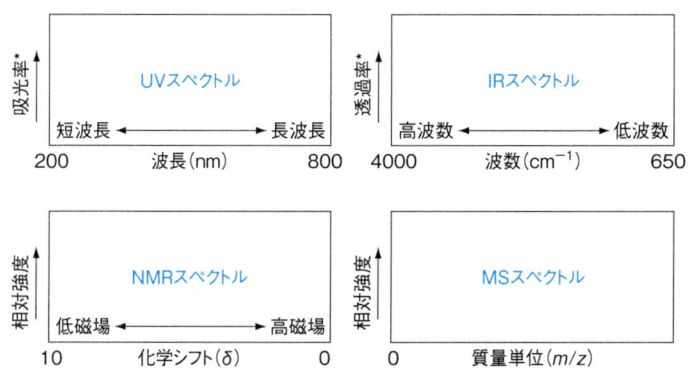

図1.2 スペクトルの縦軸と横軸

* 吸光度(ε)，透過度(%)ともいう．

1.2 スペクトル分析の特徴

電子遷移
分子の電子状態が，光を吸収することによって変わることを電子遷移という．

共役系構造
分子中の結合電子が非局在化している状態を共役系という．

UV：紫外・可視部の光を照射すると，基底状態の電子が電子遷移を起こす．この吸収は構造に特有のものであり，共役系構造をもつ化合物は紫外線の吸収が起こり，構造を推定できる．

IR：分子は固有振動しており，赤外線を照射すると，固有振動と同じ振動数の光を吸収する．官能基特有の吸収が強く現れる．

NMR：^{1}H や ^{13}C の化学シフト（ケミカルシフト），分裂様式（カップリング），積分値の情報から，化合物の構造情報が得られる．

MS：物質のイオン化によって質量や部分構造の情報が得られる．

[α]$_D$，CD：光学活性物質の純度や絶対立体配置の情報が得られる．

X-ray：単結晶に X 線を照射し，観測される回折から，物質の立体構造や絶対立体配置の情報が得られる．

chapter 2 UVスペクトルの解析

2.1 UVスペクトルとは

基底状態にある分子が可視・紫外線の光エネルギーを吸収すると電子が遷移し,励起状態の分子が生じる(基底状態から励起状態への励起)(図2.1).状態間のエネルギーの差に等しいエネルギーが吸収される.吸収スペクトルの波長と強度は物質に特有であり,この分析法を紫外線吸収スペクトル法(UV)という.

UV:ultraviolet spectroscopy

最高被占軌道(HOMO:the highest occupied molecular orbital)

最低空軌道(LUMO:the lowest unoccupied molecular orbital)

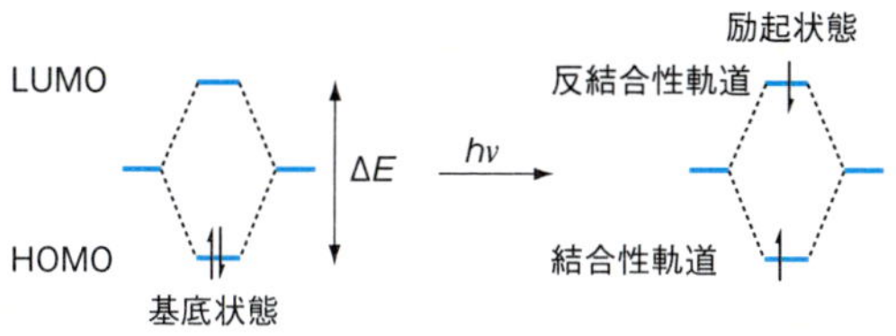

図2.1 基底状態から励起状態への電子遷移

2.2 UVスペクトルで何がわかるか

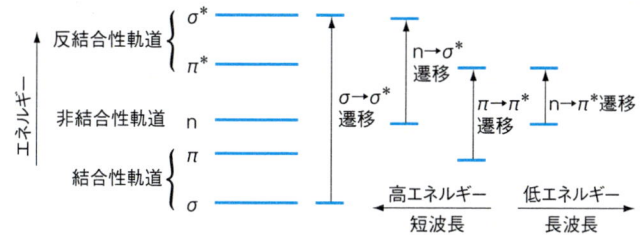

図2.2 各軌道間のエネルギー準位と電子遷移

不飽和炭化水素:π→π*遷移,カルボニル化合物:π→π*遷移,n→π*遷移.

紫外から可視領域の光を吸収する分子構造部分を**発色団**(chromophore)とよぶ.σ結合の**結合性軌道**(bonding orbital)と**反結合性軌道**(anti-bonding orbital)のエネルギー差はπ結合のものより大きいので,σ結合の励起はπ結

合の励起より高いエネルギー，すなわち短い波長の光を必要とする．π結合や孤立電子対の反結合性軌道への電子励起は，σ結合の電子励起に比べて小さいエネルギーで起こり，より長波長部に吸収をもつ(図2.2)．

表2.1に発色団に関係する電子遷移を示した．電子遷移には，σ→σ*，n→σ*，π→π*，n→π*があるが，一般に分光光度計では，波長が200 nm以上であるため，遷移エネルギーの小さいπ→π*，n→π*吸収帯が観測される．π→π*吸収帯は短波長側に，n→π*吸収帯は長波長側に観測される．π→π*吸収帯は不飽和炭化水素に特徴的であり，カルボニル化合物には，π→π*吸収帯とn→π*吸収帯が観測される．

表2.1 発色団に関係する電子遷移と吸収波長

発色団		電子遷移	λ_{max}(nm)
σ結合系	C—C, C—H	σ→σ*	～150
孤立電子対	—Ö—	n→σ*	～185
	—N<	n→σ*	～195
	—S̈—	n→σ*	～195
π結合系	C=Ö	n→σ*	～190
	C=Ö	n→π*	～300
	C=C	π→π*	～190
		π→π*(共役系)	220～

図2.3に示すように共役ジエンでは，π電子は非局在化し，ジエンの**最高被占軌道(HOMO)**と**最低空軌道(LUMO)**のエネルギー差は孤立した二重結合のものより小さく，励起は長波長側で起こる．共役によりHOMOとLUMO間が小さくなっている．さらに共役を伸ばすとHOMOとLUMO間は狭くなり，長波長側に吸収をもつ．

共役系のπ→π*遷移やn→π*遷移は特徴的な吸収を示す．共役系に窒素

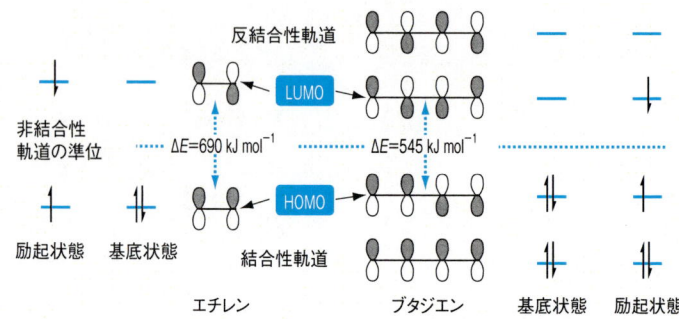

図2.3 エチレンとブタジエンの分子軌道
HOMOとLUMOのエネルギーの違いが共役とともに減少する．

や酸素などのヘテロ原子が含まれると，ヘテロ原子上の孤立電子対が共鳴に関与して，長波長に吸収をもつ(HOMO と LUMO 間の差が小さくなる)．このように共役を広げるヘテロ原子を含む置換基(OR, NR_2, NO_2, CO_2R など)を**助色団**(auxochrome)とよぶ．

2.3 測 定

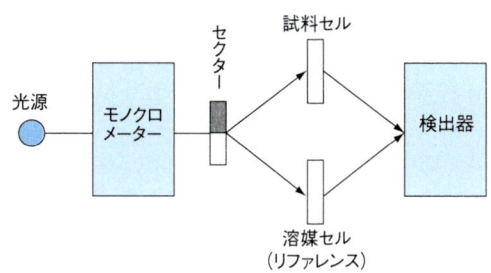

セクター
分光器(モノクロメーター)からの単色光を試料側と対照側光束に振り分ける鏡．

図 2.4 分光計の概略(ダブルビーム)

吸光度は，**ランベルト-ベールの法則**(Lambert-Beer law)

$$A = -\log I/I_0 = \varepsilon c l$$

(c: 溶液のモル濃度，l: セル長 cm，ε: モル吸光係数)

により，溶液の濃度とセル長に比例する．チャートでは，ε あるいは $\log \varepsilon$ を縦軸に，波長を横軸に用いる．

試料は溶媒に溶かして測定し，溶媒のみからなる対照液(リファレンス液)を用いて吸収を補正する(図 2.4)．よく使用される溶媒の測定可能領域を示した(図 2.5)．セルは，紫外領域に吸収をもたない石英セルが用いられる．

モル吸光係数
モル吸光係数，ε．溶質 1 mol/L 溶液，波長 λ におけるセル長 1 cm 当たりの光の吸収の強さを示す量．

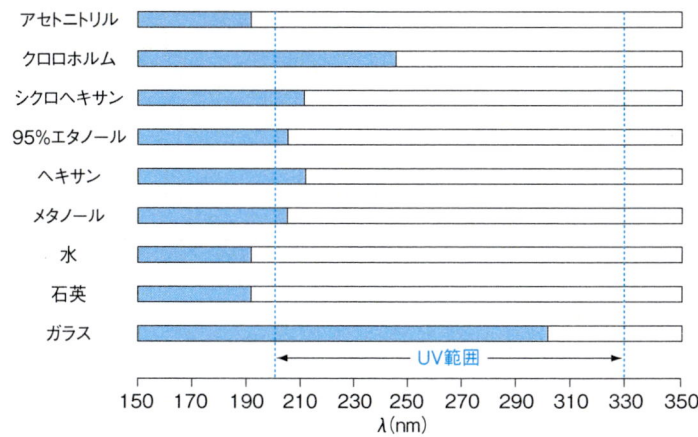

図 2.5 溶媒の UV 吸収
紫外-可視スペクトルにおいてよく使用される溶媒の 150〜350 nm 領域における吸収〔吸収のない部分(☐)〕．

2.4　チャートの見かた

スペクトルの横軸は，波長（nm），縦軸は吸光度 A（ε あるいは $\log \varepsilon$）または透過率 T であり，右側が長波長で低エネルギー状態に対応する．

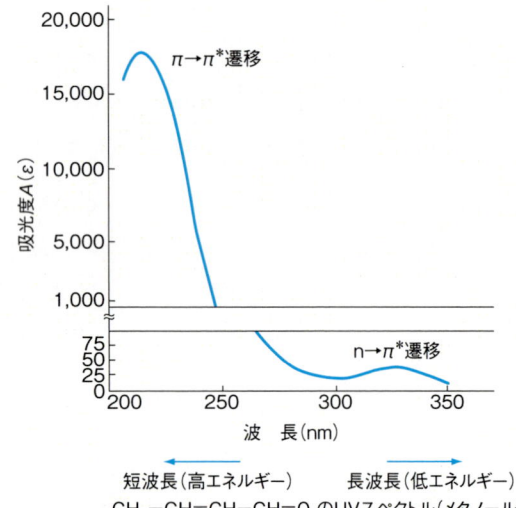

図2.6　チャート
$CH_3-CH=CH-CH=O$ のUVスペクトル（メタノール）

2.5　解析

UV スペクトルは，発色団（C＝C，C＝O，N＝N，N＝O など）と助色団（非結合電子対をもつ―OH，―NH_2，―SH など）が共役すると，吸収は長波長に移動（深色シフト，レッドシフト）し，吸収強度が増大（濃色シフト）する．吸収は置換基の導入や溶媒の種類により変化し，短波長に移動（浅色シフト，ブルーシフト）したり，吸収強度が減少（淡色シフト）することもある．

一般に，多重結合は共役すると深色シフトし，濃色シフトする．また，極性の大きい溶媒ほど，$\pi \rightarrow \pi^*$ では深色シフトを，$n \rightarrow \pi^*$ では浅色シフトする．

図2.7のように 2,6-ジクロロフェノール（2,6-dichlorophenol）やアニリン（aniline）に塩基や酸を加えると特徴的なシフトを示す．2,6-ジクロロフェノールに塩基を加えると酸素の孤立電子対が芳香環の共鳴に関与するために深色シフト（レッドシフト）を起こす．逆に，アニリンに酸を加えると，プロトン化により孤立電子対が共役に加わらずに，浅色シフト（ブルーシフト）を起こす．

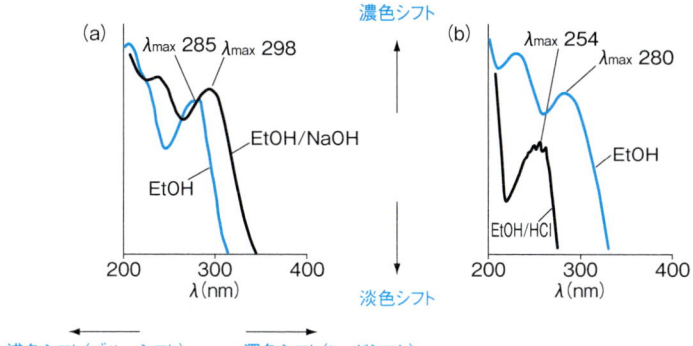

図 2.7 UV スペクトルの各種のシフト

（a）2,6-ジクロロフェノールの紫外-可視スペクトル：溶液がアルカリ性になると λ_{max}（深色シフト）や吸光度が大きくなる（濃色効果）ことに注意.（b）アニリンの紫外-可視スペクトル：塩酸酸性にすることにより λ_{max}（浅色シフト）や吸光度が小さくなり（淡色効果），ベンゼンの吸収スペクトルに近くなる.

UV　確認問題：次の正誤問題に答えなさい．

1. UV 吸収は，おもに σ 結合に関与する電子遷移により起こる．

2. π → π* 遷移の起こりやすい C＝O，C＝C などを共役したものを助色団という．

3. 共役が延長すると，吸収極大波長は長波長側へシフトする．

4. 複数の発色団が二つ以上の単結合で隔てられている場合，それぞれの発色団の特異吸収を合わせた吸収が現れる．

5. 非共有電子対を有する —OH，—NH，—OR が発色団に結合すると，吸収極大波長は長波長シフトするが吸光度への影響はない．

6. 紫外-可視吸収スペクトル（ultraviolet-visible spectrum）は，物質特有のスペクトルであり，定量分析と定性分析の両方に用いられる．

7. 物質の溶液の pH を変化させたところ，吸収極大波長が長波長側へシフトした．この効果を深色効果という．

8. セル長を 1 cm，溶液のモル濃度を 1 mol/L として換算したときの吸光度 A をモル吸光係数という．

9. UV スペクトルの光源として，タングステンランプやハロゲンランプを用いる．

10. 不飽和結合の共役が長くなると，π → π* 遷移に必要なエネルギーは大きくなる．

11. 発色団があっても，共役していない化合物は，UV 吸収を示さない．

12. フェノール性化合物などは，溶液が塩基性に変わると，極大吸収波長も変化することがある．

chapter 3
IRスペクトルの解析

3.1 IR スペクトルとは

　分子全体は，振動している．その分子に**赤外線**（infrared：IR）を照射すると，分子固有の振動エネルギーに合致したとき，分子の振動は共鳴し，対応した赤外線が吸収され振動が増大する．この分子の構造に応じた特有のスペクトルが赤外線吸収スペクトル（infrared spectroscopy）である．

3.1.1 結合の振動

　結合振動には，伸縮振動（高エネルギー，3.5.1 参照）と変角振動（低エネルギー，3.5.2 参照）がある．一般に特定の結合の振動励起のほかに，分子全体の振動（倍音や結合音）があるので複雑なスペクトルとなる．しかし，スペクトル解析の過程を理解するためにも，振動励起に必要なおおよそのエネルギーを知ることは重要である．

　結合の振動数は，単純な球とバネを用いて，**フックの法則**（Hooke's law）により力の定数と原子の換算質量に関連づけられる．たとえば，C—H の伸縮振動は，以下のように計算できる．

$$\nu = \frac{1}{2\pi}\sqrt{\frac{k}{\frac{m_1 m_2}{(m_1+m_2)}}}$$

ν ＝ 振動数，k ＝ 結合の力の定数
m_1, m_2 ＝ 二つの構成原子の質量
$[m_1 m_2/(m_1+m_2)]$ ＝ 換算質量

C—H 伸縮振動の計算

$k = 500\,\mathrm{N\,m^{-1}} = 5.0\times10^2\,\mathrm{kg\,s^{-2}}\,(1\,\mathrm{N} = 1\,\mathrm{kg\,m\,s^{-2}})$, $m_{炭素} = 20\times10^{-27}\,\mathrm{kg}$；$m_{水素} = 1.6\times10^{-27}\,\mathrm{kg}$

$$\nu = \frac{1}{2\pi}\sqrt{\frac{5.0\times10^2\,\mathrm{kg\,s^{-2}}}{(20\times10^{-27}\,\mathrm{kg})\times(1.6\times10^{-27}\,\mathrm{kg})/[(20+1.6)\times10^{-27}\,\mathrm{kg}]}} = 9.3\times10^{13}\,\mathrm{Hz}$$
$$= 3.3\,\mu\mathrm{m} = 3000\,\mathrm{cm^{-1}}$$

3.1.2 振動のエネルギー

前項より，結合が強くなったり，振動に関係する原子の質量が小さくなると結合の振動数が大きくなる（フックの法則）．

(1) 伸縮振動は変角振動よりも大きなエネルギーを必要とするので，より高振動数（高波数）に吸収が現れる．

(2) 単結合，二重結合，三重結合の振動励起は，この順に高いエネルギーを必要とする．したがって，三重結合（2200 cm^{-1} 付近）は，二重結合（1650 cm^{-1} 付近）よりも高い振動数の電磁波を吸収する．また，二重結合は単結合よりも高い振動数の電磁波を吸収する（図 3.1）．

波数（cm^{-1}），波長（λ），振動数（ν）の関係

$$波数 = \frac{1}{\lambda} = \frac{\nu}{c}$$

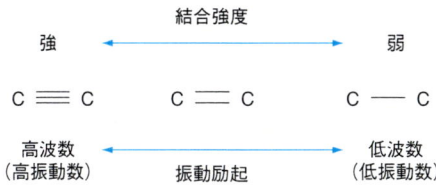

図 3.1 結合の多重度と振動数の関係

(3) 換算質量が小さいほど振動励起には大きなエネルギーを必要とし，高振動数の電磁波を必要とする．したがって，O—H と C—H 伸縮は，C—O や C—C 伸縮よりも高い振動数の赤外線を吸収する．

3.2 IR スペクトルで何がわかるか

官能基の種類（カルボニル基やヒドロキシ基）や多重結合の情報が得られる．さらに，水素結合などの情報も得られる．また，既知化合物と指紋領域を比較して化合物の同定ができる．

指紋領域
400～1500 cm^{-1} の領域には，変角振動および伸縮振動などが複雑に現れることから指紋領域といわれる．

3.3 測定

IR 測定に用いられる試料は，固体および液体であるが，気体も測定できる．十分に乾燥した試料を用いる．

(a) KBr 法（臭化カリウム錠剤法）：固体試料の標準的測定法で，KBr（KCl）を加えてすり混ぜて，加圧製錠する．

(b) ペースト（ヌジョール）法：固体試料に流動パラフィンを加えて，よく練り合わせ試料ペーストを作製する．

(c) 溶液法：固体および液体試料を溶媒（クロロホルム，四塩化炭素，二硫化炭素など）に溶解して，固定セルに入れる．ヌジョールあるいは

クロロホルムを溶媒として用いる場合には，ヌジョールやクロロホルムの吸収により，分光計の感度が失われる領域があるので，注意が必要である（図 3.2）．

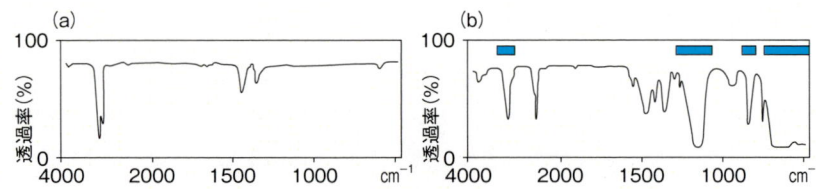

図 3.2 測定溶媒の赤外スペクトル
（a）ヌジョールの赤外スペクトル：2919，2861，1458，1378 cm^{-1} に大きな吸収をもつ．（b）クロロホルムの赤外スペクトル：■の部分は分光計の感度が失われる領域である．

（d）液膜法：液体試料を 2 枚の板の間に挟んで測定する．
（e）薄膜（フィルム）法：ろう状の試料（合成樹脂，高分子物質）をセルに塗る．
（f）気体セル法：気体試料を気体セルに圧力をかけて導入する．
（g）ATR 法（attenuated total reflection；全反射測定法）：試料表面で全反射する光を測定することによって，表面の吸収スペクトルを得る．

赤外分光光度計には，分光の方法によって，分散型とフーリエ変換（FT；Fourier transform）赤外分光光度計がある（図 3.3）．分散型は，試料を通過後の光を回折格子により分散させ，スリットを通す光の波長を変化させて，検出器で観測する．一方，干渉波を試料に通して，その信号をデジタル信号化してフーリエ変換するのがフーリエ変換赤外分光光度計である．

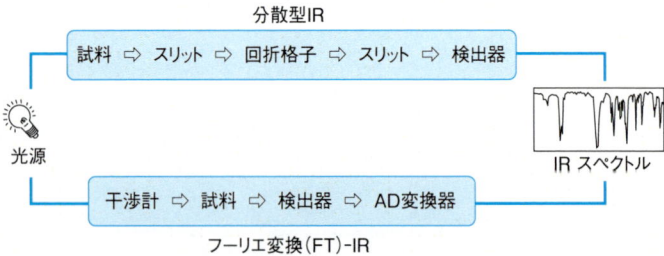

図 3.3 赤外線分光光度計の概略

3.4 チャートの見かた

チャートの横軸には，波数（cm^{-1}，カイザー），縦軸には透過率（T，%）が用いられる（図 3.4）．1500～4000 cm^{-1} は特性吸収帯（伸縮振動）が観測され官能基の定性に利用される．400～1500 cm^{-1} は指紋領域（伸縮＋変角振動）とよばれ，複雑なスペクトルを与え，化合物の同定に利用される．

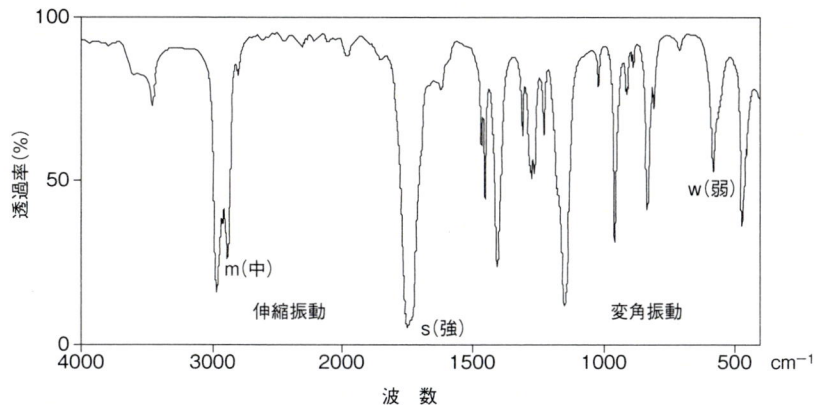

図 3.4 シクロペンタノン(cyclopentanone)の IR スペクトル(液膜)
〔SDBSWeb による〕

3.5 解析

IR の吸収は，結合の**伸縮振動**(stretching vibration)と**変角振動**(deformation vibration)とによって生じる(図 3.5)．

3.5.1 伸縮振動

二つの原子間の振動を二つの球体の間にバネがあると考えると，バネが強いほど振動が速くなる．C—H 結合は 3000 cm^{-1} に，C—C 結合は 1000 cm^{-1} 付近に吸収がある．多重結合が増加するとバネが強くなるので，C=C 結合は 1650 cm^{-1} に，C≡C 結合は 2200 cm^{-1} に吸収が認められる．

とくに，ヒドロキシ基(—OH)の伸縮振動(3600 cm^{-1} 付近)，カルボニル基(—C=O)の伸縮振動(1700 cm^{-1} 付近)による官能基の特定は重要である．

3.5.2 変角振動

1600 cm^{-1} より低波数側に吸収が現れる．この領域のスペクトルは，伸縮振動も含まれるが物質固有のパターンを示すので，指紋領域(1500〜600 cm^{-1})とよばれ，物質の同定に応用できる(図 3.6)．

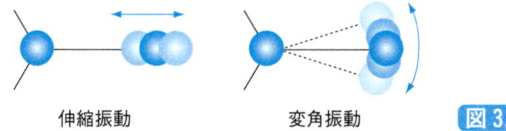

図 3.5 伸縮振動と変角振動

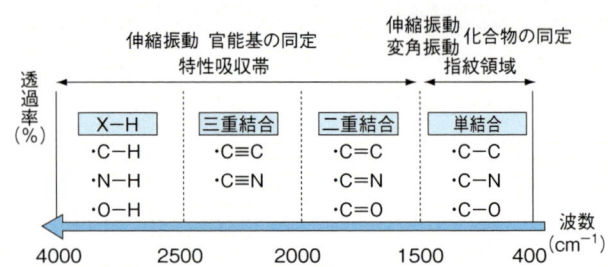

図3.6 おもな官能基の吸収帯

3.5.3　4000～2500 cm^{-1}の領域(ヒドロキシ基，アミンの領域)

　OH基の伸縮振動は，分子間水素結合のために3550～3200 cm^{-1}付近にブロードな吸収として観測される．カルボン酸になると，分子間水素結合により二量体を形成するため，さらに幅広い吸収帯になる．OH基が単量体の吸収を示す場合(水素結合していない場合)は，3600 cm^{-1}付近に鋭い吸収として観測される．分子間水素結合を形成したOH基の吸収(3550～3200 cm^{-1}付近)は，四塩化炭素などの溶液法で，濃度を薄くして測定することにより，分子内水素結合を形成したOH基と区別することができる．アミンのN—Hの吸収は，O—Hと同じ領域に観測されるのでまぎらわしいが，一般にO—H伸縮振動よりも強度が弱い．

水素結合
分子間水素結合は，濃度を薄くすると消失し，水素結合していないOH基の吸収(～3600 cm^{-1})に変わる．一方，分子内水素結合は，濃度を薄くしても消失しない．

3.5.4　2500～2000 cm^{-1}の領域(三重結合の領域)

　三重結合(C≡C)，シアノ基(C≡N)，アレン(C=C=C)などの累積二重結合の吸収が観測される．また，この領域に二酸化炭素が強い吸収をもち，バックグラウンドによる補正が効かない場合，大気中のCO$_2$の吸収が現れることがある．

3.5.5　2000～1500 cm^{-1}の領域(カルボニル，二重結合の領域)

　最も重要な領域であり，カルボニルC=Oと二重結合C=Cの伸縮振動が現れる．カルボニル基の伸縮振動は，1700 cm^{-1}付近に観測され，大きな双極子モーメントのために，非常に強い吸収を示す(図3.7)．以下に示すように，正確な吸収位置を読み取ることにより，カルボニル基の種類の判別に用いられる．

　　(1) カルボン酸誘導体RCOXは，置換基Xの電気陰性度が高いほど，高い波数側に吸収を示す．酸塩化物は，1850～1740 cm^{-1}，酸臭化物は，それより高波数側に，酸ヨウ化物は低波数側に吸収を示す．

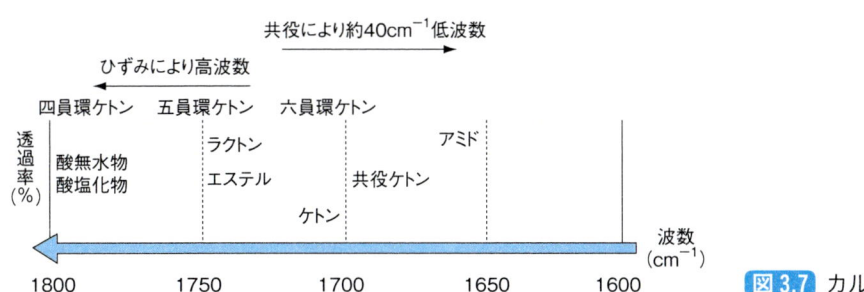

図3.7 カルボニルの吸収帯

$$\text{RCOCl} > \text{RCOBr} > \text{RCOI}$$
$$1850\sim1740\ \text{cm}^{-1}$$

（2）エステル，ケトン，アルデヒドは，それぞれ，1750～1735 cm^{-1}，1725～1705 cm^{-1}，1720～1700 cm^{-1} 付近に吸収を示す．

$$\text{RCOOR} > \text{RCOR} > \text{RCHO}$$
1750～1735 cm^{-1}　　1725～1705 cm^{-1}　　1720～1700 cm^{-1}

（3）環状ケトンの場合は，六員環よりも小さな環に含まれるケトンの吸収は，環のサイズが小さくなるにしたがって，カルボニル炭素の結合角は小さくなり，吸収は高波数側にシフトする．ラクトン環も同様である．逆に，環サイズが大きくなっても，あまり変化しない．

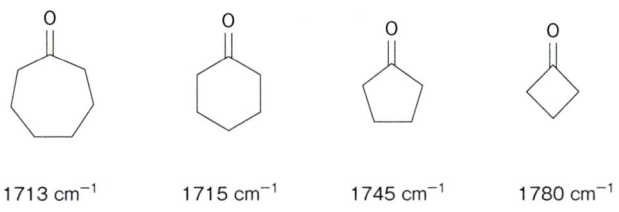

1713 cm^{-1}　　　1715 cm^{-1}　　　1745 cm^{-1}　　　1780 cm^{-1}

（4）共役ケトン（二重結合や芳香環と共役，α，β-不飽和カルボニル）の場合は，共役がない場合に比べて，約 40 cm^{-1} 程度低波数側にシフトする．

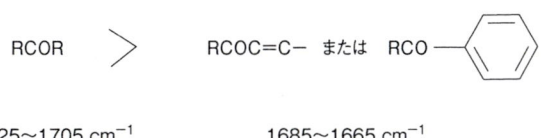

1725～1705 cm^{-1}　　　　　1685～1665 cm^{-1}

（5）アミドは，1685〜1665 cm^{-1} にカルボニル基の吸収がある．アミドでは，α, β 位に不飽和結合を導入すると逆に 15 cm^{-1} 高波数側にシフトする．

（6）カルボニル基が分子内水素結合を形成すると約 50 cm^{-1} 低波数側にシフトを起こす．また，電子求引性の置換基がカルボニルの α 位に導入されると，約 20 cm^{-1} 高波数側にシフトする．

（7）アルケンの二重結合は，1680〜1500 cm^{-1} に比較的強く観測される．

（8）芳香環は，1600〜1500 cm^{-1} に二つか三つの吸収を示す．

3.5.6　1500〜400 cm^{-1} の領域（指紋領域）

この領域の多くの吸収を帰属することは困難である．指紋領域とよばれ，この領域を既知化合物と比較して化合物を同定することが可能である．

IR　確認問題：次の正誤問題に答えなさい．

1．赤外吸収スペクトルの測定により，炭素の数が推定できる．

2．赤外吸収スペクトルから，有機化合物のもつ官能基の情報が得られる．

3．赤外吸収スペクトル測定法では，分子の原子核の伸縮振動や変角振動に伴う光の吸収を測定する．

4．赤外線吸収（IR）スペクトルは通常縦軸に透過率を％で，横軸に波数を Hz で表す．

5．IR スペクトルは，波数 4000〜400 cm^{-1} の範囲で観測され，その波長は 2.5〜25 μm に対応している．

6．通常固体のまま測定し，溶液とした試料の測定はできない．

7．透過率は濃度に比例しているため定量分析も可能である．

8．3000〜2850 cm^{-1} 付近の吸収は，脂肪族の C—H の伸縮振動による吸収である．

9．溶液法のセルの材質として，塩化ナトリウムや臭化カリウムが用いられる．

10．アルコールやフェノールのヒドロキシ基は 3400〜3200 cm^{-1} に鋭い吸収が現れる．

11．カルボニルの C＝O 伸縮振動は 1800〜1650 cm^{-1} に現れるが，電子求引基が結合すると，高波数にシフトする．

12．ヒドロキシ基の伸縮振動は，水素結合などの影響により低波数側にシフトする．

13．IR スペクトルでは，気体の試料の測定はできない．

14．波数 2000〜1500 cm^{-1} の領域は指紋領域とよばれ，化合物の同定に利用される．

15．一般に伸縮振動は変角振動より高波数に観測される．

16．ベンゼン環の存在は，1600〜1500 cm^{-1} の吸収帯により推定できる．

chapter 4 MSスペクトルの解析

4.1 MSスペクトルとは

　MSスペクトル法(mass spectrometry)とは，分子を高真空下で気化させた後にイオン化し，これを質量ごとに分離して検出する方法である．代表的なイオン化法の一つであるEI(electron impact，電子衝撃イオン化)法では，試料に高エネルギーの電子を照射し，分子から電子1個を追いだして，ラジカルカチオン($M^{+\cdot}$，分子イオンまたは親イオン)にする．さらに，ラジカルカチオンは，開裂を起こしていくつかのフラグメントイオン(開裂イオン)を与える．これらのイオンを記録したものをMSスペクトルとよび，イオンを質量(m)と電荷(z)の比(m/z)の順に分離して記録する．したがって，分子量がわかるとともに，フラグメントイオンから，分子構造に関する重要な情報が得られる．また，分子式の決定のために高分解能MSスペクトル法が利用される．

ラジカルカチオン
通常，分子は偶数個の電子が2個対になって存在する．何かの条件により電子が一つしかなくなると，後には+1の電荷をもったイオンが残る．これをラジカルカチオンとよぶ．

4.2 MSスペクトルで何がわかるか

　分子イオンピークの質量から試料の分子量の情報が得られる．さらに，フラグメントイオンから分子構造が推定できる．また，同位体存在比(たとえばClやBr)から分子イオン中の原子の存在の有無や数が推定できる．既知化合物とスペクトルを比較することにより化合物の同定もできる．

4.2.1 同位体イオン

　MSスペクトルでは，おのおのの原子を測定するので同位体比率がわかる．炭素は約99％が^{12}Cであり，約1％が^{13}Cである．したがって，炭素10個の分子イオンピークは，^{13}Cを一つ含む分子に対応するM+1ピークを10％の相対強度で伴う．臭素原子や塩素原子を含む分子の同位体パターンを知る

ことは重要である（図 4.1）．臭素は，^{79}Br と ^{81}Br の二つの同位体から成っており，組成比は約 1：1 である．塩素は，二つの同位体 ^{35}Cl と ^{37}Cl から成っており，組成比は約 3：1 である．このような二つの同位体存在比をもつ系において，含有元素数とピークの相対強度の関係は，二項式 $(a + b)^n$ の展開項の係数比で表される．

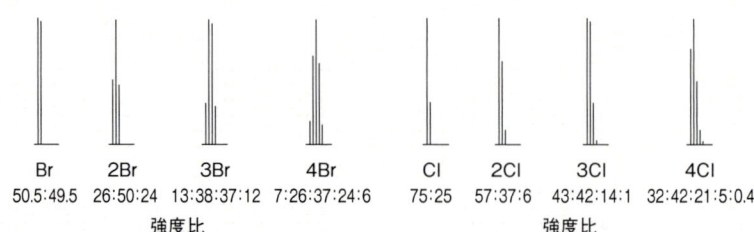

図 4.1 同位体ピークのパターン
いくつかの臭素や塩素を含む同位体ピークのパターン（各ピークの間隔は質量数 2 に相当する）．

4.2.2 高分解能 MS スペクトル

原子量は，安定同位体の質量と天然存在比から求めた原子の質量の平均値である．炭素の原子量は，12.0110 であり，これは ^{12}C の質量 12.0000 × 存在比 98.9% ＋ ^{13}C の質量 13.0034 × 存在比 1.1% ＝ 12.0110 で計算される．すなわち，原子量は，原子の質量の平均値である．一方，質量分析では，平均値を測定するのではなく，個々の分子の質量を測定する．

各同位体の精密質量より求めた精密分子質量を用いて，分子式を決定するのが高分解能 MS スペクトルである．各原子の同位体の存在比には偏りがあるので，精密質量の計算には，おもに存在比の高いピークが計算に使われる．

4.2.3 窒素ルール

窒素は，偶数の原子量と奇数の原子価をもった元素である．奇数個の窒素原子を含む化合物は，奇数の分子量をもつ．また，窒素を含まない分子や偶数個の窒素を含む化合物は，偶数の分子量をもつ．これを**窒素ルール**という．もちろん，分子イオンが M ＋ H で観測されている場合は逆になる．また，フラグメントイオンの場合にも逆になることがある．

4.2.4 不飽和度

不飽和度（水素不足指数）は下記の式で計算した値で，分子内の不飽和箇所の個数（二重結合，三重結合，環構造などの個数）を表す．不飽和度の数は，二重結合あるいは環構造 1 個につき不飽和度 1，三重結合 1 個につき不飽和度 2 とカウントする．

$$不飽和度 = 炭素数 - \frac{水素}{2} + \frac{窒素数}{2} + 1$$

ハロゲンは原子価1なので水素に，ホウ素などは原子価3なので窒素数にカウントする．原子価2の酸素，硫黄などの原子は，不飽和度に影響しない．

4.3　測　定

質量分析計は，イオン化室，質量分析部，イオン検出器の三つの部分からなり，イオン化法や質量分離の方法によって以下のように大別される．

【イオン化法】

（1）EI（electron impact）法

電子衝撃イオン化法．高速の熱電子を気化された試料に衝突させて，分子から電子を追いだしイオン化する方法．一般有機化合物に適用可能．熱に不安定な物質や高分子化合物には不適．

（2）CI（chemical ionization）法

化学イオン化法．反応ガス（メタン，アンモニアなど）を電子衝撃して得られる帯電した反応イオンで試料分子をイオン化する方法．

（3）FAB（fast atom bonbardment）法

高速原子衝撃法．グリセリンなどのマトリックスとよばれる粘稠性液体と試料をホルダーに塗布し，これにArやXeの高速原子を衝撃させ，試料分子をイオン化する方法．難揮発性物質や熱に不安定な物質にも適応可．

（4）MALDI（matrix assisted laser desorption ionization）法

マトリックス支援レーザー脱離イオン化法．マトリックスを介したレーザー脱離によるイオン化法であり，特定波長のレーザー光を吸収するマトリックスに試料を溶解させ測定する．そこにレーザーを当てるとマトリックス中の分子がすみやかにイオン化される．難揮発性物質や熱に不安定な物質にも適応可．生体高分子化合物などにも適用可．

（5）ESI（electrospray ionization）法

エレクトロスプレーイオン化法．試料を溶媒に溶かして高電圧をかけたキャピラリーの先から噴霧し，霧状の液滴を形成させ，イオン化させる方法．生体成分の分析にも用いられる．当初はHPLCの検出器として開発され，現在もLC-MSとして用いられている．高極性物質や生体高分子化合物に適応可．

【質量分離】

（1）二重収束質量分析計

単収束質量分析計は，イオンの移動する方向を磁場によって収束させて質量を識別する（図4.2）．大型の質量分析計は，磁場による質量分析部の前に電場を組み合わせたミリマス測定（高分解能測定）も可能な二重収束型がほと

> **ミリマス測定**
> あるピークの精密な質量から，そのイオンの組成式を推定することができる．これを高分解能測定，ミリマス測定などという．

んどである（図4.3）．イオン源から放出されるイオン群は，エネルギーと方向に広がりをもつため，検出器に到達するときの分解能を損なう原因となる．電場と磁場を組み合わせ，イオン群のエネルギーと方向を同時に収束させる装置を二重収束質量分析計という．

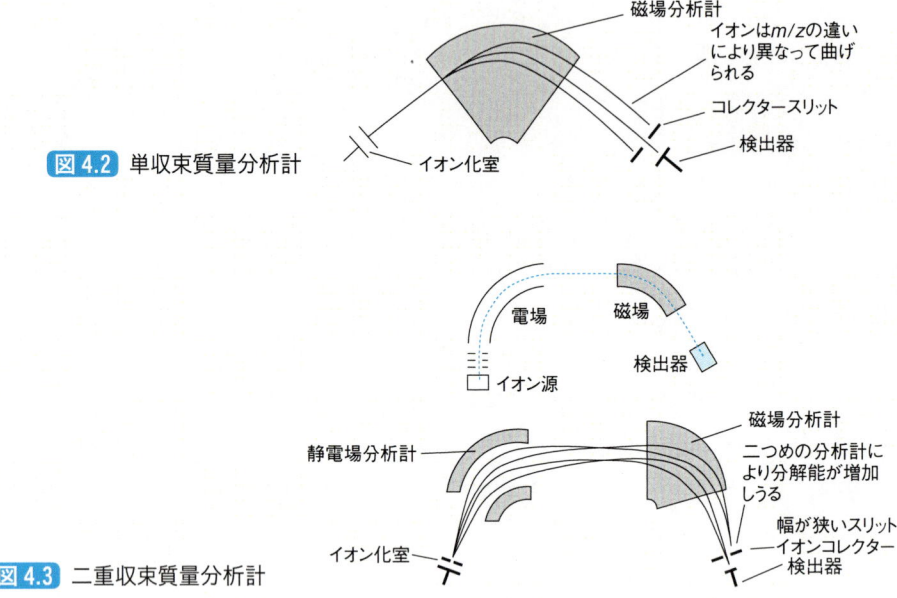

図4.2 単収束質量分析計

図4.3 二重収束質量分析計

（2）四重極質量分析計（quadrupole mass spectrometer）

質量分析部に上記の磁石のかわりに4本の電極を用いたものが四重極質量分析計で，磁場型に比べて小型である（図4.4）．四重極電極には，直流と高周波交流を重ね合わせた電圧をかけておく．イオンは，電極内に入ると高周波電場の影響を受けて振動しながら進行する．加える電圧と電流の周波数により，特定の m/z 値をもつイオンだけ振幅が大きくならず，安定な振動をして電極間を通り抜けることができる．

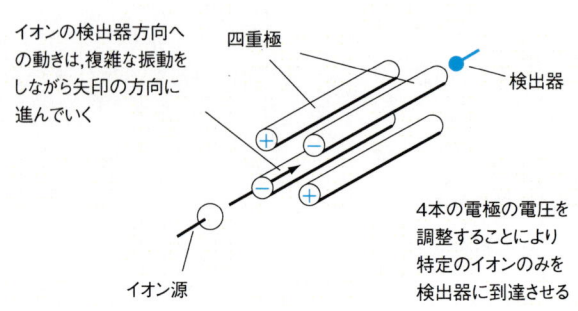

図4.4 四重極質量分析計

（3）イオントラップ型質量分析計（ITMS；ion trap mass spectrometer）

四重極型と同じ原理を使った質量分析装置であり，ドーナツ型のリング電極を皿型の二つのエンドキャップ電極で囲まれた空間に，生成したイオンをトラップする（図4.5）．安定に振動するイオンは外に飛びださずに内部にとどまる．リング電極の印加する高周波電圧を上げると，低質量から高質量へと順次イオンは外へでてくる．原理的には，四重極質量分析計と同じであるが，生成したイオンがいったん蓄積されるので，検出感度は向上する．

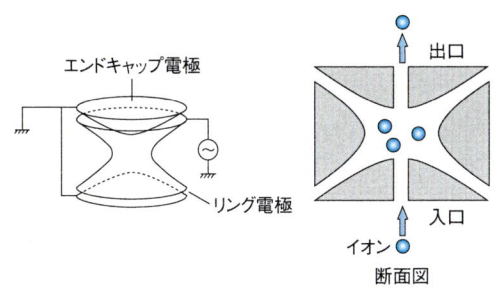

図4.5 イオントラップ型質量分析計

（4）飛行時間型質量分離装置（TOFMS；time of flight mass spectrometer）

一定の電圧をかけてイオンを加速すると，電圧に応じた運動エネルギーが，すべてのイオンに与えられる．このイオンの速さは，質量が小さいほど速く，質量が大きいイオンは遅い．したがって，一定距離の自由空間を検出器に向かって飛行させると，イオンは質量の小さいものから順番に検出器に到達する（図4.6）．イオンを加速してから到達するまでの時間を測定すれば，そのイオンの質量が求められる．理論的には，いくらでも大きな質量のイオンが測定できる．

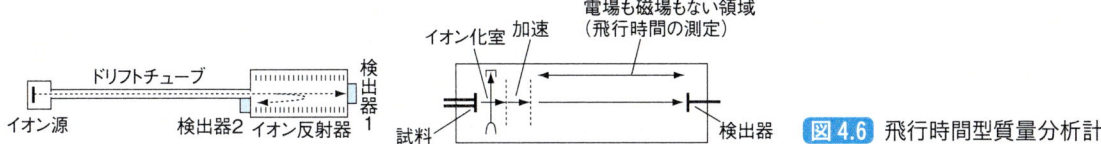

図4.6 飛行時間型質量分析計

4.4 チャートの見かた

スペクトルの横軸は m/z 値で（小文字のイタリック体で，エムバーズィーと読む），縦軸は各 m/z 値をもつイオンの相対検出強度である（図4.7）．

分子イオンピーク：分子量に相当するピーク．イオン化法によって，$[M + H]^+$，$[M - H]^-$ などの擬分子イオン（pseudomolecular ion，あるい

は quasi-molecular ion）を与える．

フラグメントイオンピーク：開裂イオンピーク（構造情報を含む）

同位体イオンピーク：同位体元素に基づくピーク．^{79}Br：^{81}Br ＝ 1：1，^{35}Cl：^{37}Cl ＝ 3：1

基準ピーク：強度の最も強いピーク（base peak）．このピークを相対強度100％とする．

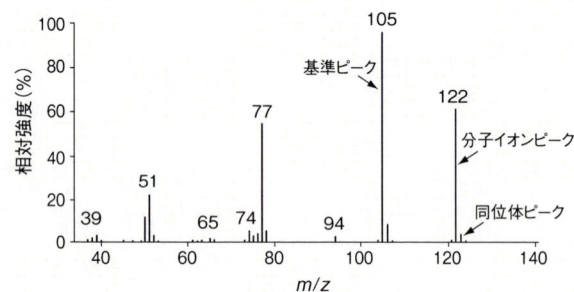

図 4.7 安息香酸 (benzoic acid) の MS スペクトル (70 eV)

4.5 解析

4.5.1 結合の開裂様式

MS スペクトルにおいて分子の弱い結合が開裂し，安定なフラグメントイオンが生じる．このフラグメンテーションにより有用な構造情報が得られる．ラジカルカチオンから起こる開裂には，ヘテロリティックな開裂と，ホモリティックな開裂があり，カチオンとラジカルを生成する．

$$X^+ + Y^\bullet \leftarrow [X-Y]^{+\bullet} \rightarrow X^\bullet + Y^+ \qquad X^+, Y^+ \text{が検出}$$

ホモリシスとヘテロリシス

両側の原子に電子を1個ずつ与えるような開裂をホモリシス，一方，片側に2個，他方には0個になるような開裂をヘテロリシスという．ホモリシスは，電荷の増減はないが，ヘテロリシスでは，2個の電子を受ける側の原子が負電荷，0個の側の原子が正電荷となる．

```
           ホモリシス
—C⌒C—  ─────────→  —C· + ·C—
 |  |                |     |

           ヘテロリシス
—C⌒C—  ─────────→  —C⁺ + :C—
 |  |                |     |
```

4.5.2 代表的な開裂様式

有機化合物中に存在する不対電子または正電荷と開裂を受ける結合との間には一定の規則性がみられるため，フラグメンテーションの再現性はよい．共有結合が単に切断される単純開裂と水素原子の移動を伴い結合と開裂が同時に起こる転位反応とがある．

（1） α結合の開裂（α-開裂）

α結合の電子が陽電荷を中和するように流れて，α結合が弱くなり切断される．大きな置換基が優先的に切れやすく，残りのフラグメントイオンピークが強く観測される（図4.8）．

α-開裂
ヘテロ原子から数えてα位とβ位の間の結合が切断される（官能基に一番近いC—C結合など）．

アルコール　　$[CH_3CH_2CH_2CH_2—CH_2—\overset{+\bullet}{O}H] \longrightarrow C_4H_9^{\bullet} + CH_2=\overset{+}{O}H$　　m/z 31

エーテル　　$R_2\underset{R_3}{\overset{R_1}{-}}C—\overset{+\bullet}{O}—C— \longrightarrow \underset{R_2}{\overset{R_1}{-}}C=\overset{+}{O}—C— + R_3^{\bullet}$

$R—\overset{+\bullet}{O}—CH_2—CH_2—R_1 \longrightarrow R—\overset{+}{O}=CH_2 + {}^{\bullet}CH_2—R_1$

ケトン　　$R_1—\overset{\overset{O^{+\bullet}}{\|}}{C}—R_2 \longrightarrow R_1^{\bullet} + R_2C\equiv O^+ \longrightarrow R_2^+ + CO$
$\left(R_1—\overset{\overset{O^{+\bullet}}{\|}}{C}—R_2 \right) \quad \left(R_2^{\bullet} + R_1C\equiv O^+ \right) \quad \left(R_1^+ + CO \right)$

アルデヒド　　$R—\overset{\overset{O^{+\bullet}}{\|}}{C}—H \longrightarrow R^{\bullet} + HC\equiv O^+$　　m/z 29
$\left(R—\overset{\overset{O^{+\bullet}}{\|}}{C}—H \right) \quad \left(H^{\bullet} + RC\equiv O^+ \quad M-1 のピークが観測される \right)$

カルボン酸　　$R—\overset{\overset{O^{+\bullet}}{\|}}{C}—OH \longrightarrow R^{\bullet} + O^+\equiv C—OH$　　m/z 45
$\left(R—\overset{\overset{O^{+\bullet}}{\|}}{C}—OH \right) \quad \left(RC\equiv O^+ + {}^{\bullet}OH \right)$

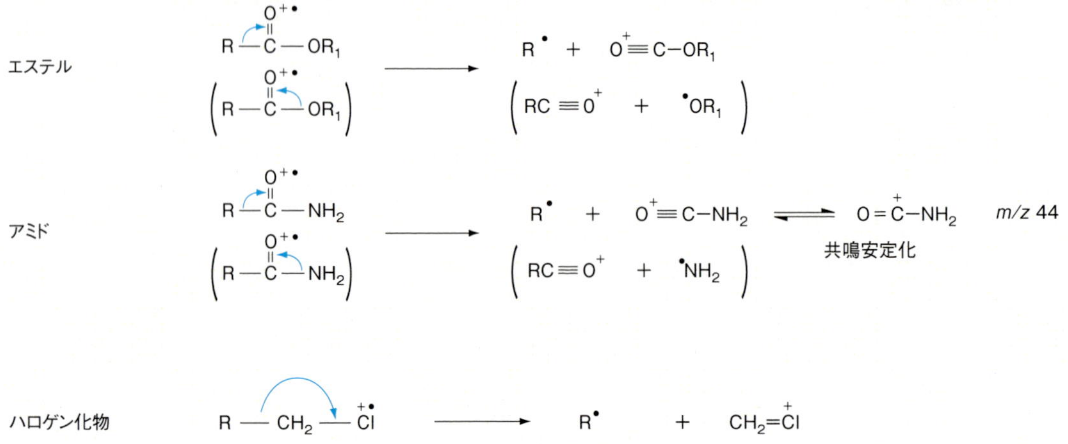

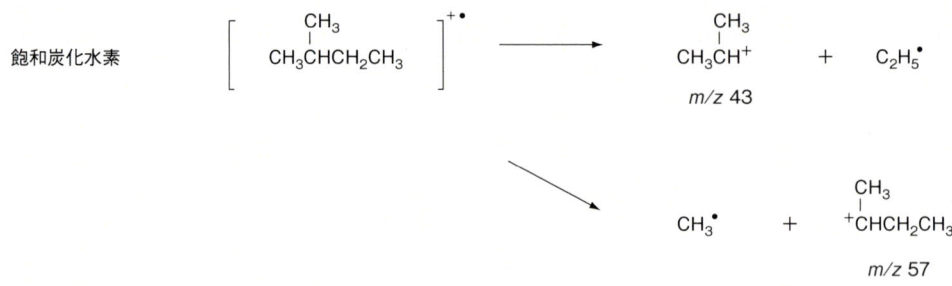

図4.8 α-開裂

（2） 分枝位置での開裂

　枝分れした分子は，その枝の位置で開裂しやすい．これは枝の位置のイオンが，2級および3級イオンとなり，安定化するためである（図4.9）．

図4.9 分枝位置での開裂

（3） アリル位やベンジル位での開裂

　生成したアリルカチオンが共鳴安定化されるために，それを生成するような位置で開裂されやすい（図4.10）．また，ベンジルカチオンも同様に共鳴安定化によって生成しやすい．

---

column　カルボカチオン，アリルカチオン，ベンジルカチオンの安定性

　フラグメンテーションは，生成したカチオンやラジカルの安定性や性質で理解できる場合が多い．生成したカルボカチオンは，3級カルボカチオンが最も安定である．また，アリルカチオンやベンジルカチオンは，π電子による共鳴によって電荷が非局在化できるため，安定になる．また，酸素や窒素原子の隣の炭素のカチオンもヘテロ原子の非共有電子対の共鳴安定化によって安定である．

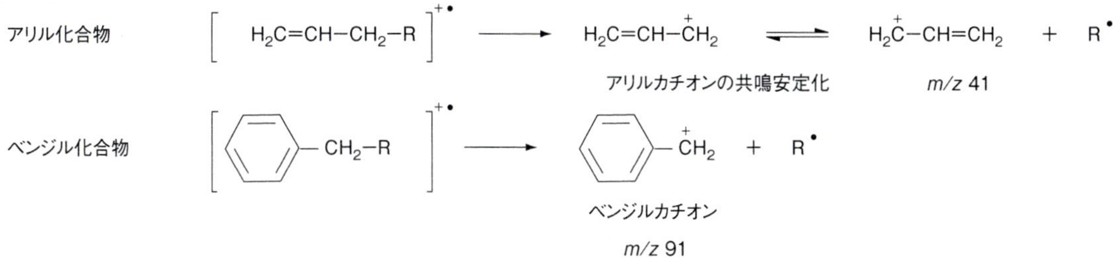

4.5 解析

アリル化合物　$[H_2C=CH-CH_2-R]^{+\bullet}$ ⟶ $H_2C=CH-\overset{+}{C}H_2$ ⇌ $\overset{+}{H_2C}-CH=CH_2$ + $R^{\bullet}$
アリルカチオンの共鳴安定化　　m/z 41

ベンジル化合物　$[C_6H_5-CH_2-R]^{+\bullet}$ ⟶ $C_6H_5-\overset{+}{C}H_2$ + $R^{\bullet}$
ベンジルカチオン
m/z 91

図4.10　アリル位やベンジル位での開裂

（4） トロピリウムイオン（分子内1,2-転位）

ベンジルカチオンは，さらに分子内1,2-転位を起こして安定なトロピリウムカチオンを生成し，安定化する（図4.11）．トロピリウムカチオンは，**芳香族性**を有する安定なカチオンである．

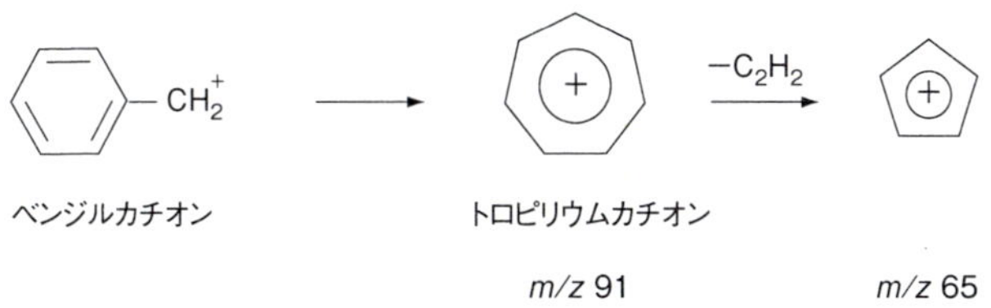

ベンジルカチオン　⟶　トロピリウムカチオン　$\xrightarrow{-C_2H_2}$　(シクロペンタジエニルカチオン)

m/z 91　　　　　　　　m/z 65

図4.11　トロピリウムイオン

（5） 単純開裂

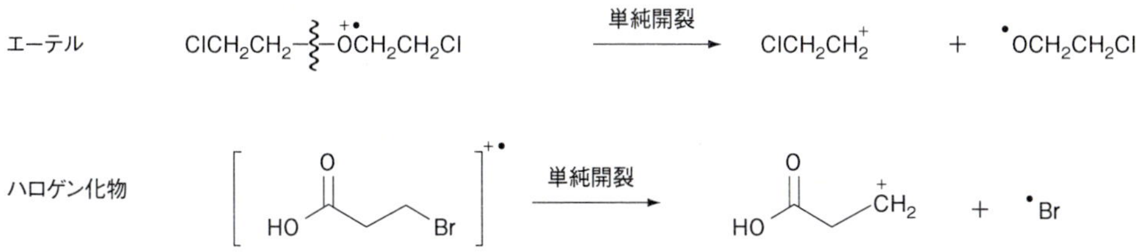

エーテル　$ClCH_2CH_2\!-\!\overset{+\bullet}{O}CH_2CH_2Cl$ $\xrightarrow{単純開裂}$ $ClCH_2CH_2^{+}$ + $^{\bullet}OCH_2CH_2Cl$

ハロゲン化物　$[HOOC-CH_2-CH_2-Br]^{+\bullet}$ $\xrightarrow{単純開裂}$ $HOOC-CH_2-\overset{+}{C}H_2$ + $^{\bullet}Br$

図4.12　単純開裂

---

column　芳香族性

芳香族性とは，環状に共役したπ電子系で，電子数が4で割り切れない偶数個（2，6，10など）のときに共鳴安定することをいう．ベンゼンは，6π電子系であり，トロピリウムイオンも同様に6π電子系であり安定化する．

（6） マクラファティー（McLafferty）転位

不対電子の局在する X から γ 位の水素原子に 1 個の電子を受けて X に転位する．六員環遷移状態を通って水素が転位するものはとくにマクラファティー転位とよばれて，起こりやすい．分子内で水素の転位（引き抜き）が起こり，電子の協奏的な移動によって α, β 間の結合が開裂して，β, γ 間に二重結合が生成したアルケンが脱離する（図 4.13）．下のようにケトン，アルデヒド，カルボン酸，エステル，アルケンなどでも同様の転位が起こる．また，ベンゼン環内の二重結合でも同様な転位が起こる．

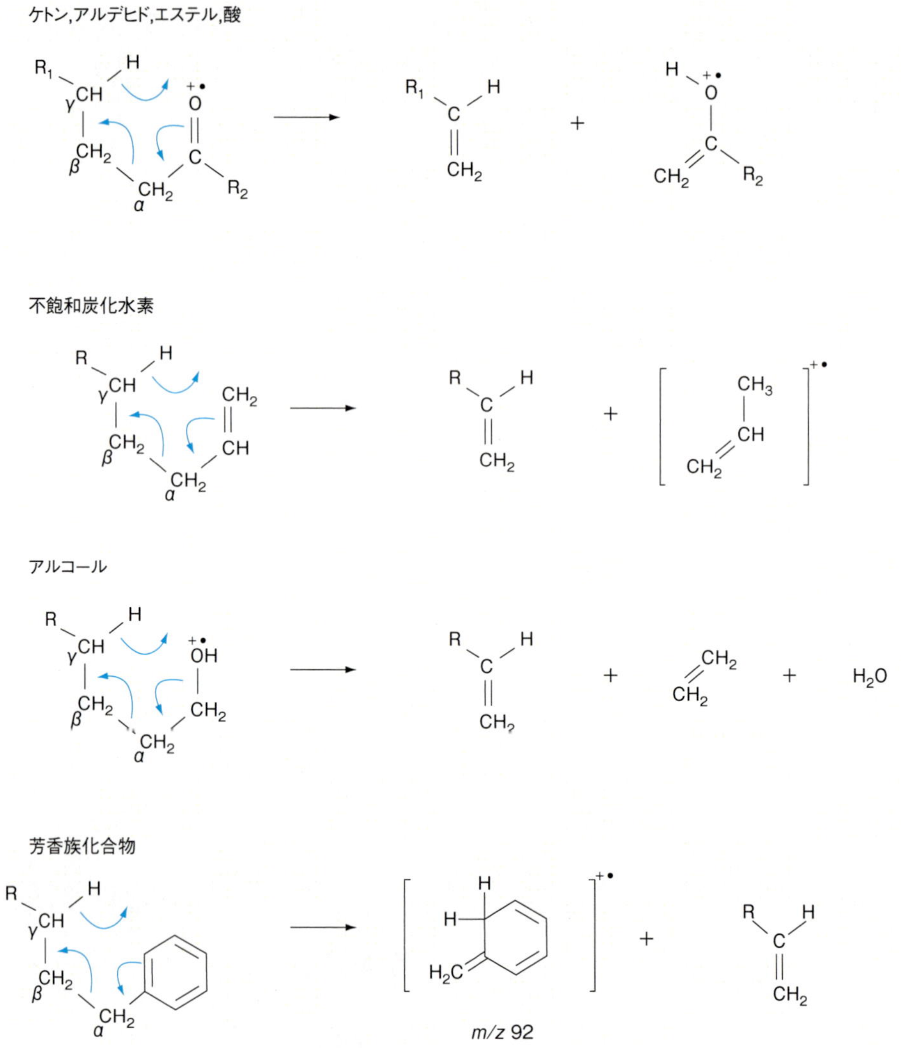

ケトン,アルデヒド,エステル,酸

不飽和炭化水素

アルコール

芳香族化合物

図 4.13 マクラファティー転位

（7） 逆ディールス-アルダー（anti-Diels-Alder）開裂

二重結合が六員環に含まれているときは，逆ディールス-アルダー開裂が優位に起こる（図4.14）.

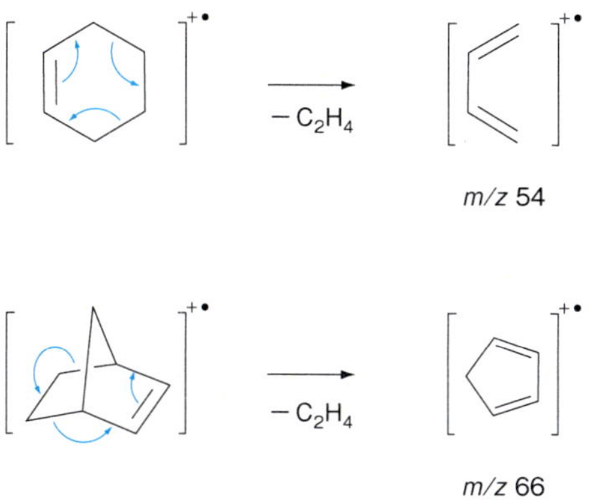

図4.14 逆ディールス-アルダー開裂

MS 確認問題：次の正誤問題に答えなさい．

1. 質量分析法はイオン化した試料を大気中で加速して電場や磁場との相互作用を利用して質量を測定する方法である．
2. 生成したイオンが加速され電場や磁場を通過する際，質量電荷比に応じて飛行軌道に差が生じる．
3. 四重極型は四本の柱状電極からなり，高分解能測定に適している．
4. 高分子量測定には飛行時間型質量分析装置が適している．
5. 電子衝撃イオン化法（EI法）では，熱により気化した分子から2個の電子が放出され，+2価の陽イオンラジカル $M^{2+\bullet}$ が生成する．
6. 化学イオン化（CI：chemical ionization）法は試料への熱電子による直接的な衝撃をさけられるため，比較的不安定な試料のイオン化に適している．
7. 難揮発性で熱に不安定な極性試料のイオン化には高速原子衝撃イオン化（FAB：fast atom bombardment）法が適用できる．
8. CI法では，試薬ガスとしてメタンやアンモニアなどが用いられる．
9. 横軸に相対強度（%）を，縦軸に質量電荷比（m/z）を表したものを質量スペクトルという．
10. FAB法によるイオン化では，試料とマトリックスを混合する．
11. 質量電荷比の最も大きなピークを基準ピークという．
12. 各ピークの近辺にでる強度の小さなピークは原子の同位体に由来する同位体イオンピークである．
13. ^{35}Cl と ^{37}Cl の天然存在比はおよそ3：1である．
14. 塩素2個を含む分子の分子イオンピークとその同位体イオンピークの強度比はおよそ9：6：1となる．
15. ESI法は，分子量の大きな高極性化合物の測定に向いている．
16. 臭素2個を含む分子の分子イオンピークとその同位体イオンピークの強度比はおよそ1：1：1となる．
17. マクラファティー転位では，C=Oに対してγ位

炭素上の水素が転位する．

18. 有機化合物由来のイオンが質量分析装置のなかで開裂して小さなイオンになることをフラグメンテーションという．

19. 一般に枝分れした構造を有する化合物の場合，枝分れしている炭素のところで開裂が起こるのが一般的である．

20. MSの分解能とは，質量電荷比に応じてどの桁まで分離できるかの能力である．

21. 元素組成の解析には窒素ルールや不飽和度も有用な情報となる．

22. 質量分析法においては，高分解能分析装置を用いることにより，元素組成まで決定することができる．

chapter 5

NMRスペクトルの解析

5.1　¹H NMR スペクトルとは

5.1.1　原子核と核スピン

　核磁気共鳴(nuclear magnetic resonance；NMR)スペクトルは，有機化合物の構造決定において，現在，最も幅広く利用されている分光学的手法である．合成化合物，天然物などの低分子だけではなく，最近ではタンパク質をはじめとする生体高分子の立体構造解析にも応用されている．本章では，NMRスペクトルのなかでも，最も一般的に用いられている¹H(プロトン)NMRを中心に紹介する．

　NMRとは，**原子核**(N；nuclear)が**磁場**(M；magnetic)のなかに置かれたとき，ある周波数をもつ電磁波が**共鳴**(R；resonance)する現象である．すなわち，NMRには N(**核**)と M(**磁場**)と R(Rを引き起こす**電磁波**)の三つが必要である[*1].

　水素原子核(プロトン)について考えてみよう．この原子核は電荷をもっている．その電荷は正である．そして，この電荷は回転(スピン)している．この回転する電荷は環状電流と同じであり，環状電流は磁場を誘起する[*2].

　回転する電荷により生じた磁場の向きは回転軸に沿い，生じた磁場の大きさは μ(**磁気モーメント**，magnetic moment)によって表される．このように，回転する核は磁気モーメントをもつため，小さな棒磁石とみなすことができる(図5.1)．

　原子核の性質のうち，NMRに重要なものが核スピン(*I*)であり，磁気モーメント μ はこの核スピンに比例する．すなわち，

$$\mu = \gamma \cdot \left(\frac{h}{2\pi}\right) \cdot I \tag{5.1}$$

である．ここで，γ は**磁気回転比**(magnetogyric ratio)とよばれる比例定数であり，原子核に固有の値である．また，*h* はプランク定数である．

[*1] NMRにおける電磁波はいわゆるラジオ波領域(波長1メートル前後)のものなので，NMRのRは**ラジオ波**(radio frequency)のRと考えてもよいだろう．300 MHzの電磁波(ラジオ波)の波長が1 mである．

[*2] 回転する電荷が磁場を生じることを**ビオ・サバールの法則**(Biot-Savart law)という．

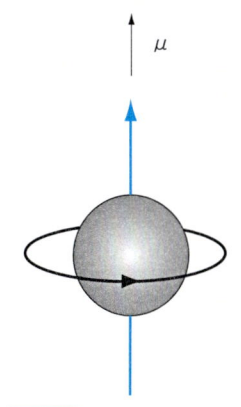

図5.1　正に荷電した核の自転により核磁気モーメントが生じる模式図

なお，$(h/2\pi)\cdot I$を角運動量pとよぶこともあり，これを用いると核磁気モーメントμは，$\mu = \gamma\cdot p$と表すこともできる．

次に，核に外部から一定の磁場をかけると，核磁気モーメントは許された方向にだけ配向する．核スピンがIのとき，核がとりうる方向の数は，**磁気量子数**(magnetic quantum number；m_I)を用いて表すと，

$$m_I = I, I-1, \cdots\cdots, -I$$

の$2I+1$個である．ここで，配向したおのおのの核磁気モーメントμは，

$$\mu = \gamma\cdot\left(\frac{h}{2\pi}\right)\cdot m_I \tag{5.2}$$

と書ける．式(5.1)は，$m_I = I$の場合を表したものである．

＊ 半整数$\frac{1}{2}, \frac{3}{2}, \frac{5}{2}, \cdots$など．

核スピンIは，0，1/2，1，3/2，…など整数または半整数＊の値をとるが，負の値にはならない．Iの値は，表5.1に示したとおり，原子番号と質量数が偶数か奇数かによって決まってくる．

表 5.1 原子核の原子番号，質量数と核スピンI

I	原子番号	質量数	例
半整数	偶数または奇数	奇数	$^1_1\text{H}(I=1/2)$, $^{13}_6\text{C}(I=1/2)$
整数	奇数	偶数	$^2_1\text{H}(I=1)$, $^{14}_7\text{N}(I=1)$
0	偶数	偶数	$^{12}_6\text{C}(I=0)$, $^{16}_8\text{O}(I=0)$

$I=0$の核はNMR現象を起こさない．たとえば，^{12}C核や^{16}O核はNMRでは観測できない．

5.1.2 NMR現象

有機化学にとって重要な水素原子核(プロトン)は$I=1/2$である．$I=1/2$の核が磁場のなかでとりうる配向の数は2である〔$2I+1 = 2\times(1/2)+1 = 2$〕．この配向の数にしたがって，水素原子核は外部磁場(B)のなかに置かれると，二つのエネルギーレベルに分裂する．これを**ゼーマン分裂**(Zeeman effect)という．この二つのエネルギーレベルはIと$-I$，すなわち，$m_I = +1/2$(α状態)と$m_I = -1/2$(β状態)に対応する(図5.2)．核磁気モーメントの向きは，α状態では外部磁場Bと同じ(平行)であり，β状態では外部磁場と逆向き(逆平行)である．

おのおのの核磁気モーメントμと外部磁場Bとの相互作用エネルギーEは，

$$E = -\mu B = -\gamma\cdot\left(\frac{h}{2\pi}\right)\cdot m_I\cdot B \tag{5.3}$$

と表される．

すなわち，α状態($m_I = +1/2$)のエネルギー(E_α)は，

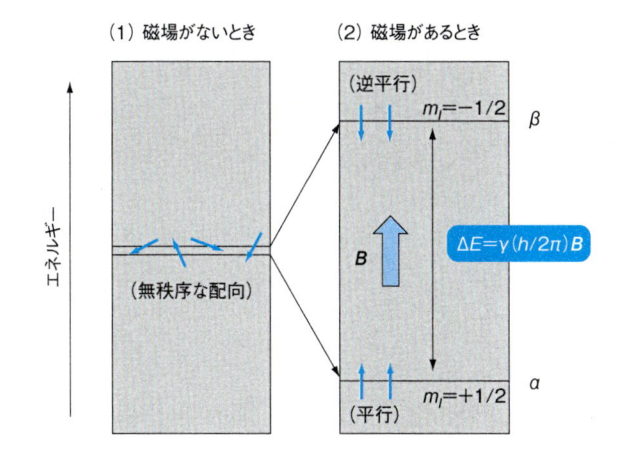

5.1 ¹H NMR スペクトルとは

図 5.2 磁場中に置かれた核磁気モーメントの配向とエネルギーレベル

図 5.2 で短く細い青矢印で示した「核磁気モーメント」は，単に「核」，あるいは「核スピン」，「核モーメント」または「磁気モーメント」，「磁化」などとよばれることがある．

$$E_\alpha = -\gamma \cdot \left(\frac{h}{2\pi}\right) \cdot \left(+\frac{1}{2}\right) \cdot B$$

β 状態 ($m_I = -1/2$) のエネルギー (E_β) は，

$$E_\beta = -\gamma \cdot \left(\frac{h}{2\pi}\right) \cdot \left(-\frac{1}{2}\right) \cdot B$$

である．したがって，この二つの間のエネルギー差 (ΔE) は，

$$\Delta E = E_\beta - E_\alpha = \gamma \cdot \left(\frac{h}{2\pi}\right) \cdot B$$

となる．このエネルギー差を**ゼーマンエネルギー** (Zeeman energy) という．

ここで，このエネルギー差に相当する周波数 ν をもつ電磁波 ($\Delta E = h\nu$) を試料に浴びせると共鳴が起こる．これが NMR 現象である．いいかえると，NMR 現象を起こすためには，次の条件を満たす必要がある．

$$\Delta E = h\nu = \gamma \cdot \left(\frac{h}{2\pi}\right) \cdot B$$

これより，

$$\nu = \frac{\gamma}{2\pi} B \tag{5.4}$$

これが **NMR の基本的共鳴条件**であり，このときの ν を**共鳴周波数**という．ここで，B の単位はテスラ (T)，ν はヘルツ (Hz) 単位である．現在，使用されている NMR 装置の磁場 (約 1～18 T) では多くの原子の共鳴周波数はラジオ波領域 (約 5～800 MHz) にある．なお 1 T (テスラ) = 10^4 Gauss (ガウス) である．

地磁気：300～500 mG．
磁石入り絆創膏：800～1800 G (80～180 mT)．

ところで，核磁気モーメント μ は，外部磁場 B のなかに置かれると，B 方向を軸として，少し傾いたコマのように回転する (図 5.3)．これを**ラーモアの歳差運動**という．このときの角速度を ω，周波数を ν とすると，この周波

数 ν は，式(5.4)の NMR の共鳴周波数と一致する．このため，式(5.4)を**ラーモアの式**，共鳴周波数のことを**ラーモア周波数**ということもある．歳差運動の角速度 ω と周波数 ν との間には $\omega = 2\pi\nu$ という関係があるため，式(5.4)の共鳴条件は，$\omega = \gamma B$ と書くこともできる．

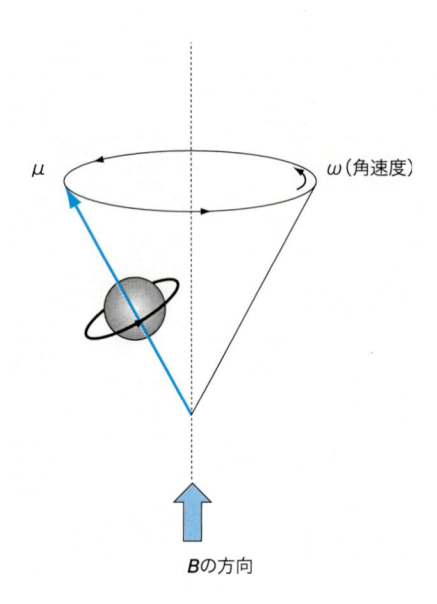

図5.3 原子核の歳差運動

5.1.3 NMR シグナルの強さ

NMR シグナルの強さは，ラジオ波エネルギーを吸収してどれだけの数の核スピンが α 状態から β 状態へ上がるかによって決まる．ラジオ波を照射する以前の状態〔図 5.2 における(2)の状態〕を，磁場 B のなかでの**熱平衡状態**というが，このとき，核スピンの数の比は**ボルツマン分布**という次の式に従う．

$$\frac{N_\beta}{N_\alpha} = e^{-\frac{\Delta E}{kT}} \tag{5.5}$$

N_α, N_β は，おのおの α, β 状態にある核スピンの数，k はボルツマン定数，T は温度である．$\gamma > 0$(正)なので，$\Delta E = \gamma \cdot (h/2\pi) \cdot B > 0$．したがって，

$$\frac{N_\beta}{N_\alpha} < 1, \quad N_\beta < N_\alpha$$

α 状態の核スピンのほうが β 状態の核スピンより数が多い．しかしその差は次に示すようにごくわずかである．ここでは仮に，磁場強度(B)が 12 テスラ(T)の装置で考える．まずはじめに，各種の定数および単位を欄外に整理しておこう．

α 状態，β 状態の核スピンの数の比は次のようになる．式(5.5)より，

$$\frac{N_\beta}{N_\alpha} = \exp\left(\frac{-\Delta E}{kT}\right) = 1 - \frac{\Delta E}{kT} = 1 - \frac{h\nu}{kT} \quad (\Delta E = h\nu \ll kT)$$

温度 $T = 300\,\mathrm{K}$ とすると，12 T の装置では $\nu = 5.11 \times 10^8$ なので(欄外参照)，

$$h\nu/kT = 8.1 \times 10^{-5} = {\sim}0.00008$$

となり，$N_\beta < N_\alpha$ といってもその差は $\sim 10^{-5}$ に過ぎない．つまり，

$$N_\beta/N_\alpha = 1 - 0.00008 = 0.99992$$

であり，500 MHz の装置では α 状態が 100000 個に対して β 状態が 99992 個である．わずか 8 個しか違わない．

α 状態と β 状態の数の差が小さいということは NMR シグナルが小さいということを意味しており，これにより NMR の感度は低いということがわかる．

$$\frac{N_\beta}{N_\alpha} = 1 - \frac{h\nu}{kT} = 1 - h\left(\frac{\gamma}{2\pi}\right)\cdot\frac{B}{kT} \tag{5.6}$$

より，γ が大きいと N_β/N_α の比が小さくなり，N_α と N_β の差が大きくなって感度が高くなる．水素原子核の磁気回転比は上記のように 2.6752×10^8 であるが，^{13}C 原子核の磁気回転比は，0.6728×10^8 である．^{13}C 原子核の共鳴周波数は水素原子核の約 1/4 であるが，^{13}C 原子核は天然存在比が 1.108% であるため，さらに ^{13}C 原子核の感度は低くなる．また式 (5.6) より磁場強度 B が大きいと感度が高くなることもわかる．500 MHz の装置は磁場強度が約 12 T であり，100 MHz の装置は磁場強度が約 2.3 T である．500 MHz の装置のほうが 100 MHz の装置より NMR シグナル感度は高い．

なお，水素原子核については NMR シグナルのピーク面積がそのピークが表す水素原子核の数に正比例するがこれについては後述する (5.2.2)．

> 水素原子核の磁気回転比
> $\gamma_\mathrm{H} = 2.6752 \times 10^8\,(\mathrm{kg}^{-1}\,\mathrm{s}\,\mathrm{A})$
>
> 磁場強度 (T，テスラ) の単位
> $(\mathrm{kg}\,\mathrm{s}^{-2}\,\mathrm{A}^{-1})$
>
> プランク定数
> $h = 6.62608 \times 10^{-34}\,\mathrm{J\,s}$
>
> ボルツマン定数
> $k = 1.38066 \times 10^{-23}\,\mathrm{J\,K}^{-1}$
>
> ちなみに，12 テスラの装置での水素原子核の共鳴周波数は，$\nu = (\gamma/2\pi)\cdot B$ より，$\nu = \{2.6752 \times 10^8/(2 \times 3.14)\} \times 12 = 5.11 \times 10^8 = 511 \times 10^6\,\mathrm{s}^{-1}$ となり，おおよそ 500 MHz である．

練習問題 5.1

7.05 T (テスラ) 〔= 70500 G (ガウス)〕の磁石をもつ装置では，^{1}H 核の基本的な共鳴周波数は，$3 \times 10^8\,\mathrm{Hz}\,(= 300\,\mathrm{MHz})$ である．同じ装置で ^{13}C 核の基本的な共鳴周波数はいくつか．なお，$\gamma_\mathrm{H} = 2.675 \times 10^8\,\mathrm{kg}^{-1}\,\mathrm{s}\,\mathrm{A}$，$\gamma_\mathrm{C} = 0.6728 \times 10^8\,\mathrm{kg}^{-1}\,\mathrm{s}\,\mathrm{A}$ である．また，同じ装置で ^{19}F 核の基本的な共鳴周波数は，282 MHz である．^{19}F 核の磁気回転比を求めなさい．

練習問題 5.2

12 テスラの NMR 分光器において，^{13}C 核を対象とする場合，N_α が 100000 のとき，N_β はいくつか．温度 $T = 300\,\mathrm{K}$ として考えなさい．磁気回転比は練習問題 5.1 を参照しなさい．N_α，N_β は，おのおの α，β 状態にある核の数を表す．

5.2 ^{1}H NMR スペクトルで何がわかるか

5.2.1 化学シフト

有機化合物において，水素原子核(^{1}H)は分子内の環境によってわずかばかり外部磁場と異なる磁場のなかに置かれる．これは周囲の電子雲の影響を受けるためであり，このわずかばかりの磁場の差が共鳴周波数のわずかな差となって表れる．NMR スペクトルではこの共鳴周波数の差を**化学シフト**（ケミカルシフト，chemical shift）という数値で表す．まず，化学シフトとは何かについて以下に述べる．

外部磁場(B_0)は，原子核の周りの電子雲に円運動を起こさせる．円運動する電子はすなわち電流であり，この電流は，円運動の内側（原子核付近）においては，外部磁場と反対方向の磁場をつくる（図 5.4）．これを誘起磁場という．誘起磁場の強さ(σB_0)は外部磁場(B_0)に比例する．この σ を遮蔽定数という．この誘起磁場の大きさは注目する原子核の近くの電子の環境によって変わる．つまり，異なるところにある原子核の σ は異なる．

> 外部磁場を妨げる向きに電流を流そうとする起電力が生じることを**レンツの法則**という．

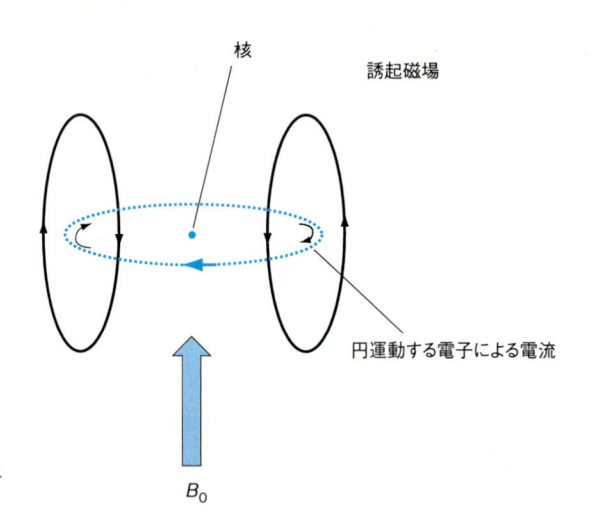

図 5.4 誘起磁場
円運動する電子による電流は便宜上正の電荷の流れを示す．

ある原子核が実際に受ける磁場の強さを局所磁場(B_{loc})といい，これは

$$B_{loc} = B_0 - \sigma B_0 = (1-\sigma)B_0$$

で表される．原子核の付近では誘起磁場の向きは外部磁場と逆向きであることから，周りの電子がその原子核を外部磁場から遮蔽している．したがって，共鳴するラジオ波の周波数は，

$$\nu = \frac{\gamma}{2\pi} \cdot (1-\sigma) B_0 \qquad (5.7)$$

異なる環境にある核は σ が異なるため，異なる周波数で共鳴する．その共鳴周波数 (ν) と基準物質の共鳴周波数 (ν_0) との差を**化学シフト**という．^{1}H 核の場合の基準物質にはテトラメチルシラン〔$(CH_3)_4Si$；tetramethylsilane (TMS)〕が用いられる．また化学シフトは次の δ（デルタ）で記録する．単位は ppm である．

$$\delta = \frac{\nu - \nu_0}{\nu_0} \times 10^6 \qquad (5.8)$$

ここで，ν_0 は基準物質の共鳴周波数である．δ 目盛りを用いる利点は，外部磁場の強さに無関係となる点である．すなわち，500 MHz 装置で測定しても，100 MHz 装置で測定しても化学シフトは同じである．しかし，共鳴周波数自身 (ν) は，外部磁場の強さ (B_0) によって異なる〔式(5.7)〕．

式(5.8)より

$$\nu - \nu_0 = \nu_0 \times \delta \times 10^{-6}$$

$\delta > 0$ ならば $\nu - \nu_0 > 0$，したがって，$\nu > \nu_0$．$\delta > 0$ の核の共鳴周波数は，TMS の共鳴周波数より大きい．また $\delta > 0$ の核の局所磁場は TMS の局所磁場より強い．

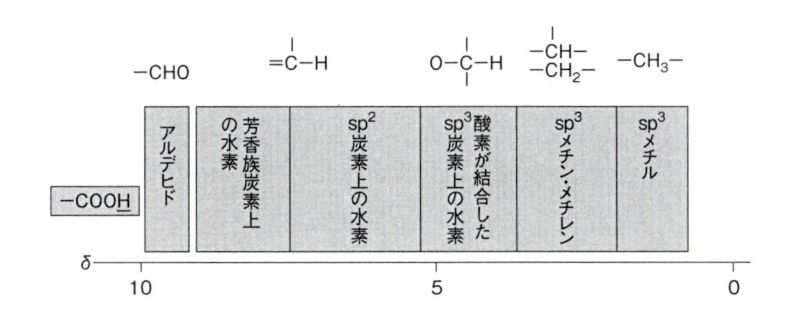

^{1}H NMR の代表的化学シフトを図 5.5 に示す．さらに詳しい化学シフト表を表 5.2 に示す．

図 5.5 ^{1}H NMR の代表的化学シフト

表 5.2 ¹H NMR 化学シフト表

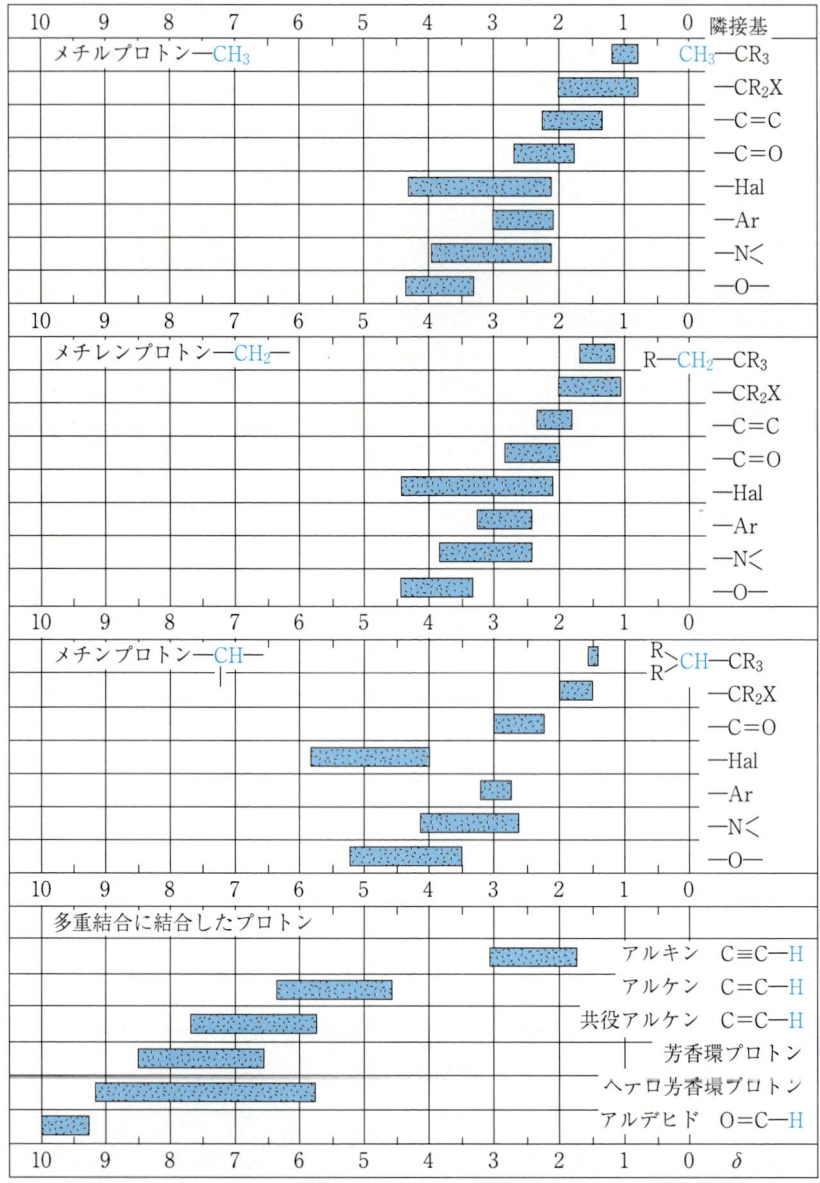

R＝アルキルまたは H，Hal＝F, Cl, Br または I，
Ar＝芳香環，X＝電子求引性の原子または基．

　化学シフトと共鳴周波数，遮蔽，局所磁場，電子密度などの関係を表 5.3 に示す．原子核の周りの電子による遮蔽が大きいと，核が受ける局所磁場は小さくなり，共鳴周波数も小さくなる．一般に核の周りの電子密度が高いほど遮蔽は大きい．また，慣習的なよび方として，化学シフトが小さいほう（通常の NMR スペクトルで右側）を**高磁場側**，化学シフトが大きいほう（通

表5.3 化学シフトと共鳴周波数，遮蔽，局所磁場，電子密度などの関係

化学シフト(δ)	大きい	$\leftrightarrow$	小さい
遮蔽(σ)	小さい	$\leftrightarrow$	大きい
局所磁場(B_{loc})	高い(大きい)	$\leftrightarrow$	低い(小さい)
共鳴周波数(ν)	大きい	$\leftrightarrow$	小さい
(一般に)核の周りの電子密度	低い	$\leftrightarrow$	高い
慣習的よび方	低磁場側	$\leftrightarrow$	高磁場側

$$\delta \quad \overline{10 \quad\quad 5 \quad\quad 0}$$

常のNMRスペクトルで左側)を**低磁場側**という．

　表5.3の局所磁場の高低と慣習的よび方の高低が逆になっている点に注意しよう．現在のNMR装置は磁場強度が一定でラジオ波の周波数を変化させることによりNMRスペクトルを観測するが，かつてはラジオ波の周波数を固定し電磁石の磁場強度を変化させて測定する装置が用いられていたことがある．周波数が一定の場合，遮蔽が大きい核は外部磁場を高くする必要がある．一方，遮蔽が小さければ外部磁場は低くても共鳴できる．式(5.7)を見てよく考えてみよう．この慣習的よび方の理由が理解できれば表5.3に示した内容がよく理解できているといえるだろう．

練習問題5.3

(1) 500 MHzの ^{1}H NMR分光計において，$\delta = 1.00$ の核が共鳴するときの共鳴周波数は，TMSの共鳴周波数からどれだけシフトしているか(何ヘルツか)．ν_0(TMSの共鳴周波数) = 500 MHz として考えなさい．

(2) 100 MHzの ^{1}H NMR分光計においてはどうか．$\delta = 1.00$ の核の共鳴周波数のTMSからの周波数のシフトは何ヘルツか．

　化学シフトは，上記のように電子密度によって決まってくる．たとえば，酸素や窒素などの電気陰性度が高い原子は電子を引っ張るため，それらの原子が結合した炭素上の水素は，周りの電子密度が下がり，低磁場にシフトする．

　そのほかに化学シフトに影響を与える要因として**磁気異方性効果**とよばれるものがある．これは，外部磁場が電子雲に作用して誘起磁場を生じ，局所的に外部磁場が遮蔽されたり，あるいは逆に誘起磁場により局所磁場が強められたりする現象である．これは芳香環や三重結合などの官能基において重要であり，水素原子と官能基との位置関係によって遮蔽効果の大小や向きが変わるため，磁気異方性効果という．

まず，芳香環を考えてみよう．ベンゼン環の環平面に垂直に外部磁場（B_0）がかかると π 電子による環電流が誘起される．この環電流はベンゼン環内で外部磁場と逆向きの磁場を誘起するような向きに流れる．すなわち，ベンゼン環内では外部磁場から遮蔽されるが，図 5.6 に示すように，ベンゼン環の外では誘起磁場は外部磁場と同じ向きとなる（反遮蔽効果）．芳香族水素が通常の二重結合などの sp^2 炭素上の水素よりも低磁場で共鳴するのはこのためである（図 5.5）．

アルキン（アセチレン）の場合，三重結合の軸と同方向に外部磁場（B_0）がはたらくと，π 電子は磁場方向に垂直に円運動し，外部磁場と反対向きの磁場が三重結合の軸上に誘起される．アルキン水素はアルケン水素や芳香族水素と比較するとはるかに高磁場側で共鳴する（表 5.4）．不規則で速い運動をする多くのアルキン分子のうち，ほんの少ししか磁場の方向に配向していないが，全体の平均としての化学シフトは磁場の方向に配向した分子の影響を大きく受ける．

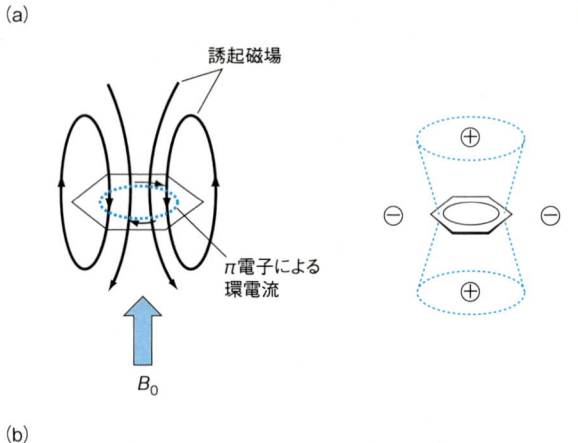

図 5.6 (a) ベンゼン環，(b) アセチレンの磁気異方性効果

π 電子による環電流は正電荷の向きを表す．また，右側の図中の ⊕ は遮蔽空間（高磁場シフト領域），⊖ は反遮蔽空間（低磁場シフト領域）を表す．

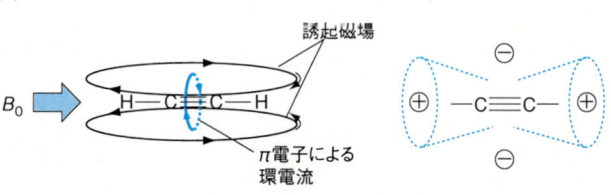

表 5.4 エタン，エテン，エチン，ベンゼンの水素の ^{1}H NMR 化学シフト

	エタン H$_3$C—CH$_3$	エテン H$_2$C=CH$_2$	エチン HC≡CH	ベンゼン
各水素の ^{1}H NMR 化学シフト	0.86	5.31	1.48	7.27

5.2 ¹H NMR スペクトルで何がわかるか　39

練習問題 5.4

次に示した[10]-パラシクロファン([10]-paracyclophane)はベンゼンのパラ位同士が10個のメチレン炭素で結ばれた構造をもつ化合物である．メチレン炭素はベンゼン環に近いほうから α 位，β 位，γ 位，δ 位，ε 位とよぶ．このうち，γ 位の水素の ¹H NMR 化学シフトは 1.08 ppm であった．図 5.6(a) に基づき，α 位，β 位，δ 位，ε 位の水素の ¹H NMR 化学シフトを予想し，以下の四つの数値から選びなさい．

0.51, 0.73, 1.54, 2.62.

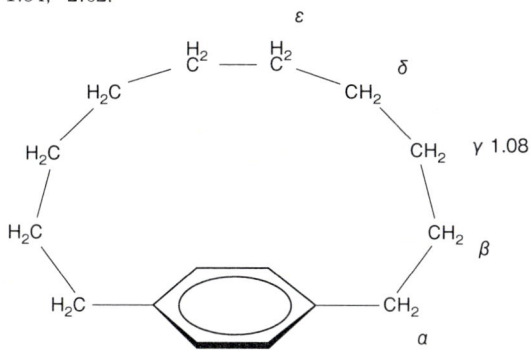

上の練習問題 5.4 において，α 位〜ε 位のメチレン炭素はおのおの 2 個ずつ存在する．2 個の α 位の炭素上の水素原子（合計 4 個）の ¹H NMR 化学シフトは同じである．これを**等価**，または**化学的等価**という．β 位〜ε 位の水素の ¹H NMR 化学シフトについても同様である．

5.2.2 積　分

¹H NMR スペクトルでは，各シグナルのピーク面積はそのシグナルに対応する水素原子の数を表す (5.1.3)．図 5.7 はギ酸エチル (ethyl formate, $HCO_2CH_2CH_3$) という化合物の ¹H NMR スペクトルである．図の階段状の曲線が積分値を表し，その高さがピーク面積に対応する．下図の積分曲線の高さの比は左から 1：2：3 であり，水素原子の数の比が 1：2：3 であることを意味する．水素原子の数からこれらのシグナルはおのおのの構造式中の a，b，c の水素に帰属される．このようにシグナルを構造式中の水素に対応づけることを「帰属する」という．

図 5.7 ギ酸エチル（HCO$_2$CH$_2$CH$_3$）の ^{1}H NMR スペクトル

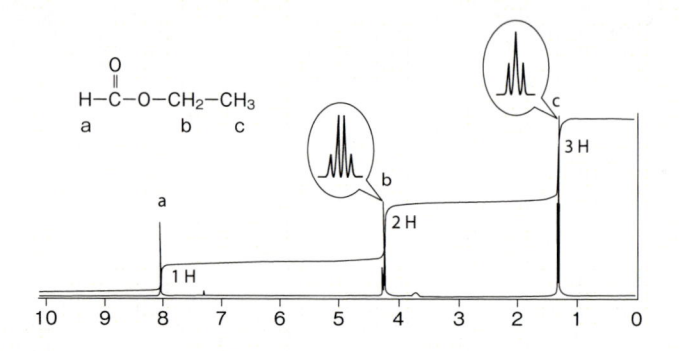

練習問題 5.5

次のスペクトルはマロン酸ジエチル〔diethyl malonate, CH$_2$(CO$_2$CH$_2$CH$_3$)$_2$〕の ^{1}H NMR である．積分値に基づき，シグナル a, b, c を帰属しなさい．

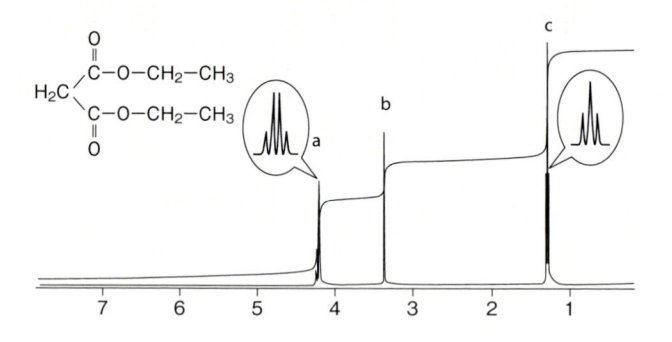

5.2.3 カップリング

上記のギ酸エチルやマロン酸ジエチルの ^{1}H NMR スペクトルを見ると，シグナルが分裂しているものがあることがわかる．これはスピン-スピン結合（カップリング）によるものである．^{1}H NMR スペクトルにおいてスピン-スピン結合は水素原子と水素原子のつながりに関する情報を与える．

図 5.8 は，ジクロロアセトアルデヒド（dichloroacetaldehyde, Cl$_2$CH—CHO）の ^{1}H NMR スペクトルである．アルデヒド水素（H$_A$）およびメチン水

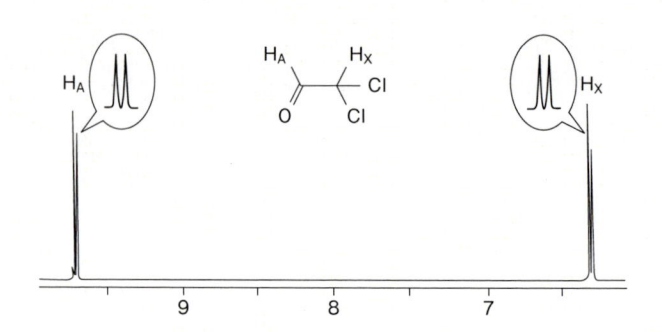

図 5.8 ジクロロアセトアルデヒドの ^{1}H NMR スペクトル

素(H_X)ともに二つに分裂したシグナルで観察される．このように分子中に二つの異なる水素原子が存在して隣り合っているとき，実際の ^{1}H NMR スペクトルでは4本のピークが観測される．

各水素原子の受ける磁場は，（1）外部磁場，（2）自分自身の周りを循環する電子による遮蔽効果，および（3）ほかの核の影響（スピン-スピン結合）の三つの合計である．核 H_A について考えると，上記の（1）と（2）を合わせたものは，核 H_A の局所磁場(5.2.1)であり，

　　（核 H_A における磁場）＝（核 H_A の局所磁場）＋（核 H_X による磁場）

となる．上記の（3）に相当するのが（核 H_X による磁場）である．

核 H_X は磁場のなかで二つの配向をもつ（図5.2）．核 H_X の $m_I = +1/2$（α配向）は核 H_A に対して小さな磁場を生じる．また，核 H_X の $m_I = -1/2$（β配向）は核 H_A に対して大きさが等しく反対方向の磁場を生じる．この二つの配向の存在比はほぼ等しい（5.1.3で述べたように，たとえば500 MHz の装置ではその差は 10^{-5} に過ぎなかった）．

したがって，核 H_A は核 H_X の二つの配向によって強度の等しい二つのピークを生じる．これを二重線（ダブレット，doublet）という．同様に，核 H_X は核 H_A の二つの配向によって強度の等しい二つのピークを生じる．このとき，その分裂の間隔は等しい．この分裂の幅を周波数単位(Hz 単位)で表したものが**結合定数**(coupling constant, J)である．この結合定数(J)の値は隣接する核に由来するものであり外部磁場強度によらない．図5.8のように，化学シフトが十分離れていて，かつカップリングしている二つの水素原子核がつくる結合様式をAXシステム(AX系)という．

次に図5.9を見てみよう．これは1,1,2-トリクロロエタン(1,1,2-trichloroethane)の ^{1}H NMR スペクトルである．ここで，H_A 核は二つの H_X 核の影響を受ける．このとき，二つの H_X 核は，$\alpha\alpha$, $\alpha\beta$, $\beta\alpha$, $\beta\beta$ の配向をもつが，$\alpha\beta$ 配向と $\beta\alpha$ 配向の H_A 核への影響は同じであるため，H_A 核のシグナルは1:2:1の三重線(トリプレット，triplet)として観測される．真ん中のシグナル

二つの H_X 核は区別できないため(等価)，$\alpha\beta$ 配向と $\beta\alpha$ 配向の H_A 核への影響は同じである．

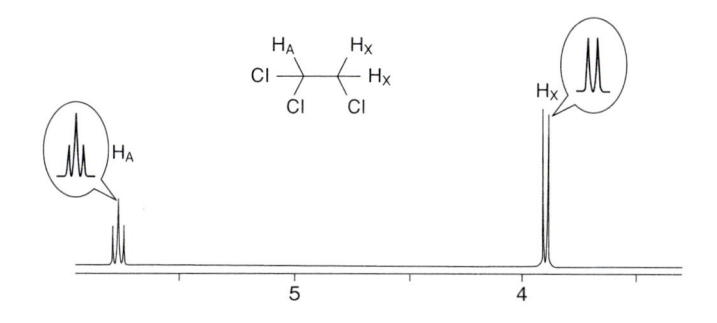

図5.9 1,1,2-トリクロロエタンの ^{1}H NMR スペクトル〔SDBSWebによる〕

と両脇のシグナルとの周波数差（J値）は同じである．一方，H_X核（水素2個分）の共鳴は一つのH_A核によって二重線に分裂する．このように互いにカップリングしており，かつ化学シフトが十分離れている水素1個と水素2個がつくる結合様式をAX$_2$システム（AX$_2$系）という（図5.10）．

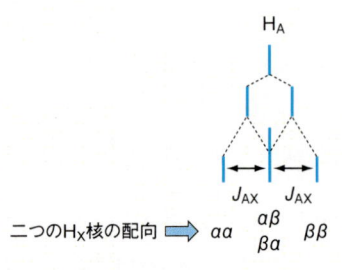

図 5.10 AX$_2$ システム　　　シグナル強度比 ⇒ 1 : 2 : 1

次の図5.11には，1,1-ジクロロエタン（1,1-dichloroethane）の^{1}H NMR スペクトルを示した．この化合物では，1個のH_A核のシグナルは3個の等価なH_X核により1：3：3：1の四重線に分裂する．H_X核（水素3個分）は一つのH_A核によって二重線に分裂して観測される．この系はAX$_3$システムとよばれる（図5.12）．

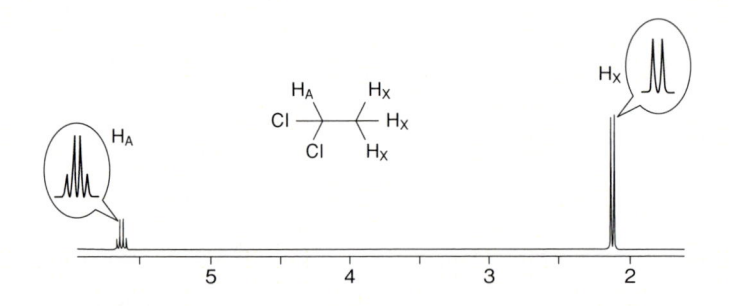

図 5.11 1,1-ジクロロエタンの ^{1}H NMR スペクトル〔SDBSWebによる〕

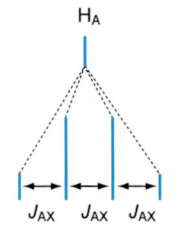

図 5.12 AX$_3$ システム　　　シグナル強度比 ⇒ 1 : 3 : 3 : 1

一般に N 個の等価な ^{1}H 核は隣接する核の共鳴を $N+1$ 本に分裂させる．その相対強度分布は表 5.5 のようにパスカルの三角形に従う．

表 5.5 隣接する等価な核の数と相対強度

隣接する等価な核の数	多重度	相対強度
0	一重線 (singlet, s)	1
1	二重線 (doublet, d)	1　1
2	三重線 (triplet, t)	1　2　1
3	四重線 (quartet, q)	1　3　3　1
4	五重線 (quintet, quin)	1　4　6　4　1
⋮	⋮	⋮
N	$(N+1)$ 重線	$(1+x)^N$ を展開したときの係数

結合定数 (J) の大きさから，有機化合物の立体化学に関する情報が得られる．隣り合う炭素原子に結合した水素間の結合定数は図 5.13 に示した二面角 (ϕ, dihedral angle) によって決まる．

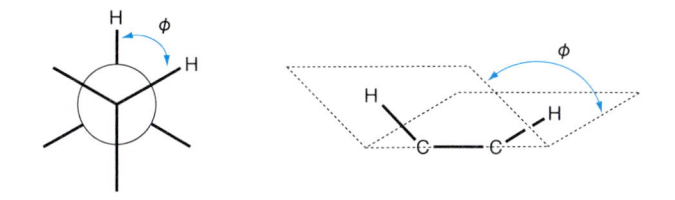

図 5.13 二面角 (ϕ)
左図はニューマン投影図である．

この二面角と結合定数との間には**カープラスの式** (Karplus equation) による関係 (図 5.14) が知られている．これは，シクロペンタン，シクロヘキサン，炭水化物，鎖状化合物，多環式化合物などにおいて有用である．

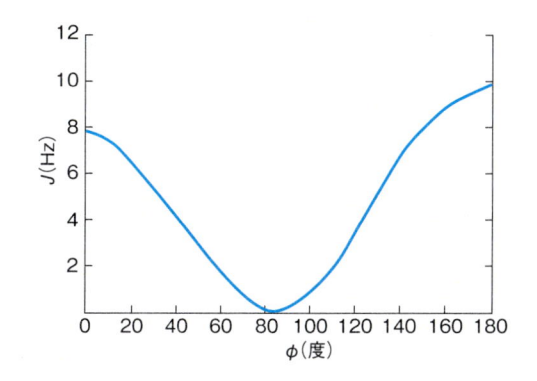

図 5.14 カープラスの式による二面角と結合定数の関係

シクロペンタンでは，隣接する二つの水素がシスの関係にあるときの結合定数は約 8 Hz，トランスの関係にあるときはほぼ 0 Hz である．図 5.15 において，シスの関係にある H_1 と H_2 のなす二面角は 0° に近く，トランスの関係にある H_1 と H_3 のなす二面角は 90° に近いことから，結合定数の値は図 5.14 のカープラスの関係に対応している．

図 5.15 シクロペンタン (cyclopentane) における結合定数 (典型的な場合)
シス
$J_{1,2} = \sim 8\,\mathrm{Hz}(\phi = \sim 0°)$
トランス
$J_{1,3} = \sim 0\,\mathrm{Hz}(\phi = \sim 90°)$

五員環では必ずしもこれにあてはまらないことも多いので注意を要する．

いす形配座をとっているシクロヘキサンやピラノース環では，隣接する二つの水素がアキシアル-アキシアルの関係にあるときの結合定数は 8～10 Hz，アキシアル-エクアトリアルの関係およびエクアトリアル-エクアトリアルの関係にあるとき 2～3 Hz である．これらの結合定数は，図 5.16 において，アキシアル-アキシアルの関係にある H_1 と H_4 のなす二面角は 180°，アキシアル-エクアトリアルの関係にある H_1 と H_3 のなす二面角は 60°，エクアトリアル-エクアトリアルの関係にある H_2 と H_3 のなす二面角は 60° であることから，図 5.14 のカープラスの関係を用いて理解できる．

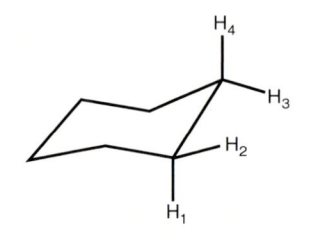

図 5.16 シクロヘキサン (cyclohexane) における結合定数 (典型的な場合)
アキシアル-アキシアル
$J_{1,4} = 8 \sim 10\,\mathrm{Hz}(\phi = 180°)$
アキシアル-エクアトリアル
$J_{1,3} = 2 \sim 3\,\mathrm{Hz}(\phi = 60°)$
エクアトリアル-エクアトリアル
$J_{2,3} = 2 \sim 3\,\mathrm{Hz}(\phi = 60°)$

二重結合上の隣り合う水素間の結合定数は，一般にトランス形がシス形より大きい．鎖状構造に含まれる二重結合の場合，トランス形では約 15 Hz，シス形では約 10 Hz である (図 5.17)．環に含まれる二重結合上の隣り合う水素間の結合定数の大きさは環の大きさによって異なる．一般に環が大きいほうが結合定数が大きい (表 5.6)．

図 5.17 二重結合 (鎖状) における結合定数 (典型的な場合)

シス　$J=\sim 10\,\mathrm{Hz}$　　　トランス　$J=\sim 15\,\mathrm{Hz}$

表5.6 シクロアルケン(cycloalkene)における結合定数(典型的な場合)

三員環	四員環	五員環	六員環
1～2 Hz	3～4 Hz	5～7 Hz	9～11 Hz

これまでに述べてきたことも含めて，代表的な結合定数を表5.7に示す．

表5.7 代表的なプロトン-プロトン結合定数

分子の環境	結合定数の範囲(Hz)
>C<H H ジェミナル	12 − 15
>CH-CH< ビシナル(回転なし)	2 − 12
アキシアル-アキシアル	8 − 12
エクアトリアル-エクアトリアル	2 − 8
アキシアル-エクアトリアル	2 − 6
>CH-CH< ビシナル(自由回転)	5 − 9
CH-C-CH 1,3-位置	<1
>C=C<H H ジェミナル	0.5 − 3
H>C=C<H ビシナル(cis)	7 − 12
H>C=C<H ビシナル(trans)	13 − 18
>C=C<CH H ビシナル	4 − 10
O=C<CH H ビシナル	1 − 3
H>C=C<CH アリル(cis)	～0
H>C=C<CH アリル(trans)	0.5 − 2.5
(ベンゼン環) オルト	6 − 9
メタ	1 − 3
パラ	0 − 1

練習問題 5.6

次の図はブロモエチレン(bromoethylene, $H_2C=CHBr$)の 300 MHz ^1H NMR スペクトルである．このスペクトルから，H_a—H_b 間，H_a—H_c 間，および H_b—H_c 間の結合定数を求めなさい．なお，300 MHz の ^1H NMR では，1 ppm は 300 Hz である(練習問題 5.3 参照)．

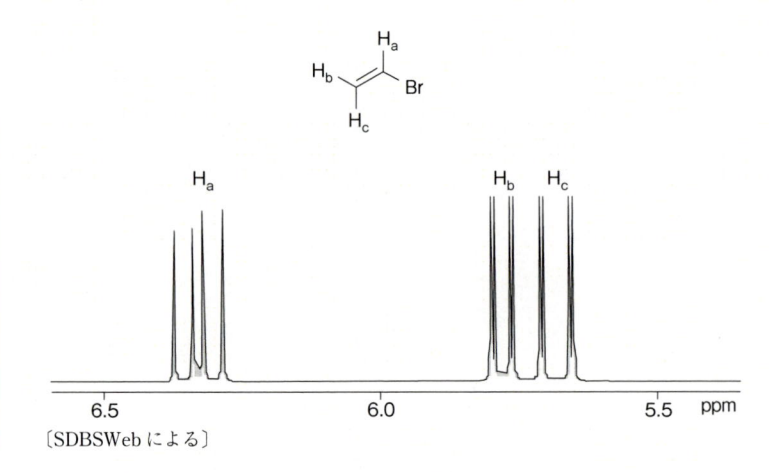

〔SDBSWeb による〕

5.3　^{13}C NMR と二次元 NMR 法

5.3.1　パルス NMR

(a) CW NMR とパルス NMR

　NMR では，磁場のなかに置かれた核に対して電磁波(ラジオ波)を照射して共鳴を検出する(5.1.2)．共鳴を観測するための一つの方法として，外部磁場強度を一定にしてラジオ波の周波数を少しずつ連続的に変化させる方法がある*．これを **CW**(continuous wave，**連続波**)**法**という．

　この CW 法では，^1H NMR において水素核の観測域を 1 回測定し記録するのに数分かかってしまう．試料量が少ない場合には，1 回数分の測定を複数回繰り返し積算する必要があり，また感度が低い ^{13}C 核などを測定するには時間がかかりすぎて現実的には使えない．そこで現在では，ほとんどの NMR 装置では CW 法ではなく，パルス NMR 法が用いられる．パルス NMR 法は，観測したい周波数範囲のすべての周波数を含む信号を短時間核に照射することにより，すべての核を同時に励起し，すべてのシグナルを同時に観測する方法である．核はパルスによるエネルギーを吸収した後，一定時間をかけてラジオ波を放出しながらもとの熱平衡状態(ボルツマン分布)へと戻る．この放出するエネルギーを記録するのがパルス NMR 法である．パルス NMR 法で得られるシグナルは，時間の関数であり，核が熱平衡状態へと回復するにつれて，シグナルは指数関数的にゼロに減衰する．このシグナル曲

* 照射するラジオ波の周波数を固定して外部磁場強度を少しずつ変化させる方法も以前は用いられたが，それについては，表 5.3 の慣習的よび方の項で述べた．

線を**自由誘導減衰**(**FID**；free induction dacay)という．図5.18に示したように，FIDは横軸が時間領域である．通常のNMRスペクトルの横軸は周波数領域であるため，FIDに対して「**フーリエ変換**(**FT**；Fourier transformation)」という数学的処理を行う．したがって，パルスNMRをFT NMRとよぶこともある．

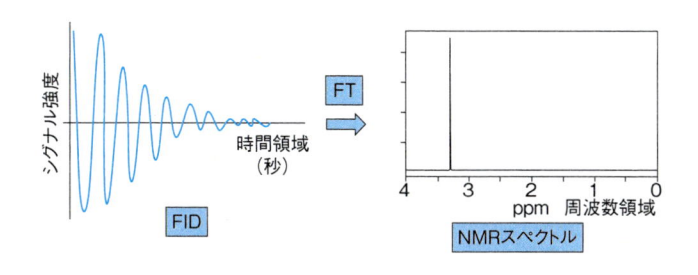

図5.18 自由誘導減衰(FID)とNMRスペクトルへのフーリエ変換(FT)

(b) 実験室座標系と回転座標系

パルスを照射したときの，磁化(核磁気モーメント)のふるまいは，回転座標系を導入すると理解しやすい．回転座標系を考える前に，まずは，観測者が静止している通常の実験室座標系について考えてみよう．

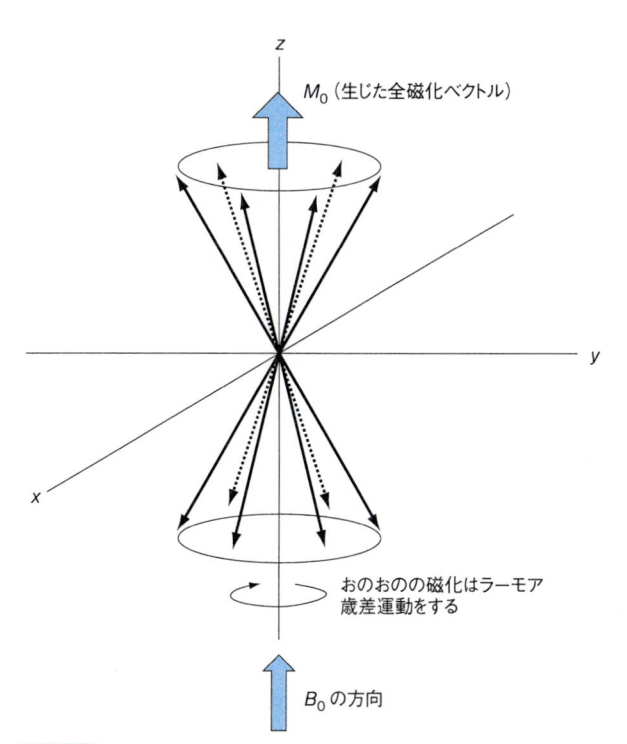

図5.19 実験室座標系での核磁気モーメントの集合(熱平衡状態)

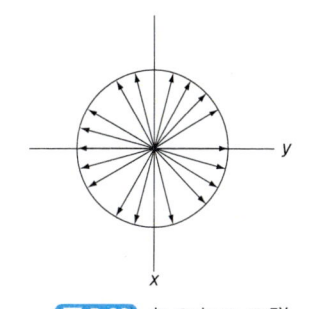

図5.20 おのおのの磁化はランダムな位相をもつ

外部磁場 B_0 を z 軸と平行にとり，x 軸，y 軸を z 軸と垂直にとる．外部磁場 B_0 のなかで多数の ^{1}H 核は B_0 と同方向をもつ α 状態のものと，B_0 と反対方向をもつ β 状態のものとに別れる．ボルツマン分布により α 状態の数が若干多い．それぞれの磁化 (核磁気モーメント) はラーモア歳差運動を行っているが，その位相はランダムに分布している．したがって，熱平衡状態では，^{1}H 核集団の総和の磁化ベクトルは B_0 方向を向く．すなわち，総和の全磁化ベクトルは z 軸成分だけをもち，x 軸および y 軸成分はゼロとなる (図 5.19)．NMR シグナルは通常 y 軸成分を観測する．したがって，熱平衡状態では y 軸成分がゼロのため，NMR シグナルは観測されない．

　回転座標系とは，x 軸および y 軸を含む平面が z 軸の周りに，ラーモア周波数に対応する角速度で回転し，観測者もその角速度で回転しながら観測する座標系である．回転している軸を x' 軸，y' 軸，z' 軸で表す．この座標系では，核は見かけ上歳差運動はせず，外部磁場 B_0 と同じ方向に全磁化ベクトル M_0 を生じる (図 5.21)．

「位相はランダムに分布している」とは，図 5.19 を z 軸上から見たとき，xy 平面上に磁化が 360° まんべんなくあらゆる方向を向いて散らばっていることを意味する (図 5.20)．

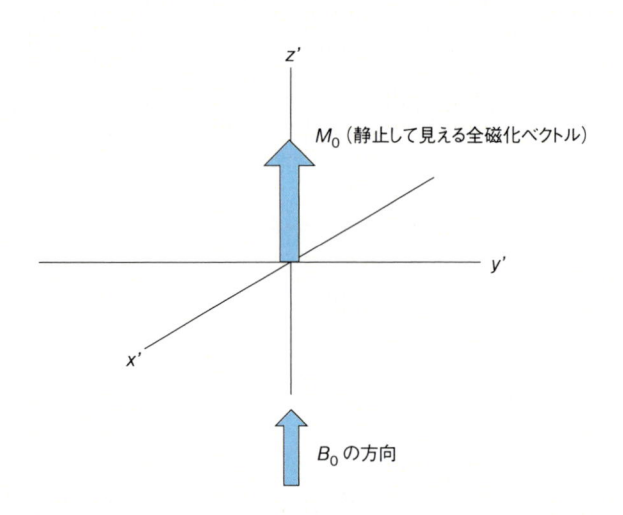

図 5.21 回転座標系における全磁化ベクトル (熱平衡状態)

(c) パルスの照射

　さて，熱平衡状態にある核に x 軸方向からパルスを照射すると，回転座標系において，x' の周りに磁化ベクトル M_0 が回転する．パルス照射時間を調整することにより磁化ベクトルが回転する角度を変えることができる．磁化を 90° 回転させるパルスを 90° パルス，180° 回転させるパルスを 180° パルスという．180° パルスは 90° パルスの照射時間を 2 倍にしたものである．このようにパルスを照射する条件をいろいろ変えることにより磁化の動きを制御する技術が，現在の各種最先端 NMR 実験法の基本である．

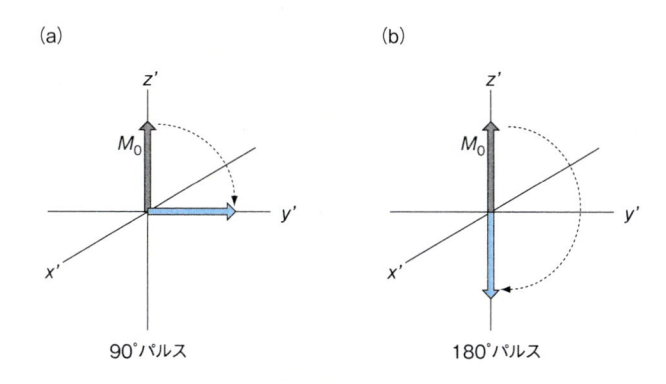

図 5.22 90°パルス(a), 180°パルス(b)

(d) 緩 和

核に 90°パルスを照射すると，磁化は y' 軸上に倒れる〔図5.22(a)〕．パルスが除かれた後，倒れた磁化は次第にもとの熱平衡状態に戻る．この戻る過程を**緩和**といい，パルス照射によって吸収されたエネルギーの放出過程である．この緩和の過程は大きく横緩和と縦緩和の二つに分けることができる．それぞれの過程を回転座標系で見てみよう．

まず，z' 軸（上側）から眺めてみよう（図5.23）．パルスが除かれた直後①には，磁化ベクトルは y' 軸上にある．パルスが除かれると，磁化ベクトルは $x'y'$ 平面上を回転し始める．個々の磁化ベクトルの位相は少しずつ異なるために，観測者より遅れて回転する磁化は回転座標系では逆向きに回転するように表される．それにつれて y' 軸上の磁化ベクトルの総和は短くなっていく．最終的には，磁化ベクトルが $x'y'$ 平面上にまんべんなく散らばり，$x'y'$ 平面上の磁化ベクトルの総和はゼロとなる．このとき全磁化の y' 成分もゼロとなる．このように磁化が $x'y'$ 平面上に散らばり y' 成分が消失する過程を**横緩和**（T_2 緩和，スピン-スピン緩和）という．パルスが除かれた直後から y' 成分が消失するまでの時間，すなわち図5.23における①から⑤までの時間を T_2 という．

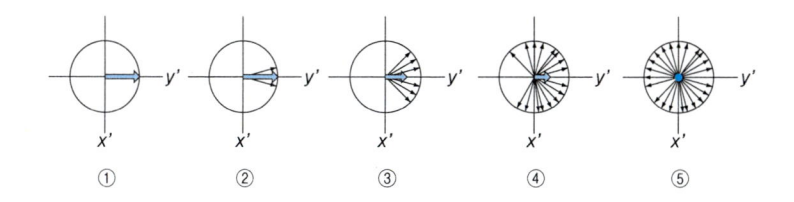

図 5.23 横 緩 和

次に，x' 軸側から眺めてみる（図5.24）．図5.24の出発点⑥は図5.23における⑤に相当する．このとき磁化ベクトルの z' 軸成分はゼロである．この後，磁化ベクトルは $x'y'$ 平面から z' 軸に向かって段々立ち上がり，歳差運

熱平衡状態⑩では，α状態の核がβ状態の核より多い（$N_\alpha > N_\beta$）．パルス照射直後①ではz軸成分がゼロである．このことは，このときα状態とβ状態の核の数が等しいこと（$N_\alpha = N_\beta$）を意味している．

動をしながら，最終的にz'軸上の正の向きのもとの熱平衡状態（M_0の状態，図5.21）に戻る．このようにz'軸成分がM_0に復帰する過程を**縦緩和**（T_1緩和，スピン-格子緩和）といい，それにかかる時間をT_1という．縦緩和は，通常，横緩和より十分長い時間がかかる（$T_2 < T_1$）．図5.23，図5.24では，便宜上，横緩和（①→⑤）が完了した後に縦緩和（⑥→⑩）が始まるように表したが，実際には，①→⑤と⑥→⑩とは同時に進行する．すなわち，T_1は正確には①から⑩までの時間である．

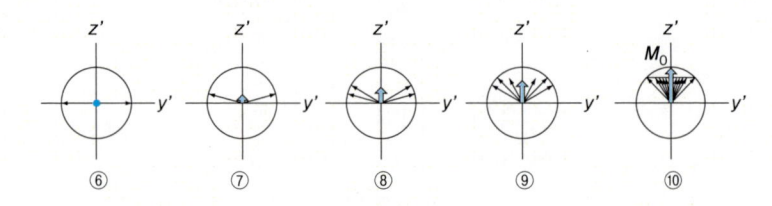

図5.24 縦緩和

次に，図5.23，図5.24の全磁化ベクトルの動きを実験室座標系で見てみよう．図5.23と図5.24とを併せて考えると，全磁化ベクトルはy軸上から出発して回転し始め，xy平面上からz軸に向かって立ち上がると同時にx成分，y成分を失っていく．最終的に熱平衡状態（図5.19）に達し，総和の全磁化ベクトルはz軸成分だけをもち，x軸およびy軸成分はゼロとなる（図5.25）．

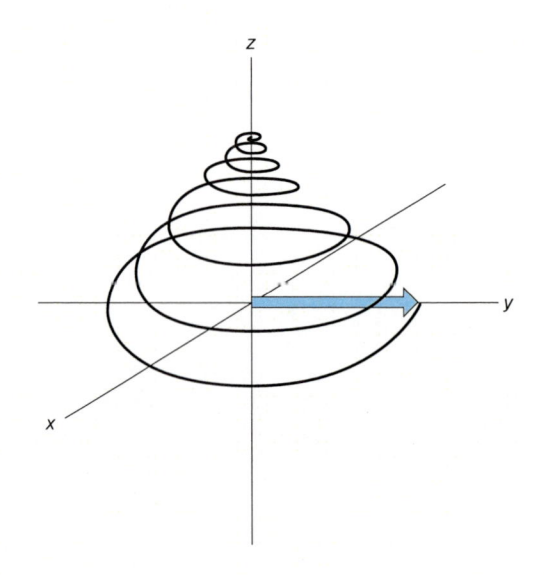

図5.25 緩和を実験室座標系で見たときの全磁化ベクトルの動き

前述のようにNMRシグナルは通常y軸成分を観測する．図5.25のy成分の動きはどのようになっているだろうか．横軸を時間としてy成分を表してみると，図5.26のようになる．図の5.25におけるy軸（右が正，左が負）

が図5.26では縦軸（上が正，下が負）となっている．

図5.26 磁化の y 成分の動き（＝FID）

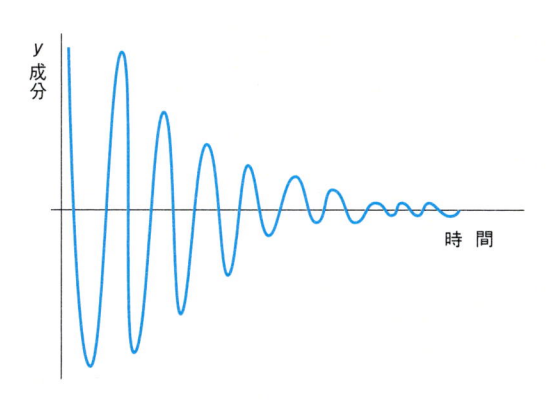

図5.26はすなわち，前出の図5.18の左側のFID（自由誘導減衰）である．これで，FIDが何であるか理解できただろう．

図5.26において，y軸方向の成分は cos 関数を描きながら，次第に減衰していく．

$$M_y t \propto M_0 \cos\omega t \cdot \exp\left(-\frac{t}{T_2}\right)$$

これがNMRのFIDとして観測される．

NMRの周波数はいいかえると1秒間に磁化ベクトルが xy 平面を回転する回数である．たとえば，$J = 6\,\text{Hz}$ とは，回転数の差が毎秒6回であることを表す．

練習問題 5.7

次の二つの ^{1}H NMR スペクトルではいずれもシングレット（一重線）のシグナルが観測され，その化学シフトは(a)のほうが(b)より低磁場であった．
(a)と(b)の ^{1}H NMR スペクトルに対応する FID は(c)，(d)のいずれか．なお，(c)，(d)の横軸の時間軸の目盛りは同じとする．

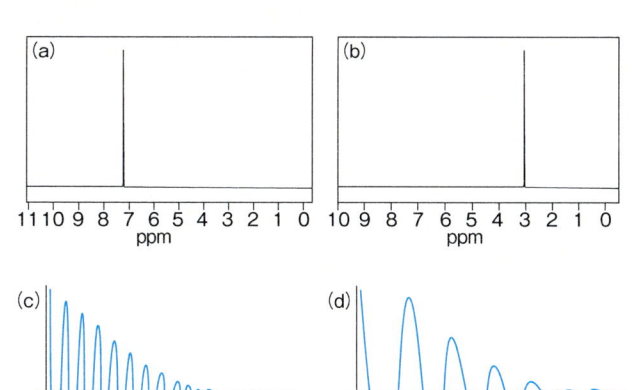

複数のシグナルをもつNMRスペクトルでは，そのFIDは，おのおのの核のFIDの和として観測される．たとえば，図5.27のような，二つのシグナルが含まれる ^{1}H NMR では，そのFIDは二つのFID (a)と(b)の和(c)であり，この(c)をFT変換したものが(d)の ^{1}H NMR スペクトルである．

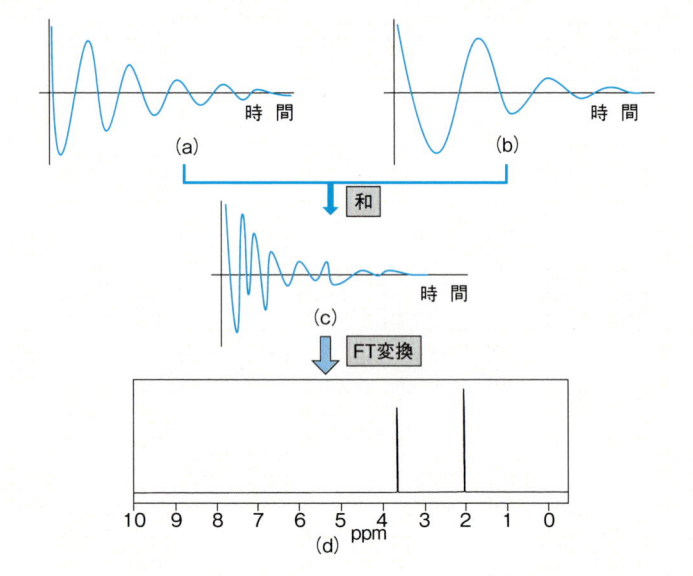

図 5.27 二つのシグナルをもつ ^{1}H NMR スペクトルと FID
(d) は酢酸メチル (methyl acetate, $CH_3CO_2CH_3$) の ^{1}H NMR. なお, (a), (b), (c) はイメージ図である.

パルス NMR の最大の利点は, 広いスペクトル幅に関するデータを 1 回取得するのに短時間しかかからない点である. パルス照射時間は前述のように ^{1}H 核の 90° パルスなどに相当する時間 (数 μ 秒) であり, その後, 核が緩和する間にシグナルをデータとして取り込む (図 5.28). このデータ取り込み時間はせいぜい数秒間である. この時間はスペクトル幅とコンピュータ容量によって設定される (後述の練習問題 5.9 参照). 1 回のパルス照射 (θ) からデータ取り込み (AQ; acquisition time), パルス遅延時間 (PD; pulse delay) を経て次のパルス照射までの時間は数秒 (たいてい長くても 10 秒以内) であり, 1 回 1 回の FID データが自動的にコンピュータに積算され, 設定した積算回数が終了後, 足し合わせた FID をフーリエ変換すれば通常の NMR スペクトルが得られる. 次項で述べる ^{13}C NMR では感度が低いため, このパルス NMR 法は必須である.

図 5.28 標準的なパルス NMR 実験における 1 回のパルス照射 (θ), データ取り込み (AQ), パルス遅延時間 (PD) を表したもの (パルス系列)

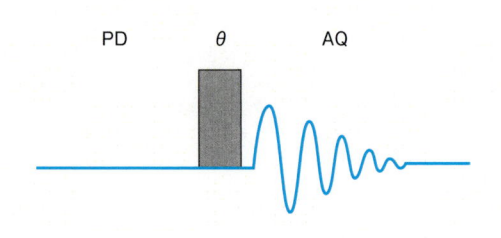

5.3.2 ¹³C NMR
(a) ¹³C NMR の感度

炭素原子のうち天然存在比の約99％は¹²Cである。この¹²Cは$I=0$であるため、NMRには不活性である。しかし、天然存在比1.108％の¹³C原子核は$I=1/2$でありNMRによって観測することができるため、有機化合物の構造解析に広く利用されている。

5.1.2で述べたように、¹³C原子核の磁気回転比は水素原子核の約四分の一である。そのため、¹³C原子核の共鳴周波数は水素原子核の約四分の一である。たとえば、600 MHzの¹H NMR装置で¹³C NMRを測定するとその基本共鳴周波数は150 MHzである。また、5.1.3の式(5.6)より、磁気回転比が小さければシグナルの感度も低くなる。それに加えて上記のように¹³C原子核は天然存在比が約1％であるため¹³C原子核の感度はさらに低くなる。このため前述のとおり¹³C NMRを測定するにはパルスNMR法を用いることが必須である。

有機化合物では一般に炭素原子に水素原子が結合しているため、¹³C核は多くの場合¹H核とカップリングしている。これをそのまま観測するとスペクトルが複雑となり解析が困難となるため、¹³C NMRの測定は通常¹H核とのカップリングを消去して行う(**完全デカップリング法**, complete decoupling)。その結果、¹³C NMRではすべてのシグナルがシングレット(一重線)で観測される。シグナル1本が炭素1個、または等価な炭素がある場合は一種類の等価な炭素に相当する。しかしシグナル強度(高さ)は炭素の数と比例しないため、¹³C NMRでは積分は通常行わない。

(b) ¹³C NMR の化学シフト

¹³C NMRの化学シフトは、基本的に5.2.1で述べた¹H NMRの化学シフトと対応する。0 ppmを決める標準物質としても¹H NMRと同様にTMSが用いられる。化学シフトの範囲には違いがあり、¹H NMRが0 ppmから10 ppmの間にほぼ納まっていたのに対して、¹³C NMRでは、0 ppmから200 ppm前後までシグナルが観測される。

¹³C NMRの代表的化学シフトを次の図5.29に示す。さらに詳しい化学シフト表を表5.8に示す。

完全デカップリング法では、水素が多く結合している炭素ほど**核オーバーハウザー効果** (nuclear Overhauser effect; **NOE**)によりシグナル強度が大きくなる。四級炭素はNOE効果を受けないためシグナル強度は小さい。NOEは¹H核のデカップリングにより¹H核のα状態とβ状態の分布が等しくなることにより、¹³C核のα状態とβ状態の分布の差が大きくなることから生じる効果である。なお、NOEは¹H核同士では空間的距離が近いときに観測されるため、NOEから水素原子間の距離、あるいは立体化学に関する情報が得られる。

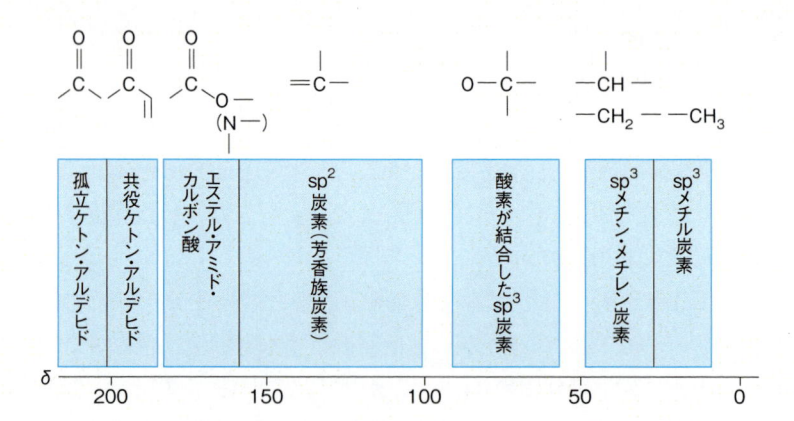

図5.29 ¹³C NMR の代表的化学シフト

表5.8 ¹³C NMR 化学シフト表

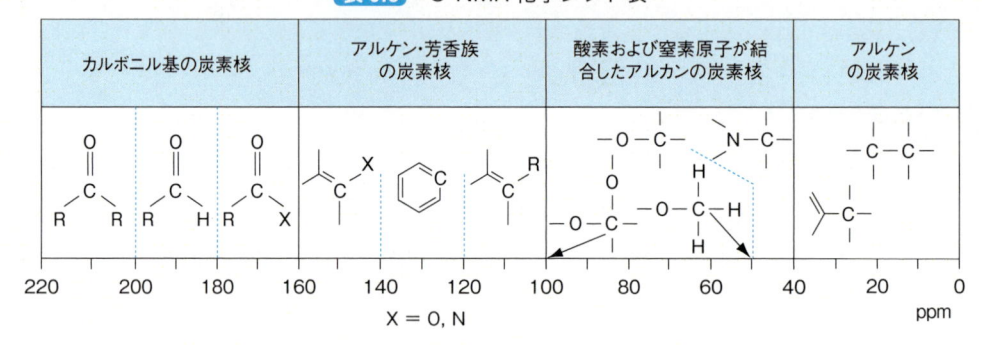

（c）DEPT

炭素原子に何個の水素が結合しているか，すなわちその炭素が第一級（水素3個）か，第二級（水素2個）か，第三級（水素1個）か，または第四級（水素0個）かを判別できる測定方法として **DEPT**（distortionless enhancement by polarization transfer）**法**がある．この方法は分極移動という現象により完全デカップリング法よりシグナル感度が向上している．DEPT135 スペクトルでは第一級（メチル）炭素および第三級炭素（メチン）が正に，第二級炭素（メチレン）が負に観測され，四級炭素はシグナルが観測されない．また，DEPT90 スペクトルでは第三級炭素（メチン）のみが正に観測される．

図5.30にイソホロン（isophorone）という化合物の ¹³C NMR スペクトル（完全デカップリング，DEPT135，および DEPT90）を示した．低磁場側（左側）のシグナルから番号1～8をふり，構造式中の炭素に帰属した．DEPT135ではメチル基（7と8）とメチン基（3）が上向き，メチレン基（4と5）が下向き，四級炭素（1，2，および6）が消失していることがわかるだろう．DEPT90ではメチン基（3）のみが上向きに観測されている．なお，7のメチル基のシグナルは炭素2個が等価であるため重なって観測されている．このスペクトルから，シグナル強度がメチル基は大きく四級炭素は小さ

DEPT 法のほかに，炭素に直接結合した水素の数を判別する実験法として**オフレゾナンス法**がある．この方法では，直接結合した水素とのカップリングにより，メチル（CH₃）炭素では四重線（q），メチレン（CH₂）炭素では三重線（t），メチン（CH）炭素では二重線（d），四級炭素では一重線（s）となる．

いこともわかるだろう.

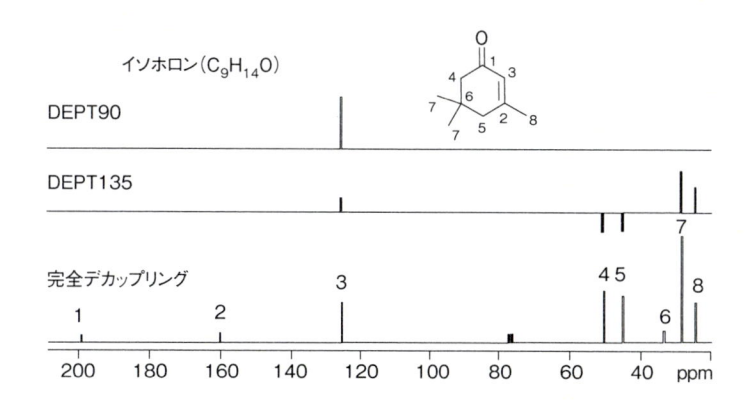

図 5.30 イソホロンの ^{13}C NMR スペクトル（完全デカップリング, DEPT135, および DEPT90）

練習問題 5.8

次の化合物 **1**〜**4** の ^{13}C NMR スペクトル（完全デカップリング）において，観測されることが期待されるシグナルの数を書きなさい．

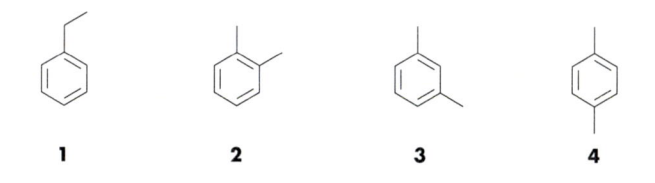

5.3.3 二次元 NMR

以上述べてきた NMR スペクトルは化学シフトの軸（横軸）が一つであるため，一次元 NMR スペクトル（1 D, one dimensional）とよばれる．一次元 NMR スペクトルから得られる情報を組み合わせて，分子の構造を形づくるときに有効なのが二次元 NMR スペクトル（2 D, two dimensional）である．ここでは四種類の二次元 NMR スペクトルについて，おのおののスペクトルから得られる情報の概要について紹介する．

（a）^{1}H—^{1}H COSY スペクトル（correlation spectroscopy）

水素原子間のカップリングに関する情報が得られるスペクトル．縦軸，横軸に ^{1}H NMR スペクトルを描き，水素原子のシグナルの交点に相関ピーク（交差ピーク）が観測されれば，両水素原子がカップリングしていることを表す．隣接する水素原子同士をつなげることにより，炭素鎖や環などの構造を組み立てることができる．図 5.31 にエチルベンゼン（ethylbenzene, $C_6H_5CH_2CH_3$）の ^{1}H—^{1}H COSY スペクトルを示す．

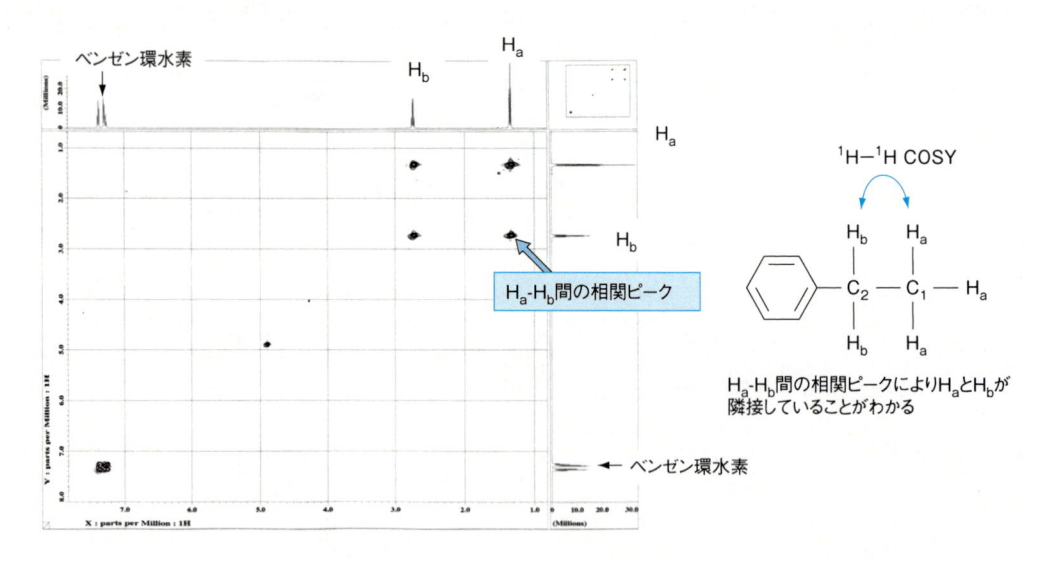

図 5.31　エチルベンゼンの $^1H-{}^1H$ COSY スペクトル

（b）HMQC スペクトル(heteronuclear multiple quantum coherence)

直接結合する ^1H 核と ^{13}C 核とのつながりを明らかにするスペクトル．横軸に ^1H NMR，縦軸に ^{13}C NMR を描き，直接結合している水素と炭素のシグナルの間に相関ピークが観測される．図 5.32 にエチルベンゼンの HMQC スペクトルを示す．

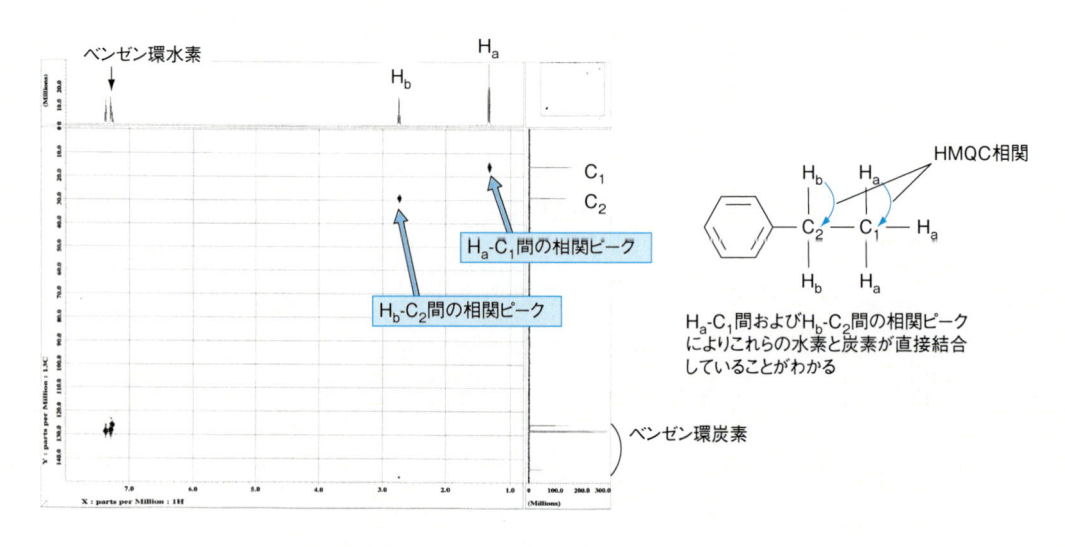

図 5.32　エチルベンゼンの HMQC スペクトル

（c）HMBC スペクトル（heteronuclear multiple bond correlation）

HMQC スペクトルと同様に，^{1}H 核と ^{13}C 核との間のつながりに関する情報が得られるスペクトルの一つであるが，HMBC スペクトルでは，^{1}H 核と ^{13}C 核との間に二結合あるいは三結合が存在する遠隔結合（ロングレンジカップリング）に関する情報が得られる．四級炭素を介しても相関ピークが観測されるため，^{1}H—^{1}H COSY で水素原子のつながりが途切れた箇所をつなぐこともできる．酸素や窒素などのヘテロ原子を介しても相関を観測することができる．すなわち，HMBC スペクトルでは「H—X—C」あるいは「H—X—X—C」という部分構造において H と C の間の相関が観測される．ここで X は炭素だけでなく酸素や窒素でもよい．図 5.33 にエチルベンゼンの HMBC スペクトルを示す．

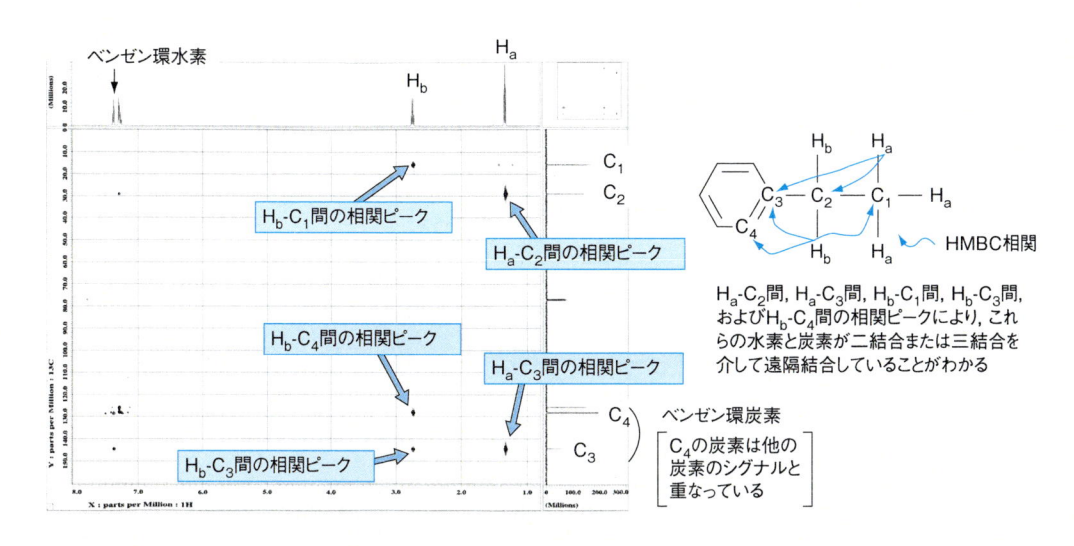

図 5.33 エチルベンゼンの HMBC スペクトル

（d）NOESY スペクトル（nuclear Overhauser effect spectroscopy）

水素原子間の距離を反映する NOE（核オーバーハウザー効果）の情報を系統的に収集できるスペクトル．NOESY スペクトルにおいて相関ピークが観測されれば，その二つの水素原子核は空間的な距離が近いことを表す．ピーク強度が強いほど距離が近いことから，水素原子間の距離を見積もることができる．タンパク質の立体構造決定などに用いられる．

5.4　測 定

5.4.1　試料の調製

ここでは，通常の有機化合物の NMR スペクトルを溶液状態で測定する場合について考える．^{1}H NMR の場合，最近の高性能 NMR 装置を用いれば，数 μg 程度の微量試料でも測定可能である．ただ，試料が十分量使える場合には測定時間の短縮のためにも数 mg 程度用いることが望ましいだろう．

測定には，NMR 測定用の試料管を用いる．試料管は，最も広く用いられるものは直径が 5 mm，長さが 20 cm 程度である（図 5.34）．数 mg の試料を測定溶媒に溶かし，試料管に入れる．通常，溶媒は 0.6 mL 程度用いて，試料管中の溶液の高さが 4 cm ほどになるように調整する．

測定溶媒としては，溶媒ピークは観測されないほうがよいので，一般に水素が重水素で置換された溶媒を用いる．また重水素は磁場を安定化させるための基準シグナル（ロックシグナル）としても用いられる．最も広く用いられる NMR 測定用溶媒は重クロロホルム（$CDCl_3$）であり，このほか，重メタノール（CD_3OD），重 DMSO（dimethyl sulfoxide, CD_3SOCD_3），重ベンゼン（C_6D_6），重水（D_2O）などがある．試料溶液に化学シフトの標準物質 TMS

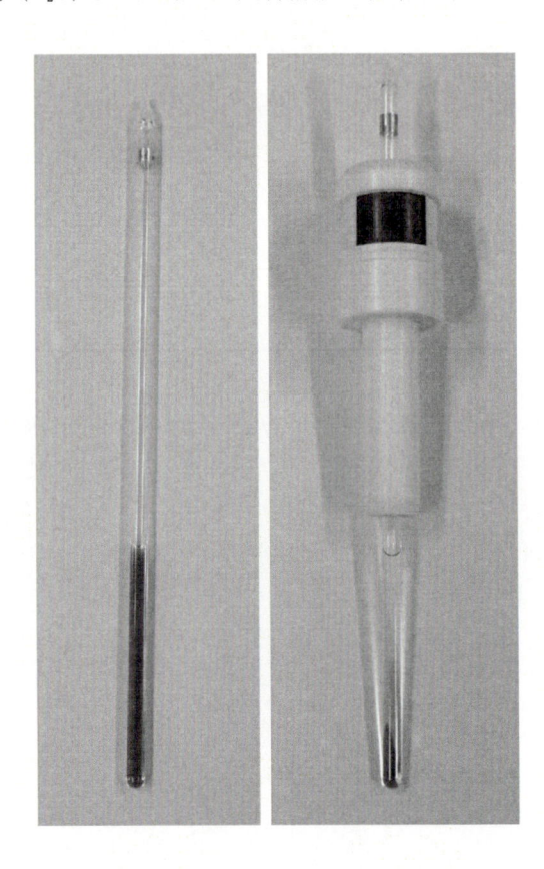

図 5.34　(a) NMR チューブ（5 mm 管），(b) 試料管をスピナーローターに差し込んだ状態

(tetramethylsilane, テトラメチルシラン)を少量加えることもあるが, 加えなくても, 溶媒ピークの化学シフトを用いて化学シフトの補正を行うこともできる. 代表的な NMR 用溶媒の化学シフト値と多重度を表 5.9 に示す.

表 5.9 NMR 溶媒(重水素化溶媒)の化学シフト値と多重度

溶 媒	化学シフト値(ppm)			
	^{1}H/ppm[多重度]*		^{13}C/ppm[多重度]*	
重アセトン	CHD$_2$COCD$_3$	2.04[5]	CD$_3$COCD$_3$	30.3[7]
			CD$_3$COCD$_3$	206.0[7]
重 DMSO	CHD$_2$SOCD$_3$	2.49[5]	CD$_3$SOCD$_3$	39.5[7]
重メタノール	CHD$_2$OD	3.30[5]	CD$_3$OD	49.8[7]
重 水	HOD	(4.7)	—	
重ベンゼン	C$_6$HD$_5$	7.15[1]	C$_6$D$_6$	128.0[3]
重クロロホルム	CHCl$_3$	7.24[1]	CDCl$_3$	77.0[3]

＊ ^{2}H(D)核とのカップリングによる分裂が観測される.

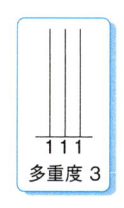

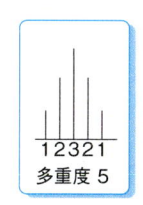

1 1 1	1 2 3 2 1	1 3 6 7 6 3 1
多重度 3	多重度 5	多重度 7

5.4.2 測定の手順

一般的な測定の手順を示そう. 図 5.35 は 600 MHz NMR 装置の写真である. 右側のタンク状のものが超伝導磁石(マグネット)である. 600 MHz 装置は 14 T の磁場強度をもつ. 超伝導磁石の中心には, 試料管が入るプローブがあり, プローブの周りは液体ヘリウムによって絶対零度近くの低温に保たれる. 液体ヘリウムの消費(気化)を遅らせるために, 液体ヘリウムの周りには液体窒素が充填されている.

このような装置を用いて, 次のような手順で NMR 測定を行う.

(1) 試料溶液を入れた試料管〔図 5.34(a)〕をスピンナーローター(ホルダー)に差し込み〔図 5.34(b)〕, これを超伝導磁石の上部にセットする. 600 MHz 装置のような大きな磁石では図 5.35 のように階段を使って登らなければならない. コンプレッサーから空気が送られるために試料管はマグネット上部に浮いた状態となる.

(2) NMR コンピュータ上(図 5.35 の左側ディスプレイ)からの命令により, コンプレッサーからの空気を止め, 試料管をマグネット内に落とし込む. 試料管をマグネット内で回転させる(毎秒 20 回転程度).

(3) ロックを掛け, シム調整, およびプローブチューニングを行う.

ロック：外部磁場の磁場強度を一定に保つために, 溶媒中の重水素核シグナルを基準にして補正すること.

シム：試料管周りの局所的な外部磁場の不均一性を補償するためにシムコイルを用いて補正すること.

プローブチューニング：ラジオ波の調整. プローブの送受信系と分光計本体との接続具合を調整する. 分光計本体は, 図 5.35 のマグネットとコンピュータディスプレイとの間にある四角い装置.

図 5.35 600 MHz NMR 装置

(4) 測定条件を設定する．観測核，測定実験の種類，スペクトル幅（観測周波数範囲），積算回数，データポイント数（サンプリング回数）などをコンピュータ上で設定する．
(5) 測定を開始する．FID データが積算される．
(6) 測定終了．FID データをフーリエ変換し NMR スペクトルを得る．この操作は分光計のコンピュータ上だけではなく，別室のパソコンにデータを送ってパソコン上で処理，書きだしを行うこともできる．

> 練習問題 5.9 の場合，スペクトル幅（Hz 単位）の逆数，すなわち 1/9000 秒ごとにサンプリングを行う．サンプリングはデータポイント数の 32768 回行う．したがって 1 回のパルス照射後にサンプリングを行う時間は，(1/9000) × 32768 = 3.64088 秒である．スペクトル幅は大きいほうが測定時間は短くてよい．

練習問題 5.9

NMR の分解能とは，何 Hz の共鳴周波数の差を区別できるかということである．いいかえれば，共鳴周波数が何 Hz 離れていれば別のシグナルとして分離して観測されるかということである．これはスペクトル幅（観測周波数範囲）とデータポイント数（サンプリング回数）に依存する．600 MHz の装置において，スペクトル幅を 15 ppm，データポイント数を 32 K (32768) として ^{1}H NMR を測定したときの分解能は何 Hz か．

5.5 チャートの見かた

5.5.1 共鳴周波数とスペクトル

図 5.36 に 1-ペンタノール (1-pentanol, $CH_3CH_2CH_2CH_2CH_2OH$) の ^{1}H NMR スペクトルを二つ示した．(a) が 60 MHz の ^{1}H NMR スペクトル，(b) が 400 MHz の ^{1}H NMR スペクトルである．60 MHz のスペクトル (a) では，1〜2 ppm 間にシグナル（2 位，3 位，4 位の水素）が重なって観測されているが，400 MHz のスペクトル (b) では，対応するシグナルがきれいに二つに

分かれて観測される（2位の水素シグナルと3位，4位の水素シグナル）．シグナルが分かれるほうが解析はしやすい．(a)と比較して(b)のようにシグナルの分離がよいことを「分解能がよい」という．なお，3位と4位の水素シグナルは化学シフトが接近しすぎているため400 MHzスペクトルでも分離できない．

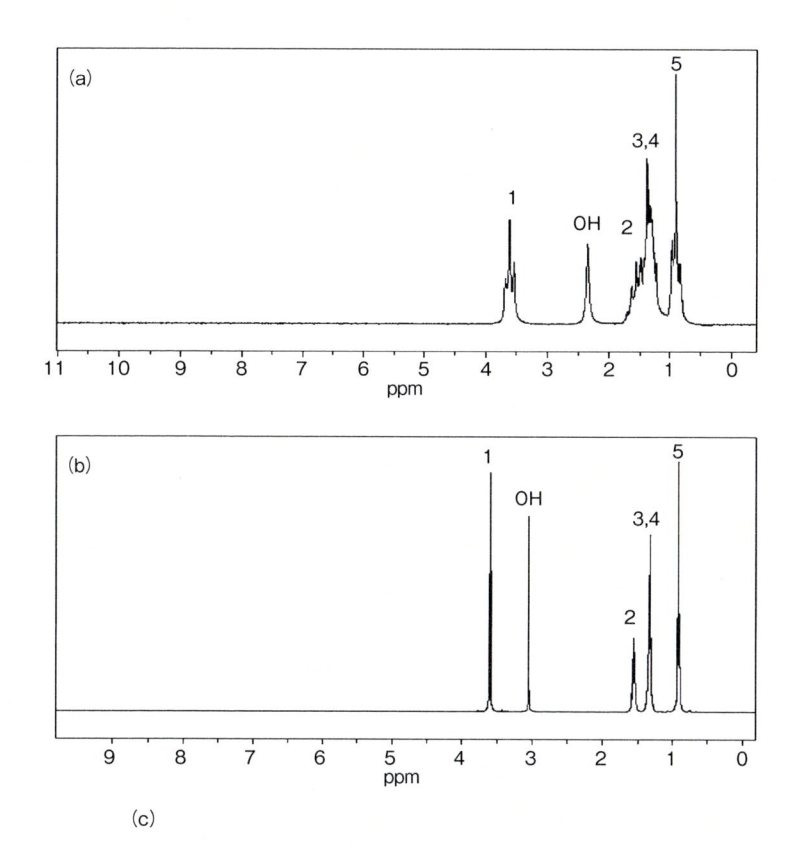

図 5.36 1-ペンタノールの ^1H NMR スペクトル〔SDBSWebによる〕
(a) 60 MHz, (b) 400 MHz（数字は水素の帰属），(c) 1-ペンタノールの構造式とナンバリング．

カップリングしている核の化学シフトをHz単位で表したとき，結合定数の10倍以下に近づいているときはその核をA, B, Cで表記し，それ以上に離れているときは，MまたはXで表す．また，磁気的に等価な核が複数あるときは，A_2のように同じアルファベットと数字で表す．

水素核のシグナルは，フッ素核やリン核によっても分裂する．これらの元素を含む場合は注意を要する．

5.5.2 カップリングシステム

5.2.3において，三つのカップリングシステム AX, AX_2, AX_3 について述べた．ここではほかのカップリングシステムの例についてもう少し考えてみよう．

カップリングシステムは，通常，A, B, CやX, Y, ZあるいはM, Nなどのアルファベットで表記する．A, B, Cはカップリングしている核のなかで互いに化学シフトが近く，X, Y, ZやM, Nとは化学シフトが離れていることを表す．

まず，シンプルなABシステムについて考えてみよう．二つの核の化学シ

図5.37において，外側のシグナルの強度(I_1)と内側のシグナルの強度(I_2)の比は，外側のシグナルと内側のシグナルの共鳴周波数の差を用いて次のように表される．

$$\frac{I_1}{I_2} = \frac{\nu_2 - \nu_3}{\nu_1 - \nu_4}$$

また，AとBの核がカップリングしているときの結合定数Jはどちらのシグナルから読んでも同じ値となる．

$$J = \nu_1 - \nu_2$$
$$= \nu_3 - \nu_4$$

$\Delta\nu/J$が小さくなると，内側のピーク強度が外側のピーク強度より大きくなることを**ルーフ効果**(roof effect)という．

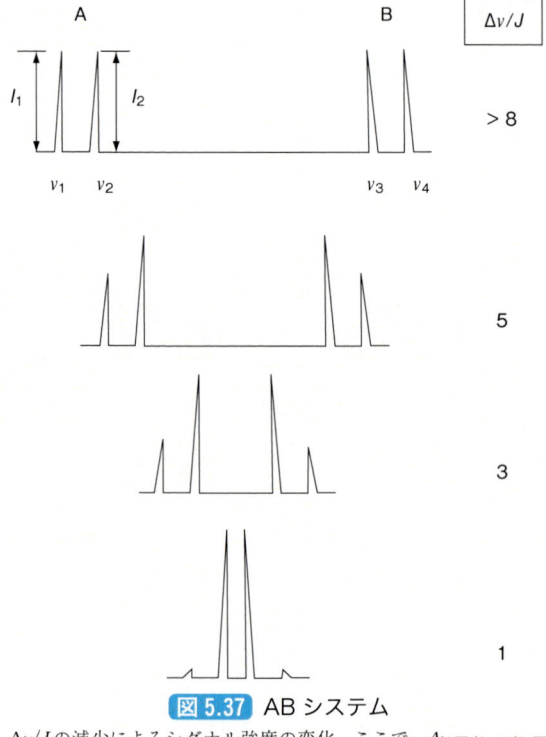

図 5.37 ABシステム

$\Delta\nu/J$の減少によるシグナル強度の変化．ここで，$\Delta\nu = \nu_1 - \nu_3 = \nu_2 - \nu_4$．

メバロノラクトンの2位の二つの水素のように同一炭素上に存在する水素二つのカップリングを**ジェミナル**(geminal)**カップリング**という．これに対して，隣接する炭素上の二つの水素間のカップリングを**ビシナル**(vicinal)**カップリング**という．

フトの差($\Delta\nu$)をHz単位で表したとき，$\Delta\nu$が結合定数(J)より十分大きいときは，図5.8に示したAXシステムと同様であり，二組の二重線として観測される．しかし，$\Delta\nu/J$が小さくなってくると二重線は互いに近づき，内側のピーク強度が外側のピーク強度より大きくなる(図5.37)．

図5.38には，メバロノラクトン(mevalonolactone)という化合物の90 MHzおよび400 MHz ^{1}H NMRを示す．2位のメチレン水素二つのシグナルがABシステムとして観測される．共鳴周波数が変わると$\Delta\nu$が変わるがJ値は変わらない．そのため，$\Delta\nu/J$が変わるので内側と外側のシグナル強度が異なっていることがわかるだろう．

2位の二つの水素の化学シフトは90 MHzでも400 MHzでも共通で，2.65 ppmと2.50 ppmである($\Delta\delta = 0.15$ ppm)．したがって，$\Delta\nu$は，90 MHzのとき13.5 Hz，400 MHzのとき60 Hzとなる．一方，結合定数(J)は90 MHzでも400 MHzでも共通で20 Hzである．したがって，$\Delta\nu/J$は，90 MHzのときは0.675，400 MHzのときは3となる．図5.37で示したとおり，$\Delta\nu/J$が小さくなると二重線は互いに近づき，内側のピーク強度が外側のピーク強度より大きくなっていることがわかるだろう．

次の図5.39は代表的なアミノ酸の一つ，フェニルアラニン(phenylala-

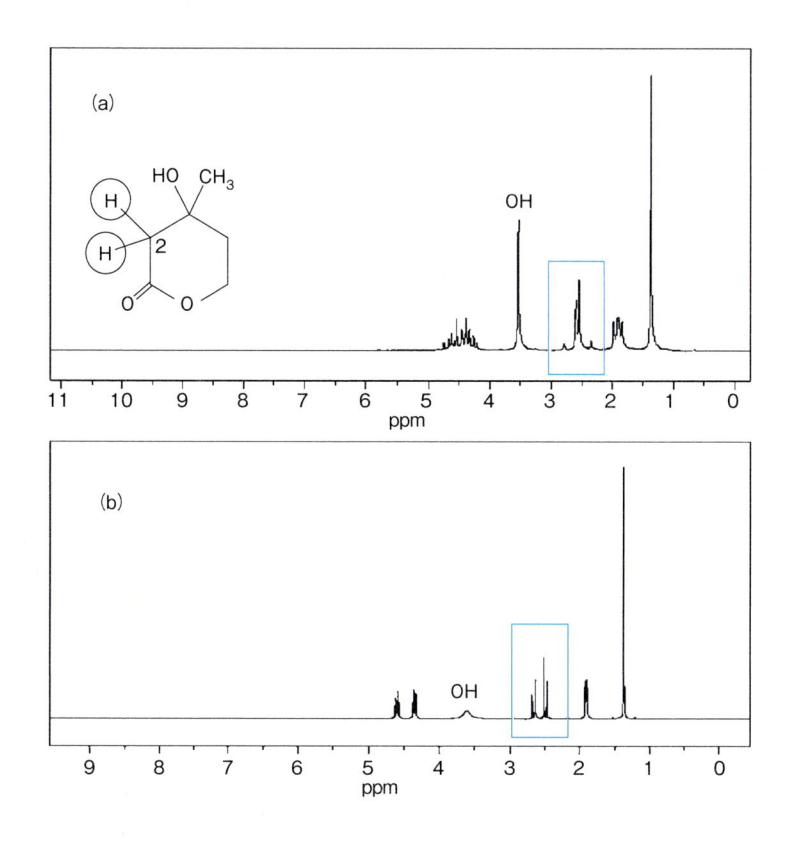

図 5.38 メバロノラクトンの ^{1}H NMR スペクトル〔SDBSWeb による〕
(a) 90 MHz, (b) 400 MHz. 枠で囲んだのが 2 位のメチレン水素のシグナル.

nine) の ^{1}H NMR スペクトルである．四角で囲んだシグナルは α 水素 1 個，β 水素 2 個に帰属される．このカップリングシステムは ABX システムの一つといえる．メチレン水素原子二つが A と B 核，メチン炭素原子が X 核に帰

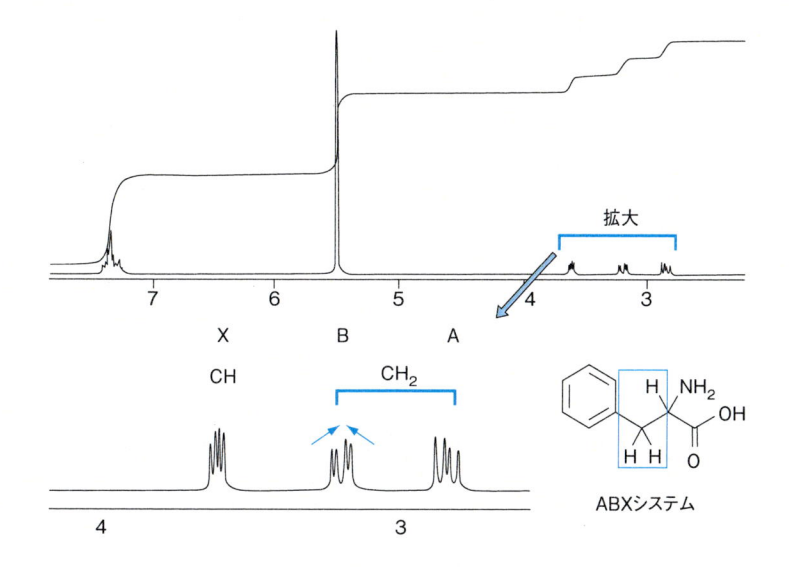

図 5.39 フェニルアラニンの ^{1}H NMR スペクトル〔SDBSWeb による〕

5.5.3 化学的等価と磁気的等価

p-クレゾール(p-cresol，図 5.40)では，2 位と 6 位の水素，3 位と 5 位の水素はそれぞれ化学的に等価であり，化学シフトもおのおの同じである．このカップリングシステムは一見，A_2X_2 システムのように考えられる．しかしこれは実は正しくない．なぜなら，2 位の水素と 6 位の水素は，3 位の水素との結合定数が異なるためである($J_{2,3} \neq J_{6,3}$)．このようなとき，2 位の水素と 6 位の水素は化学的に等価であるが，磁気的には等価でないといい，p-クレゾールのカップリングシステムは AA′XX′ と表記される．磁気的に等価とは，化学的に等価(したがって化学シフトは等しい)というだけでなく，ほかのどの核とも等しい結合定数をもつ場合をいう．たとえば，図 5.9 にでてきた 1,1,2-トリクロロエタン(1,1,2-trichloroethane)のメチレン水素二つのような場合である(AX_2 システム)．

A_2X_2
A 核が二つ，X 核が二つあるシステム．

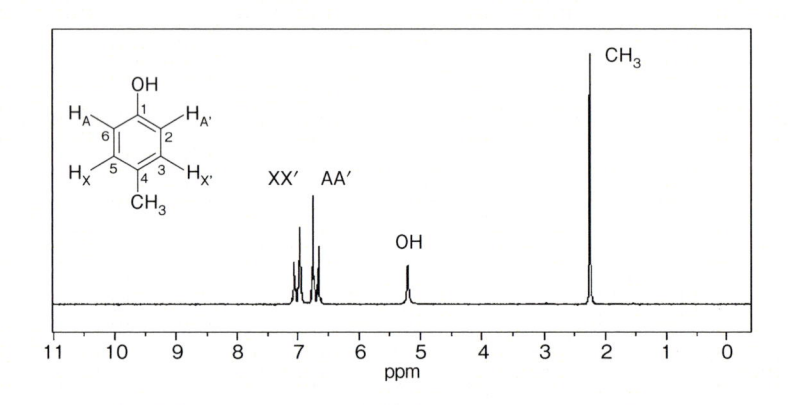

図 5.40 p-クレゾールの ^{1}H NMR スペクトル
〔SDBSWeb による〕

5.5.4 ヒドロキシ基など重水素交換可能な水素のシグナル

図 5.40 の p-クレゾールのスペクトルにおいて，5.2 ppm にヒドロキシ基の水素のシグナルが観測されている．ヒドロキシ基やアミノ基，あるいはカルボキシル基の水素は酸性が高く，プロトン交換を起こしやすい．^{1}H NMR において，それらの水素シグナルは炭素に結合した水素のシグナルとは異なった特徴をもつ．

まず，図 5.40 の p-クレゾールの ^{1}H NMR スペクトルは重クロロホルム($CDCl_3$)中のスペクトルであるが，この溶液に重水(D_2O)を一滴添加すると，5.2 ppm のヒドロキシ基のシグナルは消失する．これはヒドロキシ基(OH)

の水素が重水素 (D) と置き換わるためである．重水素は ^{1}H NMR では観測されない．

一方，図 5.39 のフェニルアラニンの ^{1}H NMR スペクトルは重水 (D_2O) を溶媒として用いたスペクトルである．重水中ではフェニルアラニンのアミノ基，カルボキシル基の水素は重水素に交換されているため ^{1}H NMR では観測されていない．

また，図 5.38 のメバロノラクトンの ^{1}H NMR においては，3.5 ppm 付近のやや幅広いシングレットのシグナルがヒドロキシ基の水素のシグナルである．図 5.38 の (a) と (b) では，同じメバロノラクトンを異なる測定周波数で測定したものであるが，(a) と (b) ではヒドロキシ基のシグナルの形状がやや異なっていることがわかるだろう．(b) の 400 MHz のスペクトルのほうがやや幅広く観測されている．

さらにもう一つ前の図 5.36 の 1-ペンタノール (1-pentanol) の ^{1}H NMR スペクトルを見てみよう．(a) は 60 MHz, (b) は 400 MHz のスペクトルである．どちらも重クロロホルム中のスペクトルであるが，ヒドロキシ基の水素のシグナルが (a) では 2.3 ppm 付近に，(b) では 3.0 ppm 付近に観測されている．これはサンプリングの状態あるいは測定温度が異なることに由来すると思われる．

このようにヒドロキシ基のような重水素交換可能な水素のシグナルは，サンプルの状態や測定条件の違いによって化学シフトやシグナル形状が異なることがある．^{1}H NMR スペクトルの解析においては注意すべき点である．

一般に，水素結合を形成している水素は電子密度が低下しているため，水素結合を形成していない場合よりも低磁場に観測される．水素結合は温度が上昇すると弱くなる傾向にあるので，水素結合を形成している水素 (OH, NH, SH など) は温度が上がると高磁場にシフトして観測される．また，水素結合を形成している水素は濃度の影響も受けることがある．分子内水素結合の場合は濃度にはほとんど無関係であるが，分子間水素結合は低濃度になると弱くなるため，溶液を希釈すると高磁場シフトして観測される．

また，図 5.36 の 1-ペンタノールの ^{1}H NMR スペクトルからわかるように，ヒドロキシ基の水素は隣の炭素上の水素と明確なカップリングをしていない．これはヒドロキシ基の水素原子核が非常に短い時間で，ほかの分子や溶媒中などのほかの水素原子核と交換してしまうため，特定の原子とはカップリングしていないように見えるためと考えられる．この交換速度は試料溶液の状態，すなわち，濃度，温度，水や酸，および微量の不純物などの影響を受ける．試料調製のやり方しだいでシグナルの出方が変わってくると考えてよいだろう．

重水素のシグナルは，重水素 (^{2}H) NMR を用いれば観測できる．

5.6 解析

^{1}H NMR スペクトルの解析の例題として，いくつかの溶媒のスペクトルを見てみよう．

5.6.1 ジエチルエーテル(diethyl ether)

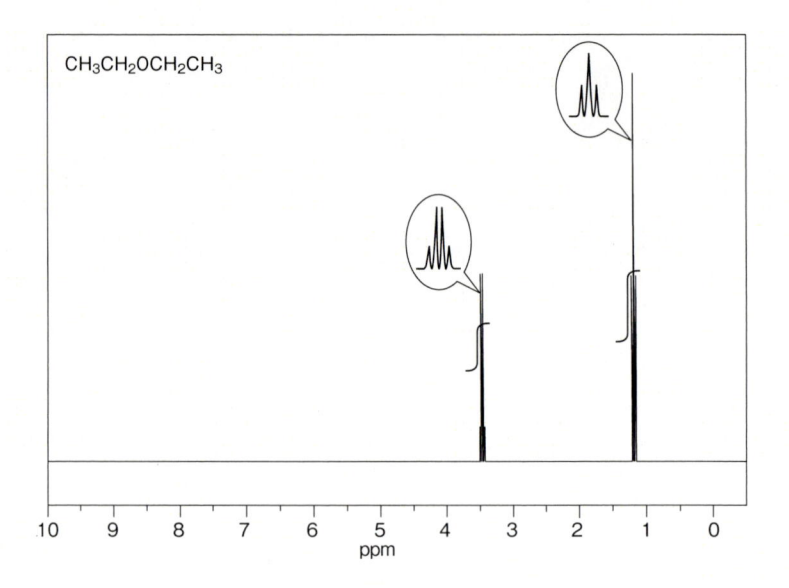

図 5.41 ジエチルエーテル (CH$_3$CH$_2$OCH$_2$CH$_3$) の ^{1}H NMR スペクトル (CDCl$_3$, 300 MHz)
〔SDBSWeb による〕

このスペクトルでは 3.47 ppm と 1.21 ppm に二種類のシグナルが観測されている．化学シフトから 3.47 ppm のシグナルは酸素の付け根のメチレン水素，1.21 ppm のシグナルはメチル基の水素と帰属される．この帰属はこれらのシグナルの積分比が 2：3 であることとも矛盾しない．3.47 ppm のシグナルは 4 H 分，1.21 ppm は 6 H 分である．3.47 ppm のシグナルは四重線，1.21 ppm のシグナルは三重線として観測されており，両者間の結合定数は 7.0 Hz である．この結合定数は，表 5.7 で示された自由回転するビシナル水素間の結合定数として典型的な値である．メチレン水素とメチル水素が隣り合うため，メチレン水素はメチル水素の三つの水素によって分裂して四重線となり，メチル水素はメチレン水素の二つの水素によって分裂して三重線となっている(表 5.5)．

5.6.2 酢酸エチル(ethyl acetate)

このスペクトルでは三つのシグナル，すなわち，4.12 ppm (2 H, q, $J =$ 7.1 Hz), 2.04 ppm (3 H, s), および 1.26 ppm (3 H, t, $J =$ 7.1 Hz) が観測さ

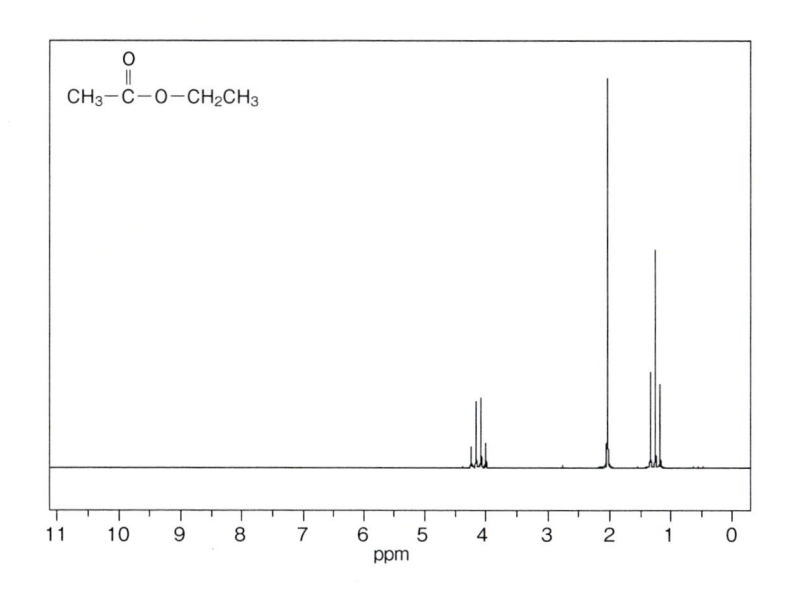

図5.42 酢酸エチル (CH₃CO₂—CH₂CH₃) の ¹H NMR スペクトル (CDCl₃, 90 MHz)
〔SDBSWebによる〕

れている（図 5.42）．ジエチルエーテルの場合と同様に，化学シフト，積分値，および分裂パターンから 4.12 ppm の四重線は酸素の付け根のメチレン水素，1.26 ppm の三重線はメチル基の水素と帰属される．両者間の結合定数 (7.1 Hz) も，ジエチルエーテルの場合と同様に，自由回転するビシナル水素間の結合定数として矛盾ない．2.04 ppm の 3 H 分のシグナルはアセチル基のメチル基に帰属される．このメチル基の隣はカルボニル基なので水素がないためシングレットとして表れている．なお，酸素の付け根の炭素上の水素に関しては，アセチル基のようなエステル基の付け根のほうが，ヒドロキシ基やエーテル基の付け根よりも 0.5～1 ppm ぐらい低磁場に観測される．すなわち，ジエチルエーテルの酸素の付け根は 3.47 ppm であるのに対して，酢酸エチルの酸素の付け根は 4.12 ppm である（図 5.43）．エステル基の電子求引効果により付け根の水素の電子密度が低くなるためである．

図5.43 ジエチルエーテルと酢酸エチルの酸素の付け根の化学シフト

5.6.3 トルエン (toluene)

このスペクトルでは，7.20 ppm に 5 H 分，2.34 ppm に 3 H 分のシグナルが観測されている（図 5.44）．化学シフトおよび積分値から，7.20 ppm のシグナルはベンゼン環上の 5 個の水素，2.34 ppm のシングレットはメチル基に帰属される．芳香環に直接結合したメチル基の水素は，ほかのメチル基よ

りも低磁場に観測される．これはこのメチル基がベンゼン環の反遮蔽空間に存在するからである（図5.6，練習問題5.4参照）．ベンゼン環上の5個の水素はほぼ同じ化学シフトをもつため7.20 ppmにやや幅広に重なって観測されている．

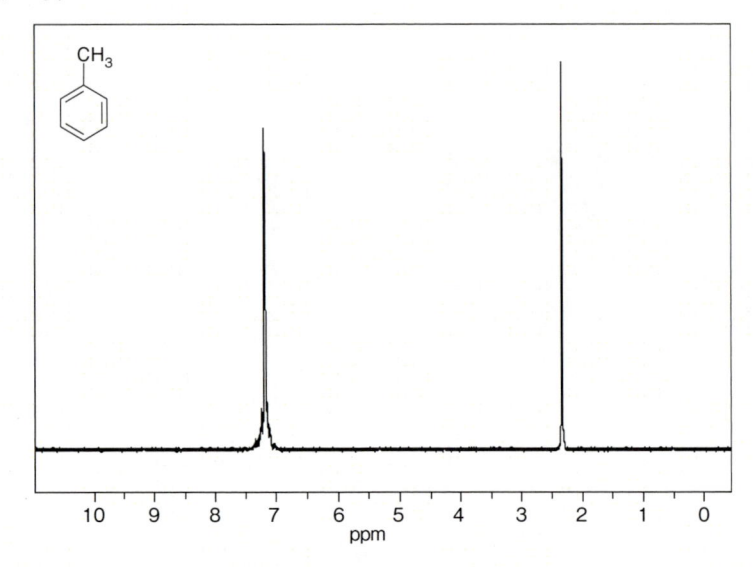

図5.44 トルエン (C₆H₅CH₃) の ¹H NMR スペクトル (CDCl₃, 90 MHz)〔SDBSWebによる〕

5.6.4 ジメチルホルムアミド（dimethylformamide；DMF）

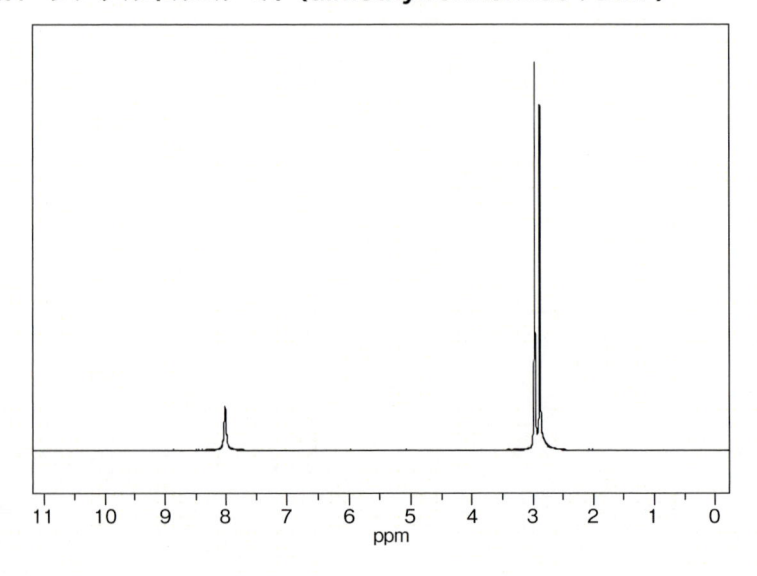

図5.45 ジメチルホルムアミド (DMF) の ¹H NMR スペクトル (CDCl₃, 90 MHz)〔SDBSWebによる〕

ここでは，8.02 ppm (1 H, s)，2.97 ppm (3 H, s)，および 2.88 ppm (3 H, s) の三種のシグナルが観測されている（図 5.45）．8.02 ppm のシグナルは化学シフト，積分値から明らかにホルミル基の水素である．したがって，2.97 ppm および 2.88 ppm のシグナルが窒素上の二つのメチル基に帰属される．DMF がもし，左側の共鳴構造 **a** をとっているならば，窒素とホルミル基のカルボニル炭素間の結合は自由回転できる単結合であるため，窒素上の二つのメチル基は等価となり，化学シフトは同じはずである．しかし，実際には，二つのメチル基が分かれて観測されている．これは，カルボニル炭素と窒素原子の間に二重結合をもつ共鳴構造 **b** の寄与が大きいことを示唆している．**b** では，二つのメチル基がホルミル基側に対してシスとトランスの関係にあり等価ではない．

NMR 確認問題：次の正誤問題に答えなさい．

1. NMR（核磁気共鳴）は，原子番号および質量数がともに偶数の原子核には適用できない．
2. NMR スペクトルは，通例，縦軸に共鳴の強さを，横軸にテトラメチルシランを基準とした化学シフトを％で表す．
3. NMR 測定には，通例，水素原子が重水素に置換された重水素化溶媒を用いる．
4. 構造中に電気陰性度の高い原子が存在する場合，構造中の水素原子の化学シフトは高磁場側にシフトする．
5. —CH$_2$CH$_3$ の化学シフトは約 1～2 ppm である．
6. —O—CH$_2$CH$_3$ の化学シフトは約 6.5～8.0 ppm である．
7. 酢酸のメチル基は，エタノールのメチル基の化学シフトよりも高磁場側に現れる．
8. エチレンのプロトンは，ベンゼンのプロトンの化学シフトよりも高磁場側に現れる．
9. 化学シフトはテトラメチルシランのピークを 1.0 ppm として表される．
10. 水素結合を形成しているプロトンは，していないプロトンに比べ高磁場側にシフトしている．
11. 水素結合しているプロトンは温度の影響を受けやすく，温度の上昇により高磁場側にシフトする．
12. ^{1}H NMR スペクトル上のピークからプロトンの数に関する情報を得ることができる．
13. テトラメチルシランのピークの高さを基準に，水素原子の比を求めることができる．
14. 隣接した異なるプロトン同士の影響により，ピークが分裂する現象をカップリングという．
15. 等価なプロトン n 個が隣にあるプロトンのピークは，n 本に分裂する．
16. アセチルサリチル酸のメチル基のピークは三重線となる．
17. 隣接したプロトンのないエチル基は，3 水素分の三重線と 2 水素分の四重線で現れる．
18. カップリング定数は cm^{-1} で表す．
19. カップリング定数から光学異性体を特定することができる．
20. ピーク分裂幅（カップリング定数）から二重結合のシス，トランス配置がわかる．
21. 1～2 ppm に三重線の 3 水素分のピークは，芳香環に結合したメチル基と推定できる．
22. ^{1}H NMR と同様，すべての炭素で ^{13}C—^{13}C のカップリングによる分裂が観測される．

23. 水素が結合した炭素の分裂を避けて測定する方法を完全デカップリング法という．
24. 各炭素のシグナル強度は炭素の数に比例する．
25. NMR 現象は，ただ一つの核，すなわちプロトンに限られている．
26. プロトンを共鳴させる周波数は，かけた磁場の強さに正比例する．
27. NMR スペクトルは，通常，溶液として測定するが，固体状態でも測定可能である．
28. プロトンの磁気モーメントベクトルは，磁場のなかで 2 通りの配向が可能である．
29. プロトン NMR スペクトルを測定するときに，最もよく用いられる溶媒は $CHCl_3$ である．
30. NMR スペクトルを測定するのに必要な試料の量は，5〜10 g 程度である．

chapter 6 そのほかのスペクトル分析

6.1 はじめに

　鏡に映った鏡像と重ねることのできない立体配置をもつ性質を**キラリティー**(chirality)といい，その性質をもつ物質は**キラル**(chiral)であるという．この物質は通過する直線偏光の偏光面を回転させる(**旋光性**, optical rotation)と同時に，左および右回り円偏光に対する吸収強度の差(**円二色性**, circular dichroism)を示す*．これらの性質を**光学活性**(optical activity)という．この光学活性を用いて，絶対立体配置を決定できる可能性がある．また，**光学純度**(optical purity)あるいは**鏡像体過剰**(enantiomeric excess)の決定にも応用できる．

＊ キラルなものすべてが円二色性を示すわけではない．官能基の空間的配置による．

6.2 旋光度（比旋光度）

6.2.1 旋光度とは

　直線偏光が光学活性物質内を通過すると，でてきた透過光の偏光面は入射光の偏光面に対してある角度 α だけ回転している(図6.1)．この α を偏光角という．進行してくる光に向かいあった観測者から見て，偏光面が時計回りに回転したものを右旋性といい，＋の符号で表す．また，反時計回りに回転したものを左旋性といい，－の符号で表す．

直線偏光
光は電磁波であり，電場がつくる面を偏光面とよぶ．自然の光の偏光面はランダムであるが，偏光子を通すと偏光面がそろった直線偏光（平面偏光）になる．

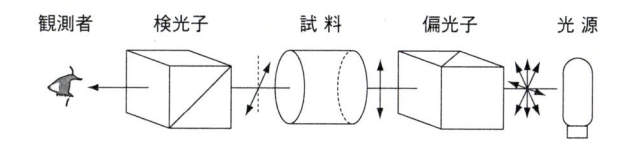

図6.1 旋光度測定の概念図

　比旋光度 $[\alpha]_D$ は次式で定義される．

$$[\alpha]_\mathrm{D} = \frac{100\,\alpha}{lc}$$

偏光角 α は，溶液の濃度，セルの長さ，光の波長，温度によって変化する（c ＝溶媒 100 mL 中の g 数，l ＝セル長 dm）．旋光度の測定は，通常ナトリウム D 線（589 nm）を用いるので $[\alpha]_\mathrm{D}$ で表す．$[\alpha]_\mathrm{D}$ は温度に依存するので，温度を記載する．

測定データは次のように示す．

$$[\alpha]_\mathrm{D}^{20} + 32\,(c\,1.0,\ \mathrm{MeOH}) \quad \text{または} \quad [\alpha]_\mathrm{D}^{20} - 75\,(c\,0.52,\ \mathrm{CHCl_3})$$

新規化合物の比旋光度を，最初に発表するときは，以後のデータとして引用されるので，十分に注意して信頼性の高いデータを発表する必要がある．

光学純度の決定に比旋光度 $[\alpha]_\mathrm{D}$ が使われる

$$\text{光学純度（\%）} = 100 \times \frac{100 \times (\text{試料の}[\alpha]_\mathrm{D})}{(\text{参照の}[\alpha]_\mathrm{D})}$$

6.2.2　旋光度の測定

基本的に，可視部に吸収がなく，旋光性のない溶媒を用いる．クロロホルム，メタノール，エタノール，水などの溶媒がよく使われる．クロロホルムやアルコールは，有機化合物に対して溶解性が大きいので適している．温度の影響を受けるので，十分に安定化させる必要がある．また，溶媒のみのブランク測定を必ず行い，測定値からブランクの値を差し引く．

旋光度　確認問題：次の正誤問題に答えなさい．

1．旋光度の測定には，紫外線を用いる．
2．旋光度の測定には光源として，水銀ランプが用いられる．
3．旋光度の値は，測定管の長さに比例する．
4．旋光度は温度に影響され，物質固有の値として扱われる．
5．偏光面を回転する角度の前に，右旋性の場合に l を，左旋性の場合に d を付けて表示する．
6．旋光性は左右の円偏光に対する屈折率の差に起因する．
7．光路長および試料化合物の濃度当たりの旋光度を比旋光度という．
8．比旋光度の値には，分子量は影響しない．
9．右旋性であれば，比旋光度は，必ずプラスの値をとる．
10．ラセミ体であるアトロピンの旋光度は，ゼロである．
11．旋光度は，測定に用いる光の波長に影響されない．
12．物質が旋光性を示すためには，分子内に不斉炭素原子が存在している必要がある．

6.3 円二色性(CD)スペクトル

6.3.1 円二色性とは

　光学活性物質中を直線偏光が通過すると，でてきた透過光はその偏光面が旋光角 α だけ回転しているのと同時に，楕円偏光となっている(図6.2)．これは左回りおよび右回り円偏光に対する吸収強度に差が生じるためである．この現象を円二色性(circular dichroism；CD)という．楕円偏光の短軸の長軸に対する比が正接(tan)となる角度 θ を楕円角という．

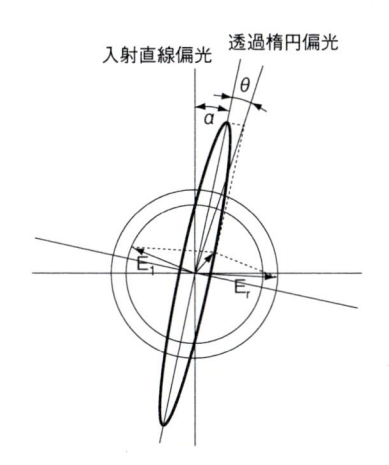

図6.2 透過楕円偏光と入射直線偏光

旋光性と円二色性の定義
入射直線偏光が試料を通過し，出てきた透過楕円偏光を進行方向に向かい合っている観測者から見た図．α：旋光角，θ：楕円角，E_l, E_r：左回りおよび右回り円偏光の電場ベクトル．

　円二色性は，モル楕円率 $[\theta]$ あるいはモル円二色性 $\Delta\varepsilon$ で表され，次式で定義される．

$$[\theta] = \frac{\theta M}{lc}$$

θ は楕円角，l はセル長(dm)，c は濃度(溶媒 100 mL 中の g 数)，M は分子量である．

l 単位：dm
c 単位：g/100 mL

　有機化合物に対して $[\theta]$ は大きいので，モル円二色性 $\Delta\varepsilon$ が使われる．$\Delta\varepsilon$ は，左回りと右回り円偏光に対するモル吸光係数の差であり，$[\theta]$ との間に次の関係がある．

モル吸光係数
(p.7 参照)

$$[\theta] = 3300 \Delta\varepsilon$$

6.3.2 円二色性で何がわかるか(絶対立体配置決定への応用)

　(1) 経験則：オクタント則(図6.3)などのカルボニル基などの発色団に対して経験則が提出されており，経験的に絶対立体配置を帰属できる．経験則には例外もあるので，注意が必要である．

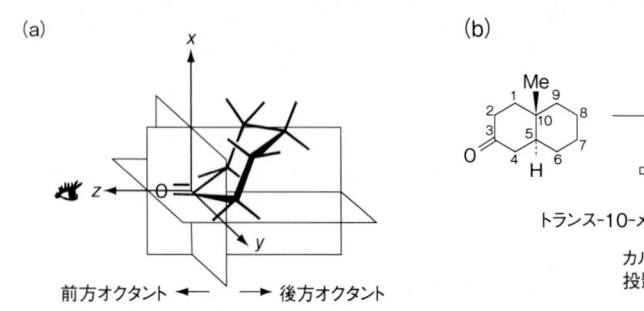

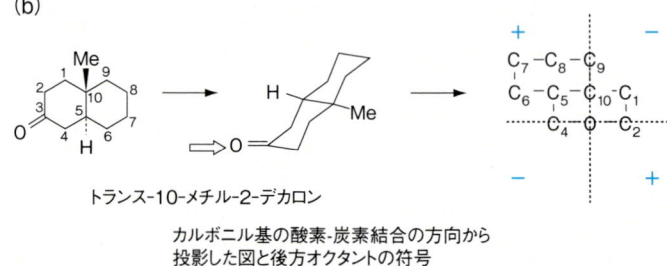

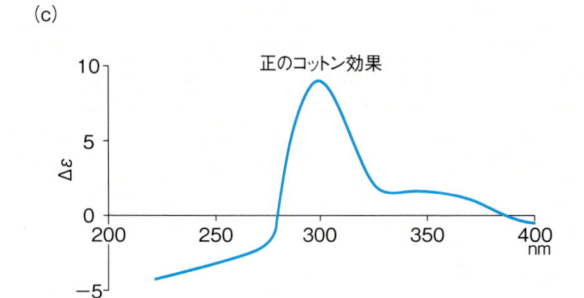

図 6.3 オクタント則

300 nm 付近にケトンの n-π* 遷移に基づく正のコットン効果が観測され(c)，後方オクタントに従って〔(a)，(b)〕，トランス-10-メチル-2-デカロン (trans-10-methyl-2-dekaron) の絶対配置が推定できる．

オクタント則
カルボニル基のまわりの空間を八つに分割し，各空間（オクタント）に正あるいは負の符号を割り当てる．カルボニル基の n → π* 遷移のコットン符号は，八つの象限に存在する基の影響を足し合わせることによって推定できる．この規則性を用いて絶対立体配置を推定する経験則をオクタント則という．八つの象限のうち，カルボニル基の手前に置換基が存在するケースはまれであり，おもに後方オクタントの符号によって推定できる．

（2）CD 励起子キラリティー法：CD スペクトルを用いて有機化合物の絶対立体配置を非経験的に決定する方法として，励起子キラリティー法が確立されている．強い π-π* 吸収帯をもつ二つの発色団の電子モーメントが励起子相互作用すると，CD スペクトルは分裂型の**コットン効果** (Cotton effect) を示す．この分裂型コットンの符号は二つの発色団の電子モーメントのねじれ（励起子キラリティー）に依存し，時計回りのねじれ（正のキラリティー）（図 6.4）は正の第一コットン効果と負の第二コットン効果を与える〔図 6.5 (a)〕．また，反時計回りのねじれ（負のキラリティー）（図 6.4）は，負の第一コットン効果と正の第二コットン効果を与える〔図 6.5(a)〕．励起子キラリティー法の応用としてジベンゾエート則がある．いろいろな安息香酸エステルの電子モーメントの間のねじれにより，分裂型コットン効果が観測され，絶対立体配置が決定できる．パラ位の置換基を変えることにより，発色団の波長を変えることが可能である〔図 6.5 (b)〕．*p*-ジメチルアミノ安息香酸エステル (*p*-dimethylaminobenzoate) や *p*-メトキシケイ皮酸エステル (*p*-methoxycinnamate) は，長波長側に大きな吸収を与え，大きなコットン効果が期待できる〔図 6.5(b)〕．

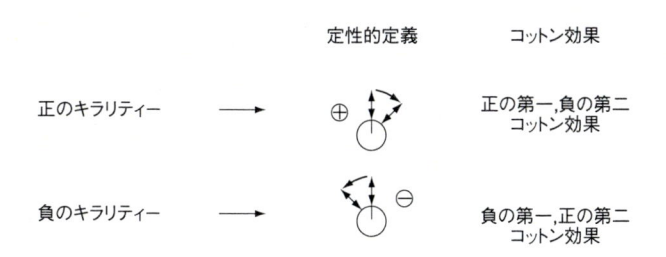

図 6.4 発色団系に対する励起子キラリティーの定義

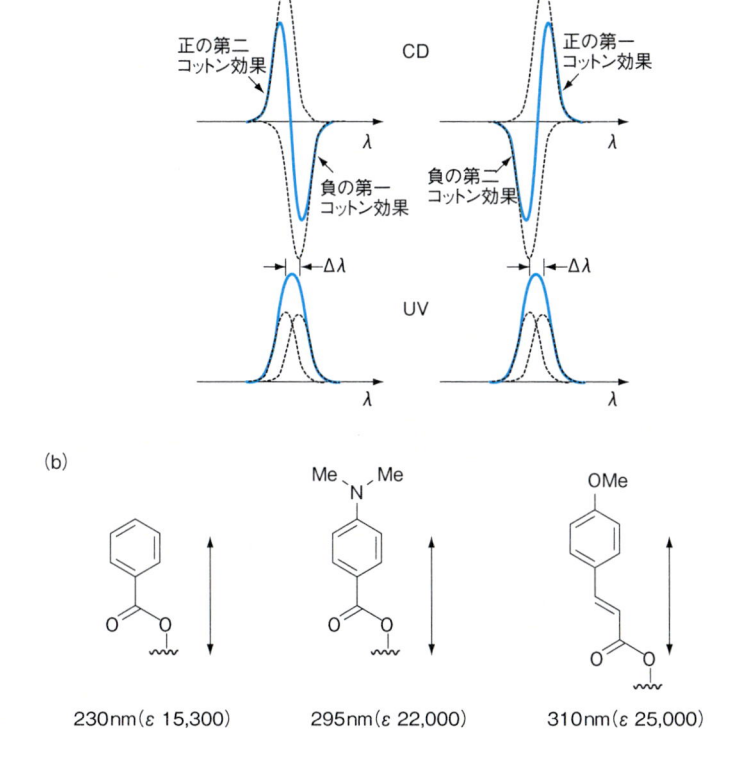

図 6.5 (a) 励起子相互作用をしている CD と UV の関係，(b) 安息香酸エステル類の UV スペクトルと電子モーメント

6.3.3 円二色性の測定

　旋光度と同様に，可視部に吸収がなく，旋光性のない溶媒を用いる．メタノール，エタノール，水などの溶媒がよく使われる．また，溶媒のみのブランク測定を必ず行い，測定値からブランクの値を差し引く．CD 用のセルには，いろいろな型の石英セル（円筒型，角型など）があり，温度のコントロールを行えるものもある．測定する吸収帯の吸光度が 2 以下になるように，溶液の濃度とセルの光路長を選ぶ．また，CD スペクトルの解釈には，UV スペクトルの情報が必要であり，ほぼ同様の濃度で測定し，吸収波長を比較する．

データは，溶媒と極大波長と $\Delta\varepsilon$ を符号とともに記載する．また，ゼロ交点の波長も記載するとよい．

記載例：CD(EtOH)λ 320 nm($\Delta\varepsilon$ − 63), 308(0.0), 295(+39).

図 6.6 ステロイド系化合物のビス-p-ジメチルアミノベンゾエートの励起子相互作用（CD と UV スペクトル）

dma = p-ジメチルアミノ（p-dimethylamino）．

図 6.6 に連続した二つの不斉中心（3 位と 4 位）を有するステロイドの例を示した．ステロイドの二つのヒドロキシ基を p-ジメチルアミノ安息香酸のエステル体とした後に UV と CD を測定したところ，p-ジメチルアミノ安息香酸の UV 吸収帯（300 nm 付近）を中心として分裂型コットン効果が観測された．320 nm に負の第一コットンが，295 nm 正の第二コットンが観測されたことにより，二つの電子モーメント間のねじれは負（−）となり，3S, 4R と決定できる．

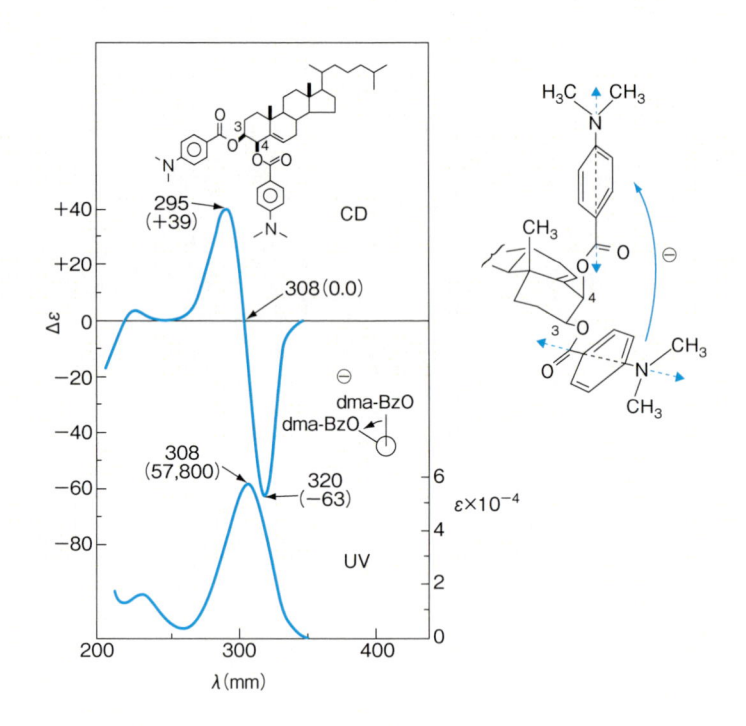

円二色性(CD)　確認問題：次の正誤問題に答えなさい．

1. CD は，直線偏光を楕円偏光に変える性質をいい，光学活性物質に円偏光を通過させるときに，左右の円偏光に対する吸収係数が異なるために起こる．

2. 長波長側に極大が，短波長側に極小の吸収が現れるものを，負のコットン効果という．

3. CD は，タンパク質の高次構造の解析にも有用である．

4. CD スペクトルから，光学活性物質の絶対立体配置に関する情報が得られることがある．

5. CD スペクトルの縦軸は，左右円偏光の屈折率の差を現している．

6. CD スペクトルにおけるコットン効果を用いることにより，有機化合物の絶対立体配置を非経験的に決定できることがある．

7. 二つの発色団のねじれを有する有機化合物の場合，励起子キラリティー法を適用して，非経験的に絶対立体配置の決定が可能であることがある．

8. CD スペクトルの測定溶媒として，クロロホルムが繁用される．

9. CD スペクトルによって，αヘリックスや β 構造などのに特有なパターンが観測される．

10. CD スペクトルによって，タンパク質を構成するアミノ酸の組成を解析できる．

6.4 X線結晶解析

6.4.1 X線結晶解析とは

結晶は分子が三次元的に規則的に配列したものである（図6.7）．X線結晶解析は，結晶によるX線の回折現象を利用して，規則的に配列した結晶内部の原子配列を探るものである．結晶中には分子が三次元的な規則格子を形成することにより，X線回折は斑点状になると同時に強められ，写真やシンチレーションカウンタで観測できるようになる．

シンチレーションカウンタ
放射線による発光を測定する計数管．

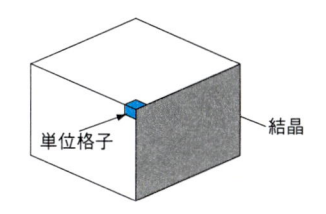

図6.7 結晶は単位格子が三次元的に規則的に配列

6.4.2 X線結晶解析で何がわかるか

規則性の最小単位を単位格子とよび，結晶中では，この単位格子の繰り返しになる．単位格子に座標系を導入し，各原子の座標を求めるのがX線結晶解析の目的である．結晶にX線を照射すると，結晶からX線が散乱される（図6.8）．結晶が回折格子として働くので，結晶によってX線が回折されるという表現を用いる．回折X線の方向が，h, k, l で標記され，回折X線の指数とよぶ．散乱は電子によって起こるので，原子番号の大きい原子ほど散乱が強い．したがって，水素原子に関しては，X線解析で得られる精度は低い．X線解析の目的は，結晶にX線を当てて，結晶から回折されるX線の散乱 $F(hkl)$ を観測し，これに基づいて各原子の座標 x, y, z を求めることである．すなわち，X線解析で求まるのは，電子密度の極大の位置であり，したがって，重原子の構造が決定できる．

重原子構造
原子番号の大きな原子を重原子とよぶ．水素原子以外のC, N, Oなどの原子，ハロゲンなどの原子を含む場合は，とくにこの原子を指す場合もある．

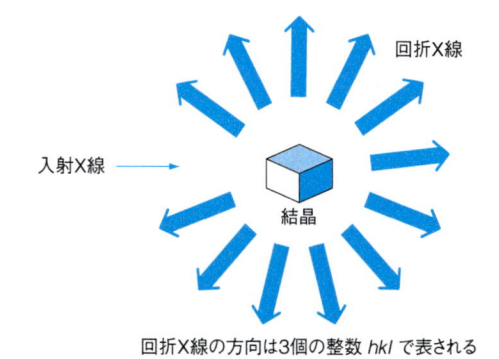

回折X線の方向は3個の整数 hkl で表される

図6.8 X線の散乱の模式図

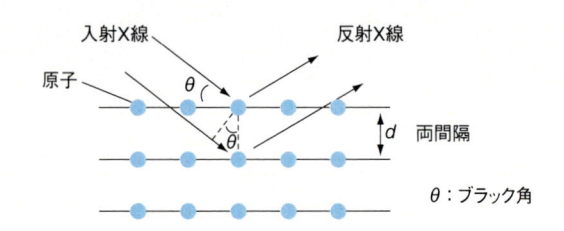

図 6.9 分子網面と X線反射の関係

規則的に配列した結晶に X 線が当たると，回折される．X 線の入射角を θ とすると，回折 X 線はその面から θ の角度で回折される．並んだ分子の面で反射されるようにみられる（図 6.9）．何層にも並んだ分子の間の距離を d（面間隔），X 線の波長を λ とすると

$$2d \sin \theta = \lambda$$

という関係式が成立する．これを**ブラッグの式**（Bragg's equation）という．この式によると，面間隔 d の小さい規則性を知るためには，反射角 θ の大きい回折 X 線を測定しなければならないということである．また，異なる波長 λ の X 線を用いると，同じ面間隔 d で原子配置を求めるためには，測定すべき θ に差がでてくるということである．観測できる最大の θ に対する d は光学的な分解能に対応し，X 線での分解能は $r = 0.6 d$ で表現される．有機化合物の結晶解析では Cu Kα 線（波長 1.5418 Å）を用いることが多く，$\theta = 90°$ まで測定できたとすると，$d = 1.5418/(2 \sin \theta) = 0.7709$ Å となり，分解能は約 0.463 Å ということになる．C—C 結合の長さが約 1.5 Å なので，この分解能であれば，十分に識別可能である．同じ波長の X 線を用いても，θ が小さい領域からの反射だけでは，分解能の高い（d が小さい）構造を求めることはできない．したがって，高角領域の反射を十分に集めることが，構造解析には重要である．また，θ の大きい反射強度は必然的に弱くなるので，結晶に十分強い X 線を当てることも重要になる．

単位格子は，格子定数で表される（図 6.10）．実際の結晶は，結晶格子といわれる 7 種類の晶系に属している（図 6.11）．単位格子中に 1 分子以上が入ることを許した格子を複合格子という（図 6.12）．7 種類の晶系と 4 種類の複合格子の組み合せにより，14 種類の独立な格子型がつくられる．この 14 種の格子を**ブラベ格子**（Bravais lattice）といい，結晶は，例外なくどれかの型の結晶に属する（図 6.13）．

6.4 X線結晶解析

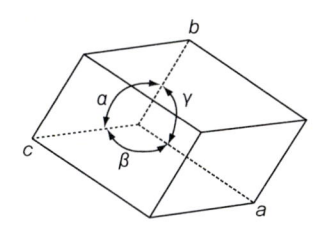

晶　系	格　子　定　数	
三斜晶系	$a\neq b\neq c$	$\alpha\neq\beta\neq\gamma$
単斜晶系	$a\neq b\neq c$	$\alpha=\gamma=90°$
斜方晶系	$a\neq b\neq c$	$\alpha=\beta=\gamma=90°$
正方晶系	$a=b$	$\alpha=\beta=\gamma=90°$
三方晶系	$a=b=c$	$\alpha=\beta=\gamma$
六方晶系	$a=b$	$\alpha=\beta=90°, \gamma=120°$
等軸晶系	$a=b=c$	$\alpha=\beta=\gamma=90°$

図 6.10 単位格子と格子定数

図 6.11 単位格子のとり方

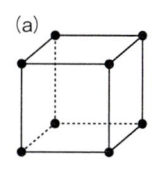

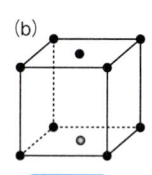

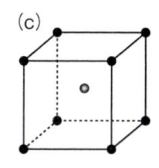

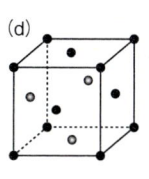

図 6.12 複合格子のとり方

(a) 単純格子(P), (b) 底心格子(C), (c) 体心格子(I), (b) 面心格子(F).

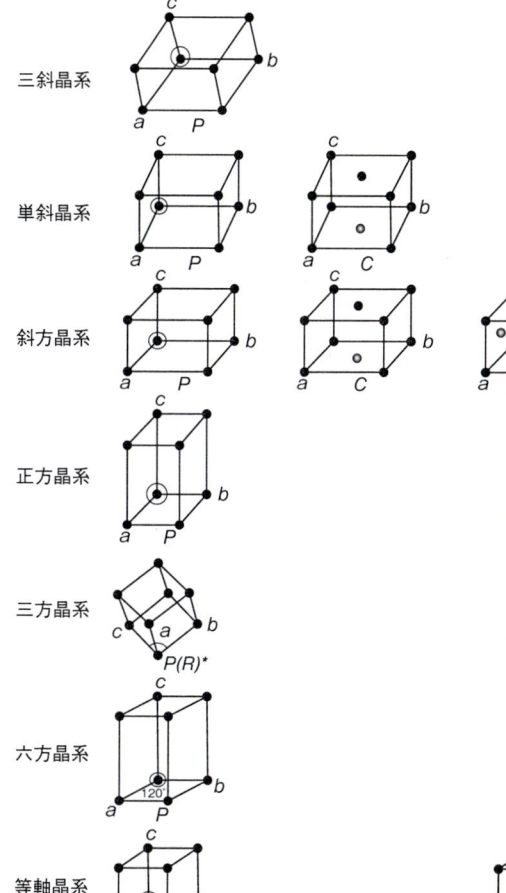

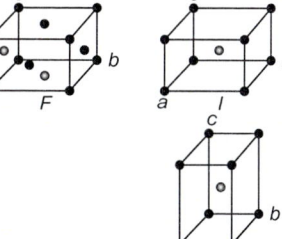

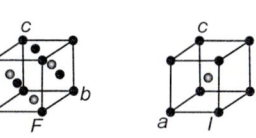

三斜晶系

単斜晶系

斜方晶系

正方晶系

三方晶系

六方晶系

等軸晶系

図 6.13 ブラベ格子

* この場合 P でなく R (菱面体) というよび方も使われる.

6.4.3 結晶解析の構造の正確さ

X線結晶解析とは回折強度から構造因子 $F(hkl)$ を得て，結晶内の電子密度分布を得ようとするものである．電子密度分布から原子の位置を読み取ることができる．この座標は精度の点では十分ではない．そのため構成原子の座標や熱振動のパラメータである温度因子について精密化の計算を行う．原子パラメータは構造因子 F に関係づけられ，実測された構造因子 F_0 に対して計算した構造因子は F_c とよばれる．解析で得られた構造がどの程度正しいかという目安は R 値(%)で表示する．

$$R = \frac{\sum \||F_0|-|F_c|\|}{\sum |F_0|} \times 100$$

通常，最終的に R 値は10%以下になり，5%以下の値を示すことが多い．5%前後の解析では，原子座標の精度は標準偏差が 0.002〜0.005 Å ぐらいになり，原子間距離の精度もこれに近い．水素原子はX線散乱能が小さいが，R 値が10%を切る程度になると差フーリエ合成により見いだせることが多い．絶対立体配置は，回折データの測定を精度よく行い，原子散乱因子に異常分散効果を考慮して解析することにより決定することができる．

6.4.4 X線結晶解析の測定

X線解析のプロセスは，X線を用いた回折実験とコンピュータによる構造解析とからなる．結晶解析に用いる結晶は，単一な結晶でなければならないので，偏光顕微鏡を用いて単一の結晶を探す．回折X線の強度は，結晶の体積に比例する．実際には 0.1〜0.3 mm 程度の大きさで十分である．また，結晶溶媒が抜けることにより，結晶が壊れることがあるので，結晶を母液中のままで，装着するほうがよい場合が多い．最終的には，実際に測定してみないと，結晶の善し悪しは判断つかない．

回折データの測定には，4軸型X線回折装置とイメージングプレート(IP)やCCDカメラを使った迅速型の装置がある(図6.14)．4軸型の装置は，X線発生装置と，回折X線の強さを測定するカウンター(計数管)部からなる．最近では，面でX線を受けるイメージングプレート(図6.15)やCCDカメラが開発され，測定のスピードが非常に向上した．

4軸とは，計数管を含めて回転軸が四つある．ワイセンベルク型写真機のフィルムをIP(円筒型の検出器)に変えたもので，回折X線は，IPに記録され，一定時間，記録後，レーザー光を使って露光した点を読み取る．

イメージングプレート (imaging plate；IP)
X線で励起され，照射されると，蛍光を発する物質を塗布した薄板．

CCD カメラ (change coupled device camera)
光を電気信号に偏光する電荷結合素子を利用したカメラ．

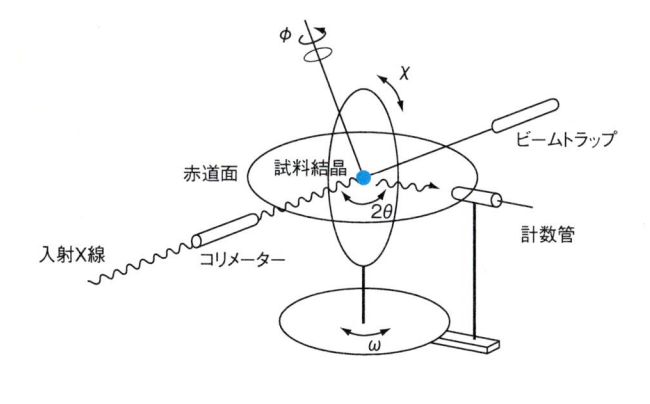

図 6.14 4軸型X線回折装置の原理

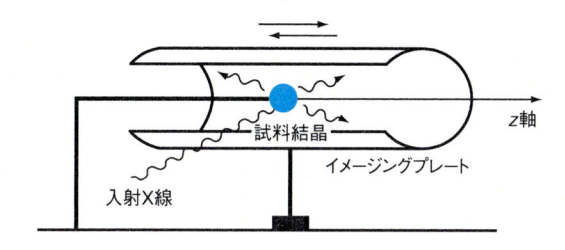

図 6.15 イメージングプレート

　単結晶X線回折装置などに組み合わせることができる，低温窒素ガス吹き付け方式の装置を用いることにより，温度因子を減らし精度よく測定することができる．

　結晶構造の解析には，重原子法と直接法がある．最近では，CuKαを使って測定し，Flackパラメータにより絶対立体配置の決定を行うことが可能である．

Flack パラメータ
絶対配置が決定されたかどうかを判定する指標．0に近い場合は，絶対配置が正しく求まっていることを意味し，1に近いと反対の絶対配置を解いたことを意味する．

X線結晶解析　確認問題：次の正誤問題に答えなさい．

1. X線結晶解析は，X線の透過現象を利用したものである．
2. X線の散乱は，原子核の周りの電子によって起こり，回折点の強度は電子密度を反映している．
3. 光学活性物質の絶対立体配置の決定やタンパク質の立体構造の解析にも使われる．
4. X線は，電磁波の一種であり，その波長は0.1〜100 Å（0.01〜10 nm）程度である．
5. 単結晶中の原子の規則正しい繰り返しの最小単位を空間格子という．
6. 原子核によるX線の散乱のほうが重要であり，電子による散乱の影響は少ない．
7. 4軸型X線結晶解析装置やイメージングプレートで回折を検出する装置が用いられる．
8. 入射角と波長との間には，$d \sin \theta = n\lambda$の関係があり，ブラッグの式という．
9. X線結晶解析に用いられるのは，特性X線であり，CuやMoのKα線が汎用されている．
10. 結晶系は，格子定数との関係から，三斜晶系，正方晶系，六方晶系，斜方晶系の四つに分類される．

part
2

スペクトル解析の演習

chapter 1
IRスペクトルの問題

問題 1-1
〔SDBSWeb より〕

以下の(a)〜(d)のIRチャートは，ブタナール，塩化プロピオニル，2-ブタノン，N-エチルアセトアミドのいずれかのものである．それぞれのスペクトルは，どの化合物のものかを特定し，数字で記載した吸収を帰属しなさい．

CH$_3$CH$_2$CH$_2$CHO	CH$_3$CH$_2$COCl	CH$_3$CH$_2$COCH$_3$	CH$_3$CONHCH$_2$CH$_3$
ブタナール	塩化プロピオニル	2-ブタノン	N-エチルアセトアミド
(butanal)	(propionyl chloride)	(2-butanone)	(N-ethylacetamide)

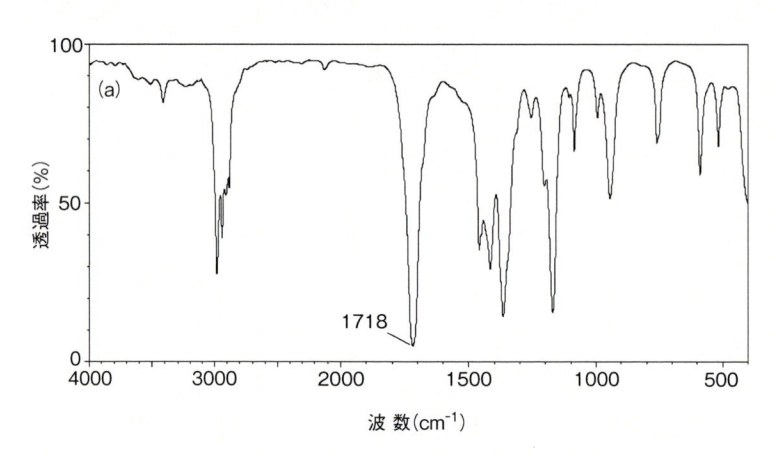

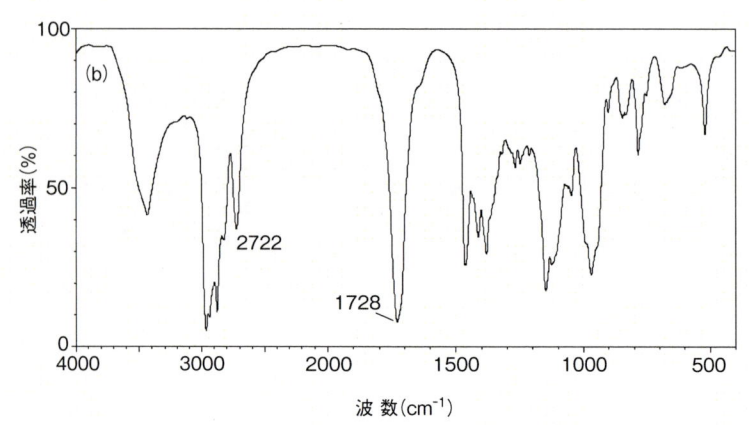

(a) 1718

(b) 2722, 1728

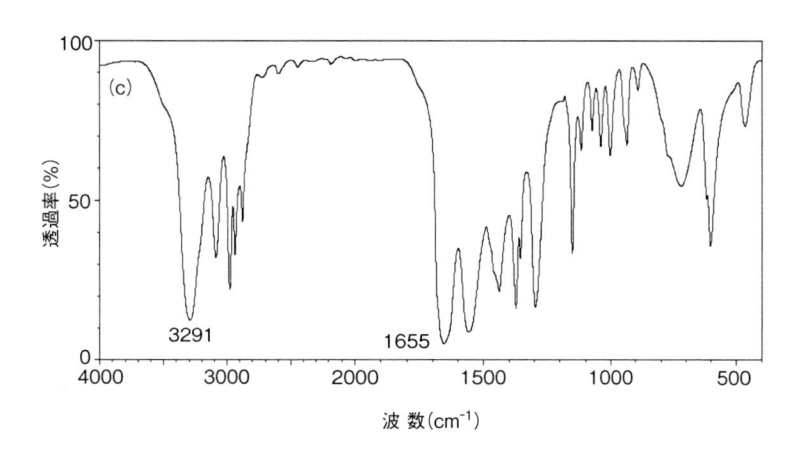

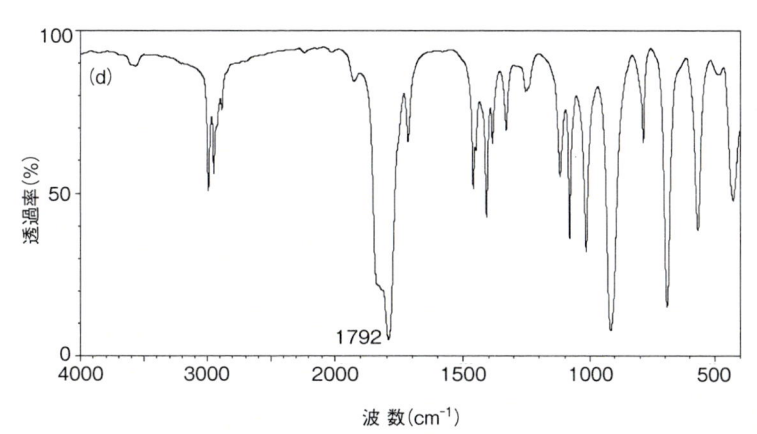

問題 1-2

以下の二種類の異性体を IR スペクトルの吸収を用いて区別したい．区別に用いられる吸収帯を示して説明しなさい．

(a) ベンジルアルコール（benzyl alcohol） / アニソール（anisole）

(b) 5-ヘキセン-2-オン（5-hexen-2-one）: CH₃-C(=O)-CH₂CH₂CH=CH₂ / 4-メチル-3-ペンテン-2-オン（4-methyl-3-penten-2-one）: CH₃-C(=O)-CH=C(CH₃)-CH₃

(c) アセトアニリド（acetanilide）: C₆H₅-NHCOCH₃ / p-アミノアセトフェノン（p-aminoacetophenone）: H₂N-C₆H₄-COCH₃

1 IR スペクトルの問題

問題 1-3
〔SDBSWeb より〕

以下の (a) 〜 (e) の IR スペクトルは，アルコール，酸塩化物，アルデヒド，カルボン酸，アミドのものである．それぞれを同定しなさい．

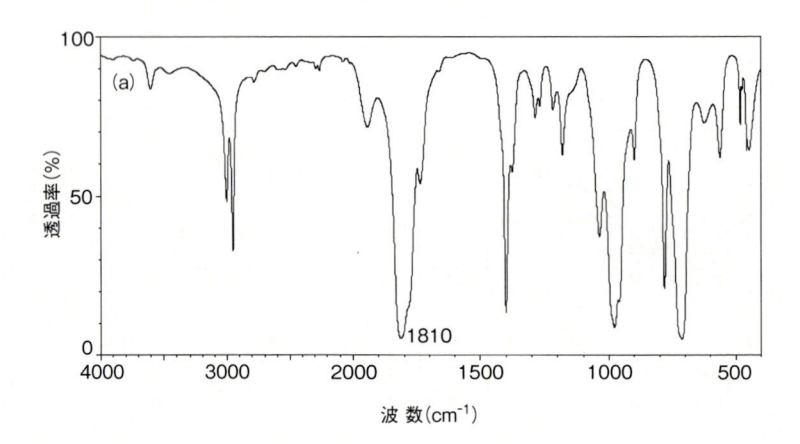

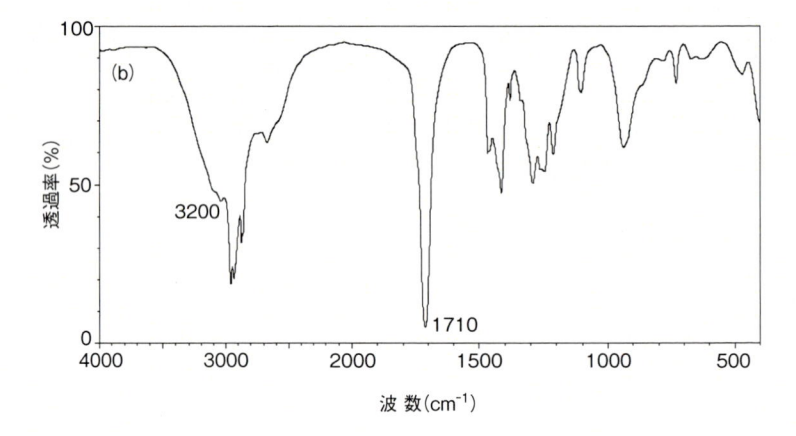

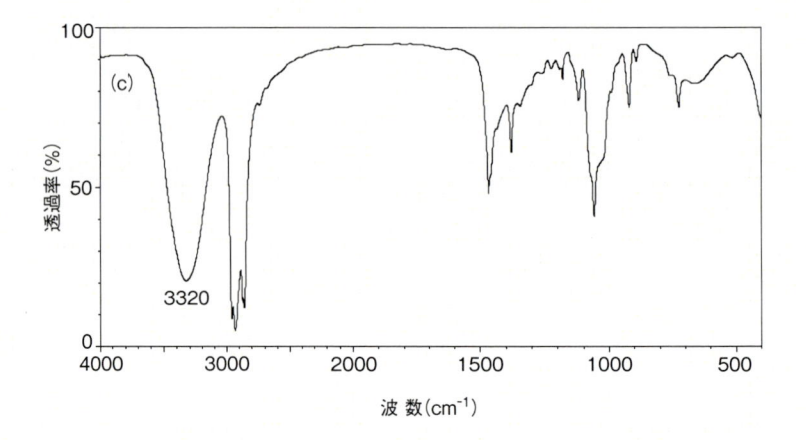

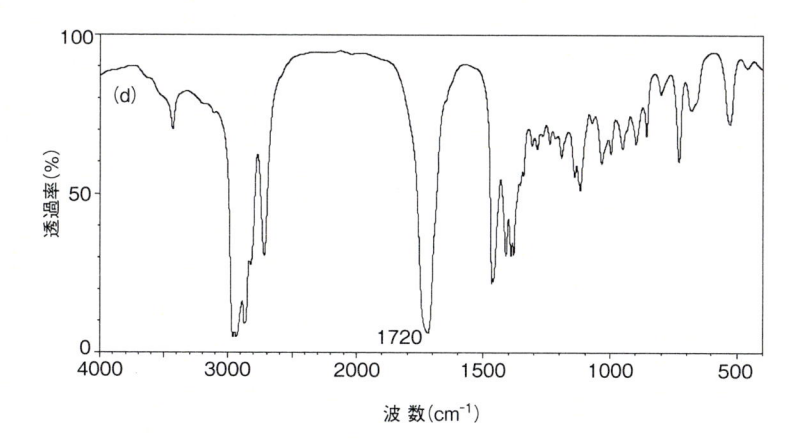

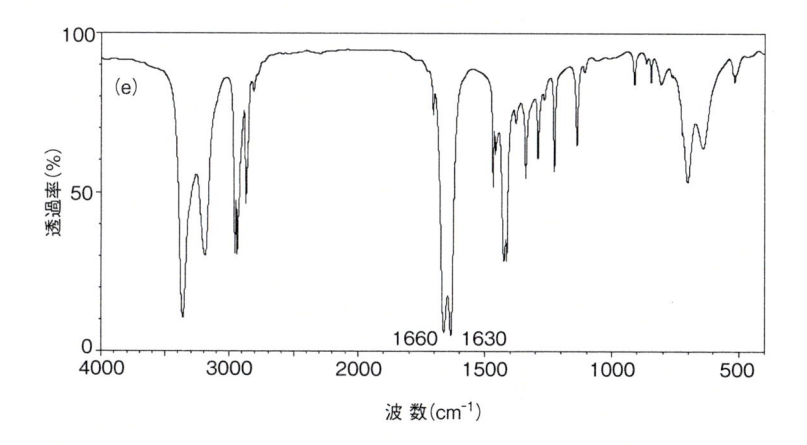

問題 1-4
〔SDBSWeb より〕

以下の (a) 〜 (d) の IR スペクトルは，ブチロラクトン（γ-butyrolactone），シクロヘキサノン（cyclohexanone），酢酸エチル（ethyl acetate），アセトフェノン（acetophenone）のものである．それぞれを同定し，数値の吸収を帰属しなさい．

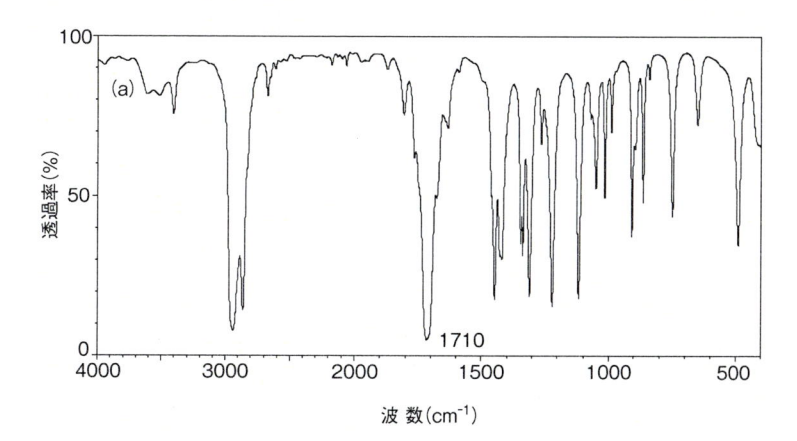

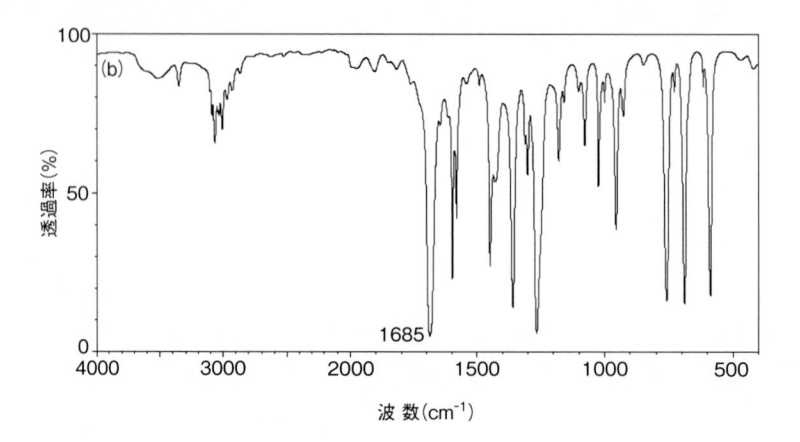

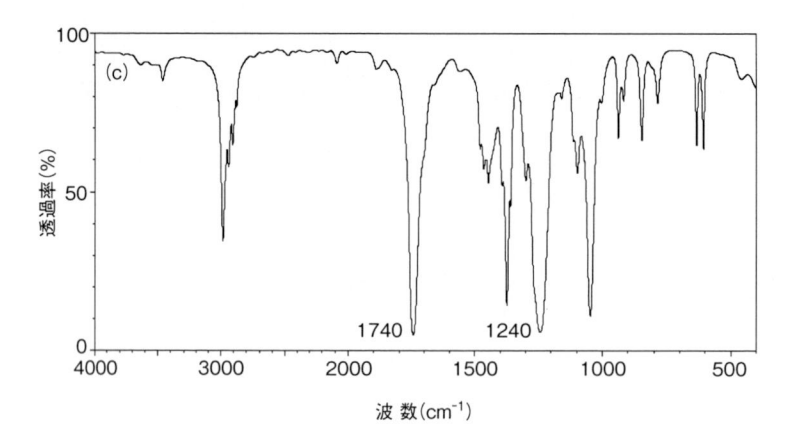

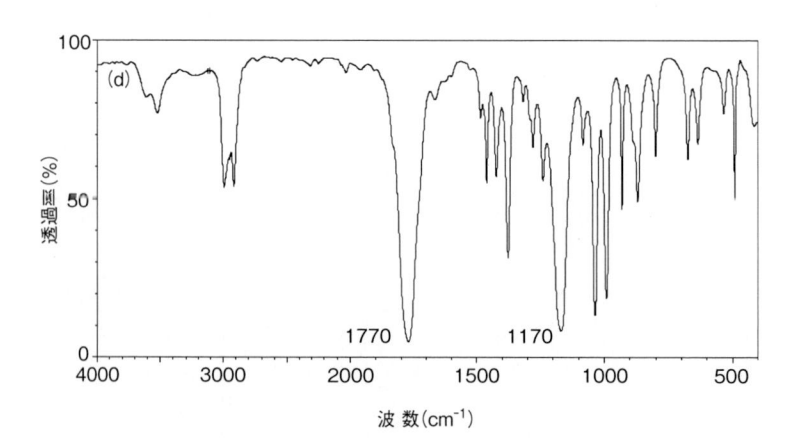

1 IR スペクトルの問題

(b) 1685

(c) 1740, 1240

(d) 1770, 1170

chapter 2
MSスペクトルの問題

問題 2-1
〔SDBSWebより〕

以下の (a) 〜 (d) の MS スペクトルチャートは，C$_8$H$_8$O$_2$ の分子式をもつ酢酸フェニル，p-トルイル酸，p-ヒドロキシアセトフェノン，2-ヒドロキシアセトフェノンのいずれかのものである．それぞれのスペクトルは，どの化合物のものかを特定し，数字で記載したフラグメントイオンを帰属しなさい．

酢酸フェニル
(phenyl acetate)

p-トルイル酸
(p-toluic acid)

p-ヒドロキシアセトフェノン
(p-hydroxyacetophenone)

2-ヒドロキシアセトフェノン
(2-hydroxyacetophenone)

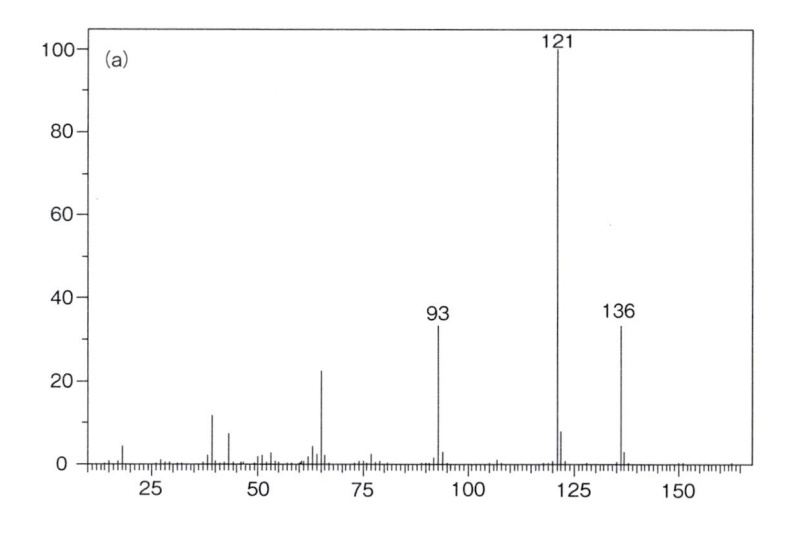

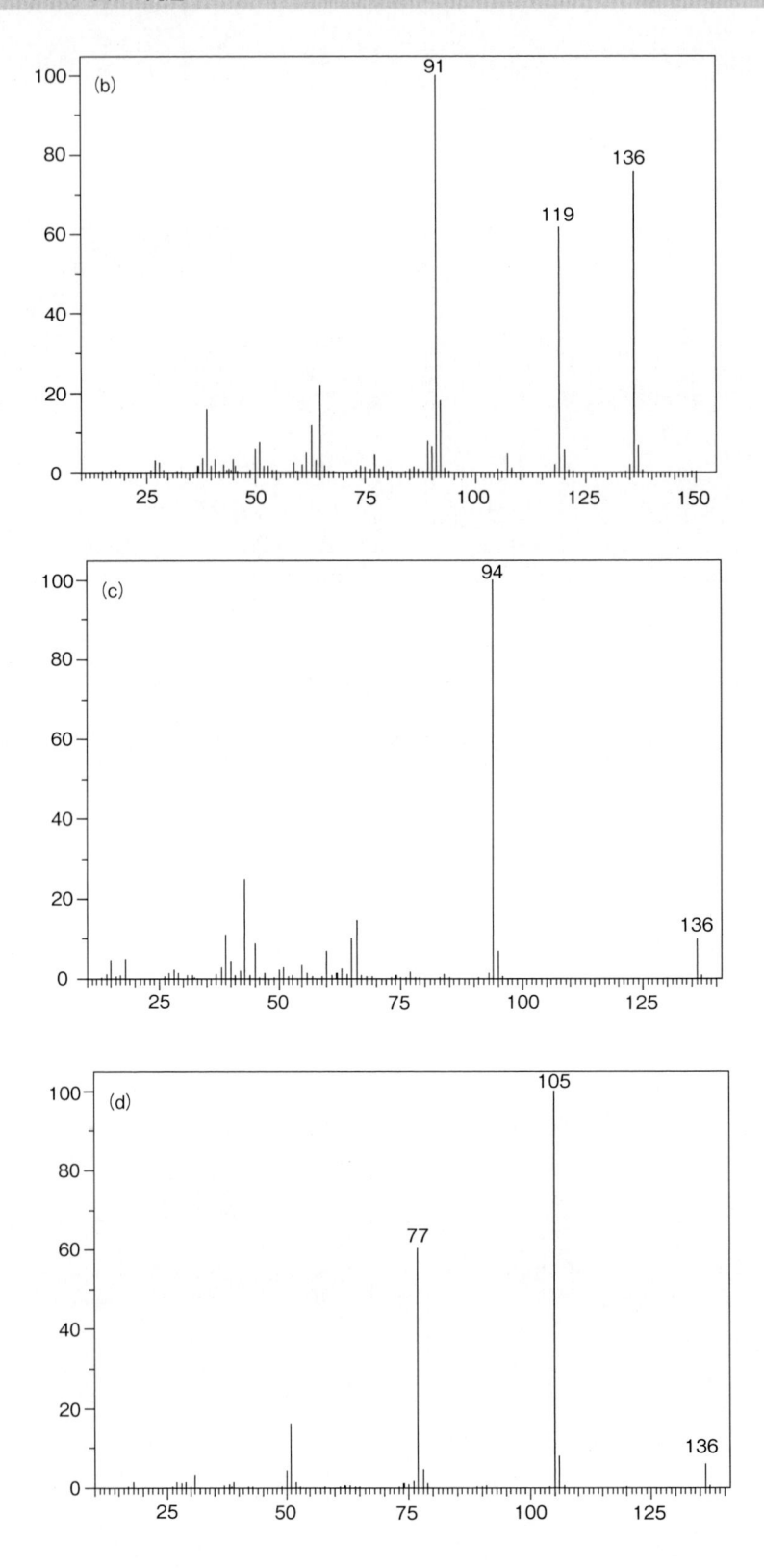

90 ❷ MSスペクトルの問題

問題 2-2

〔SDBSWebより〕

以下の四種類の化合物，tert-ブチルベンゼン（a：tert-butylbenzene），ノルボルネン（b：norbornene），ブチルアミン（c：butylamine），2-プロピルシクロヘキサノン（d：2-propylcyclohexanone）のMSスペクトルを示した．数値を示したフラグメントイオンを帰属し，フラグメンテーションを考察しなさい．

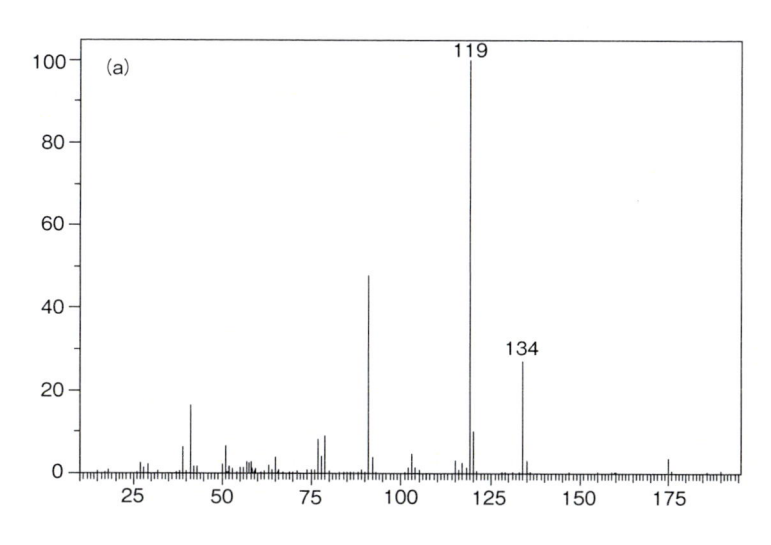

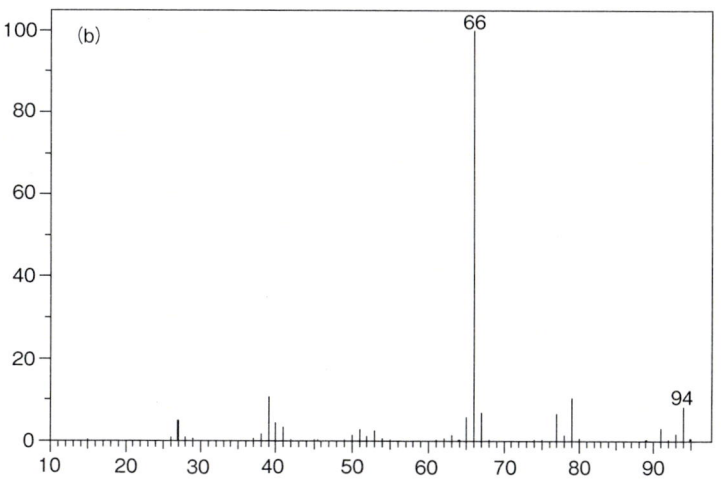

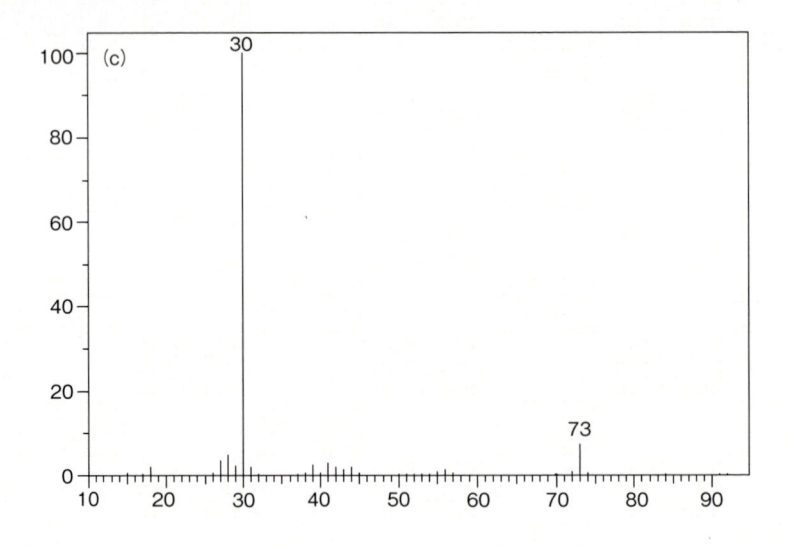

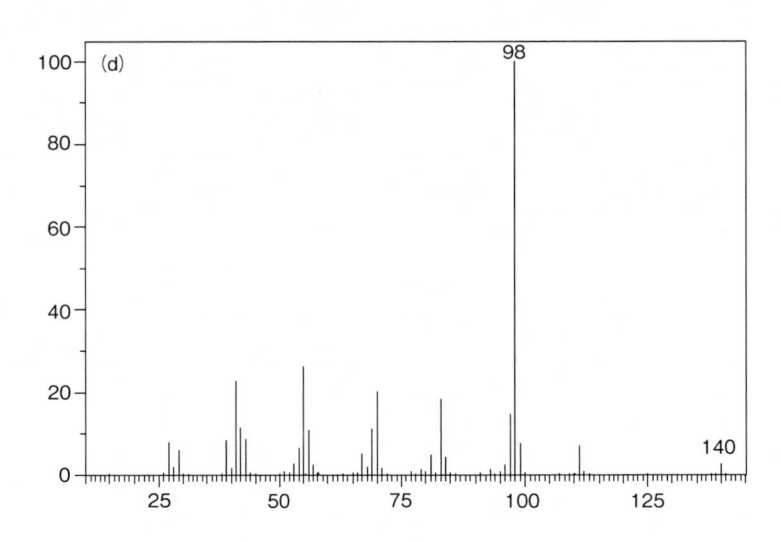

(c) のスペクトル: m/z 30 (基準ピーク), 73

(d) のスペクトル: m/z 98 (基準ピーク), 140

問題 2-3
〔SDBSWeb より〕

以下に三種類の化合物，1-フェニルヘキサン (a：1-phenylhexane)，ドデシルアミン (b：dodecylamine)，2-ドデカノン (c：2-dodecanone) の MS スペクトルを示した．数値を示したフラグメンテーションを考察しなさい．

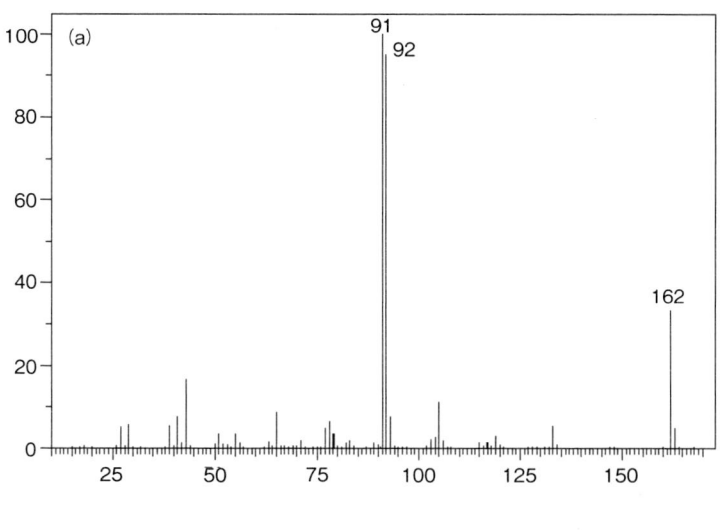

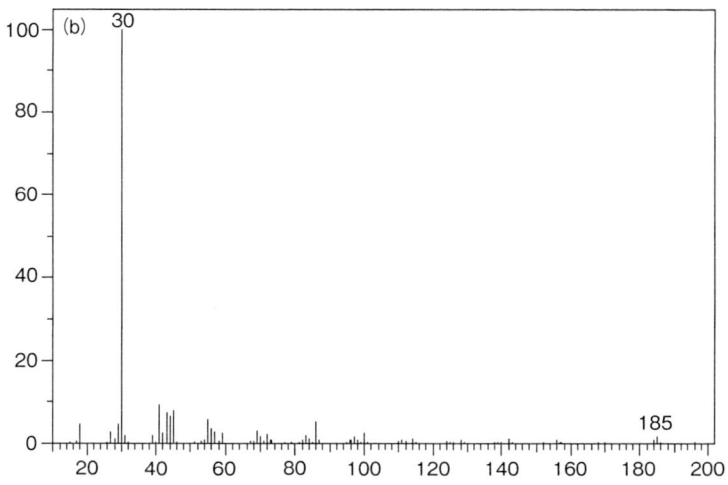

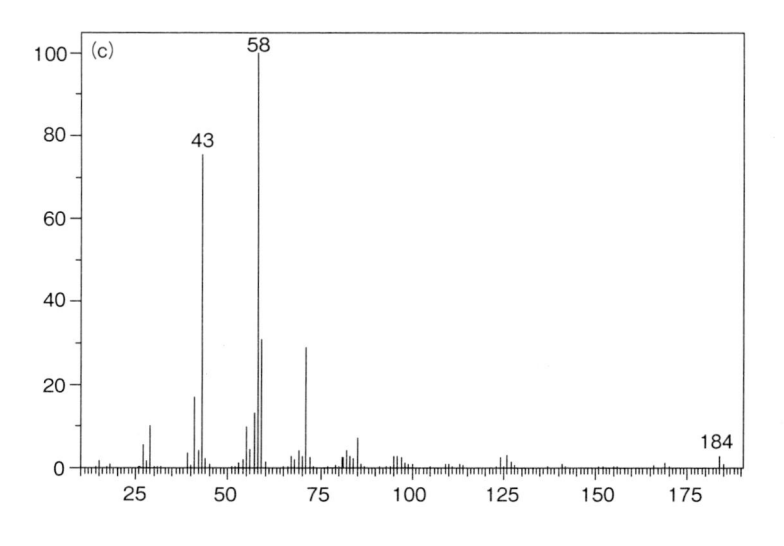

問題 2-3

問題 2-4
〔SDBSWeb より〕

以下に三種類の異性体，2-ペンタノール (2-pentanol), 3-ペンタノール (3-pentanol), 3-メチル-1-ブタノール (3-methyl-1-butanol) の MS スペクトル (a) 〜 (c) を示した．それぞれのスペクトルは，どの化合物のものかを特定し，数値を示したフラグメンテーションを考察しなさい．

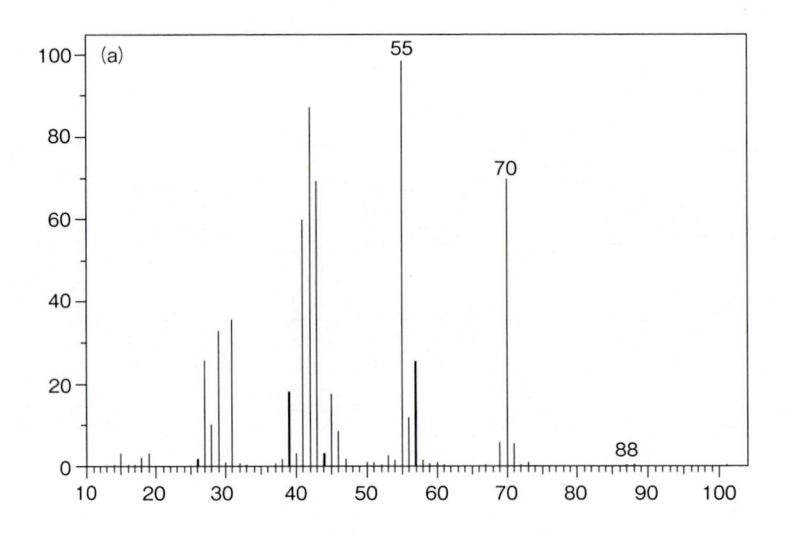

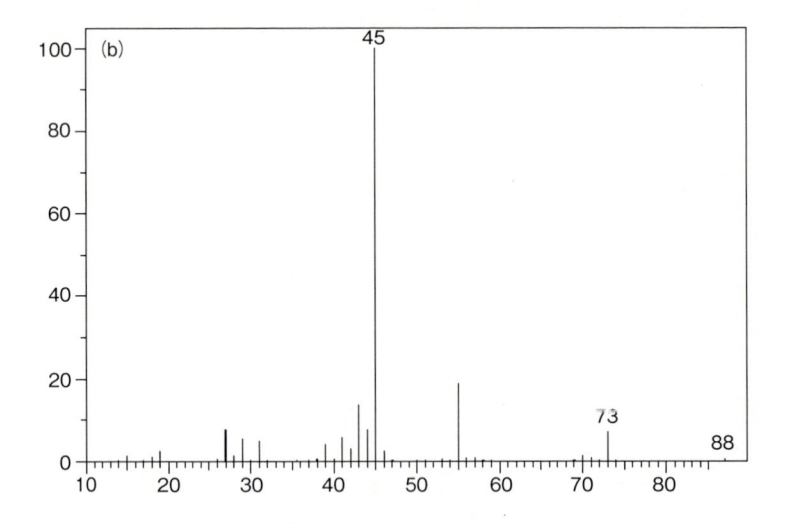

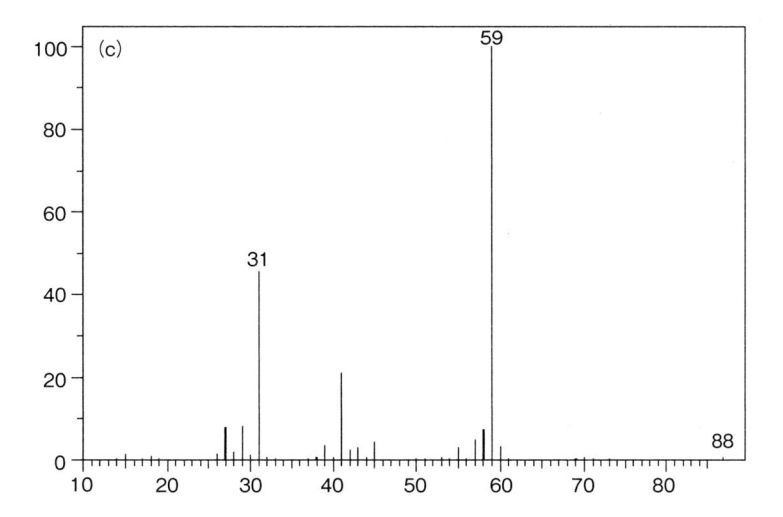

問題 2-4

(c)

m/z	intensity
31	~45
59	100
88	(M)

chapter 3
NMRスペクトルの問題

問題 3-1 核磁気共鳴スペクトルで用いられる電磁波は一般に何とよばれるか，一つ選びなさい．
a. ガンマ線（γ線）　b. エックス線（X線）　c. 可視光　d. マイクロ波　e. ラジオ波

問題 3-2 核磁気共鳴スペクトルで用いられる電磁波の波長として最も適切なものを下記から一つ選びなさい．
a. 1 pm　b. 1 nm　c. 1 μm　d. 1 mm　e. 1 m

問題 3-3 核磁気共鳴スペクトルによって観測できない核を次のうちから一つ選びなさい．
a. ^{1}H　b. ^{12}C　c. ^{15}N　d. ^{19}F　e. ^{31}P

問題 3-4 核磁気共鳴スペクトルのシグナルの感度に関する次の記述のなかから，誤っているものを一つ選びなさい．
a. 外部磁場が大きいほど感度がよい　　b. 共鳴周波数が大きい核ほど感度がよい
c. 天然存在比が大きい核ほど感度がよい　　d. 高温で測定するほど感度がよい
e. 磁気回転比が大きい核ほど感度がよい

問題 3-5 核磁気共鳴スペクトルにおいて，共鳴周波数が大きい順に並んでいるものを次のなかから一つ選びなさい．
a. ^{1}H, ^{13}C, ^{19}F　b. ^{1}H, ^{19}F, ^{13}C　c. ^{13}C, ^{1}H, ^{19}F　d. ^{13}C, ^{19}F, ^{1}H
e. ^{19}F, ^{1}H, ^{13}C　f. ^{19}F, ^{13}C, ^{1}H

問題 3-6 次の各化合物はすべて ^{1}H NMR において一種類のシグナルのみ与える．そのシグナルの化学シフトが大きいものから小さいものの順に並べなさい．

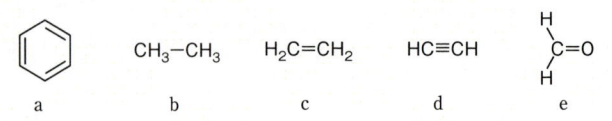

a. ベンゼン　b. CH₃–CH₃　c. H₂C=CH₂　d. HC≡CH　e. HCHO

問題 3-7 次の化合物 a～e の ^{13}C NMR スペクトル（完全デカップリング）において，観測されることが期待されるシグナルの数を書きなさい．

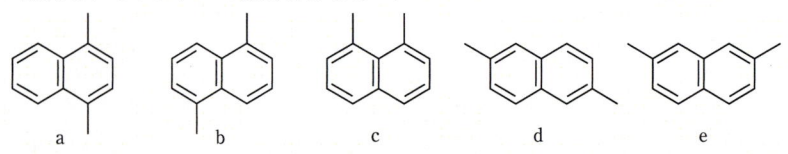

問題 3-8 クロロエテンの三つの水素原子（H_a，H_b，および H_c）間の結合定数の大小関係に関して正しいものを一つ選びなさい．

a. $J(H_a, H_b) > J(H_a, H_c) > J(H_b, H_c)$
b. $J(H_a, H_b) > J(H_b, H_c) > J(H_a, H_c)$
c. $J(H_b, H_c) > J(H_a, H_b) > J(H_a, H_c)$
d. $J(H_b, H_c) > J(H_a, H_c) > J(H_a, H_b)$
e. $J(H_a, H_c) > J(H_a, H_b) > J(H_b, H_c)$
f. $J(H_a, H_c) > J(H_b, H_c) > J(H_a, H_b)$

問題 3-9 以下の(a)〜(o)の ^1H および ^{13}C NMR スペクトルは，実験室でよく使用する 15 種類の有機溶媒（下記参照）のチャートである．それぞれのスペクトルは，どの化合物のものかを特定し，シグナルを帰属しなさい．

［有機溶媒のリスト：アセトン（acetone），ジエチルエーテル（diethyl ether），エタノール（ethanol），クロロホルム（chloroform），酢酸エチル（ethyl acetate），ジクロロメタン（dichloromethane），1,4-ジオキサン（1,4-dioxane），N,N-ジメチルホルムアミド（N,N-dimethylformamide），テトラヒドロフラン（tetrahydrofuran），トルエン（toluene），1-ブタノール（1-butanol），2-プロパノール（2-propanol），ヘキサン（hexane），ベンゼン（benzene），メタノール（methanol）］

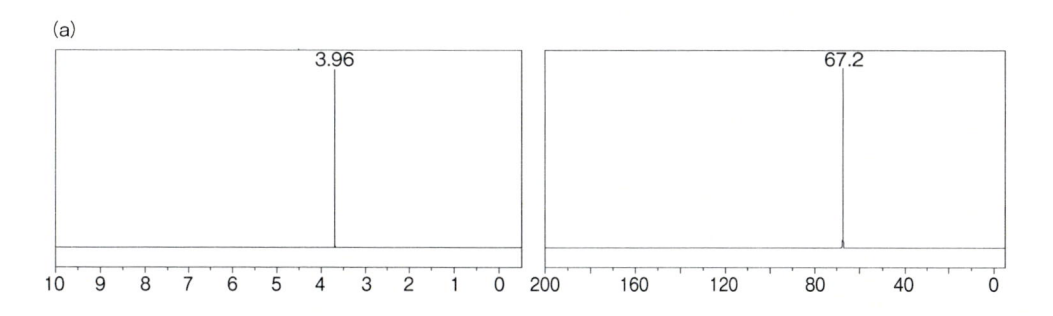

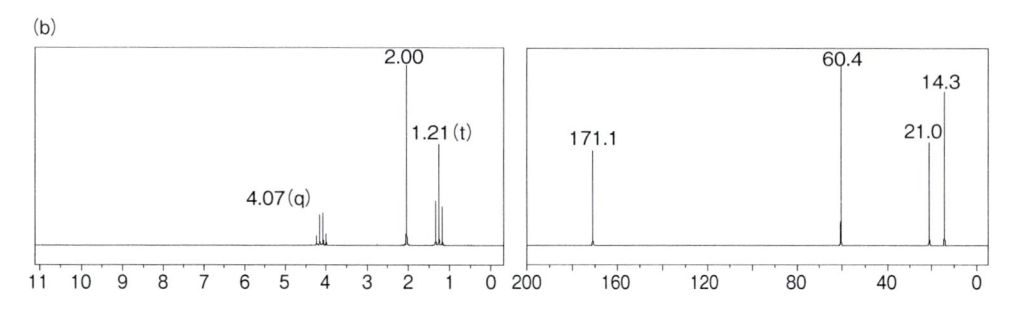

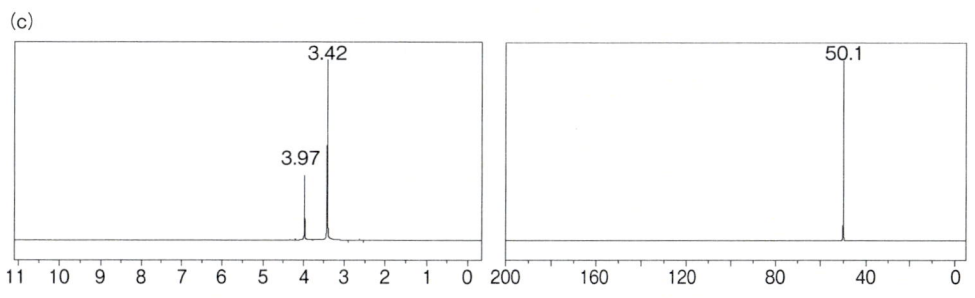

(a) 3.96 / 67.2

(b) 4.07(q), 2.00, 1.21(t) / 171.1, 60.4, 21.0, 14.3

(c) 3.97, 3.42 / 50.1

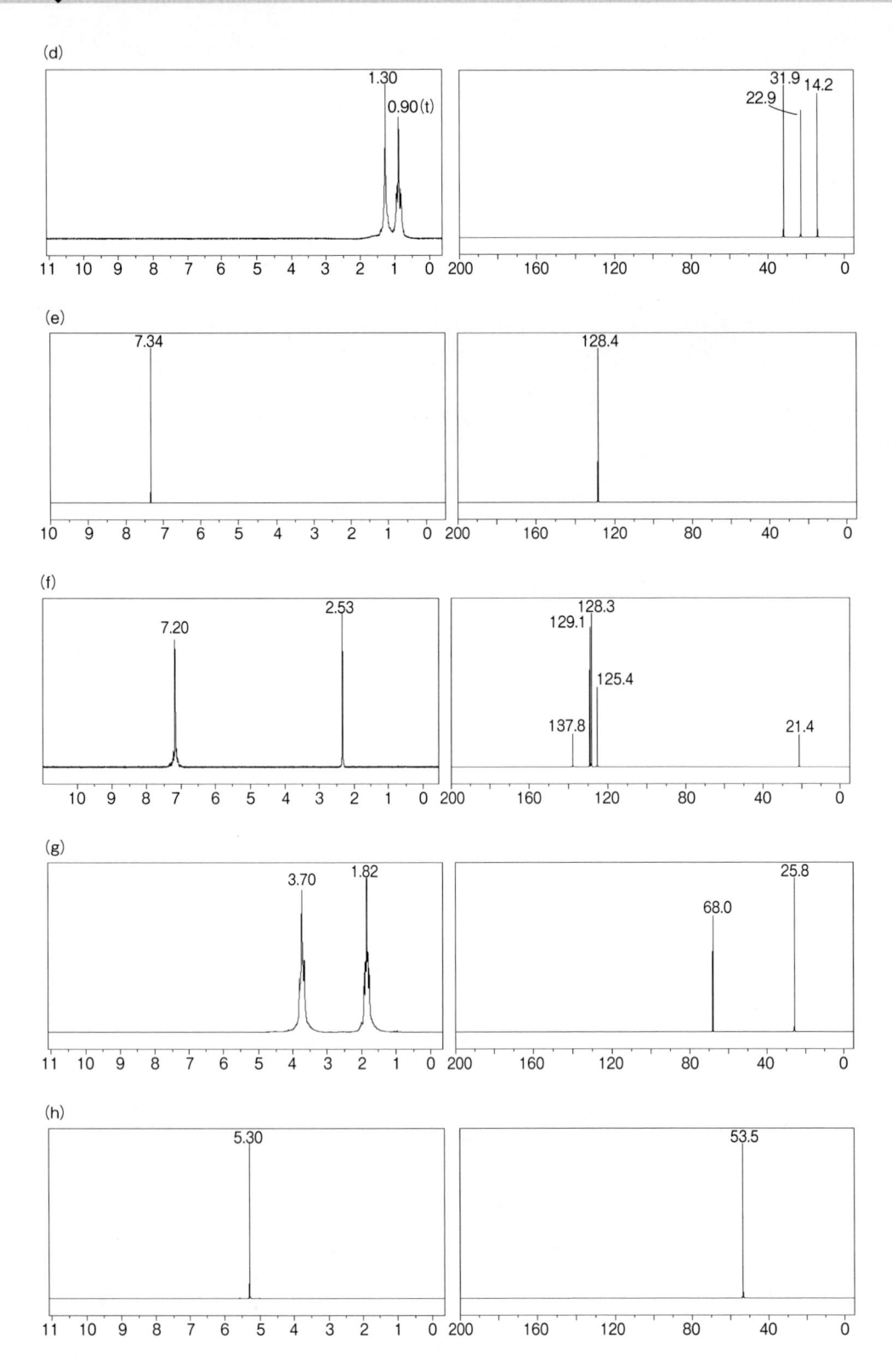

(d)

1.30
0.90(t)

31.9 14.2
22.9

(e)

7.34

128.4

(f)

7.20
2.53

128.3
129.1
125.4
137.8
21.4

(g)

3.70
1.82

25.8
68.0

(h)

5.30

53.5

問題 3-9

(i) 7.26 ; 77.2

(j) 1.21 (t), 3.47 (q) ; 15.4, 66.0

(k) 1.11 (t), 2.60, 3.57 (q) ; 18.1, 57.8

(l) 2.16 ; 30.8, 206.6

(m) 2.88, 2.97, 8.02 ; 31.3, 36.4, 162.6

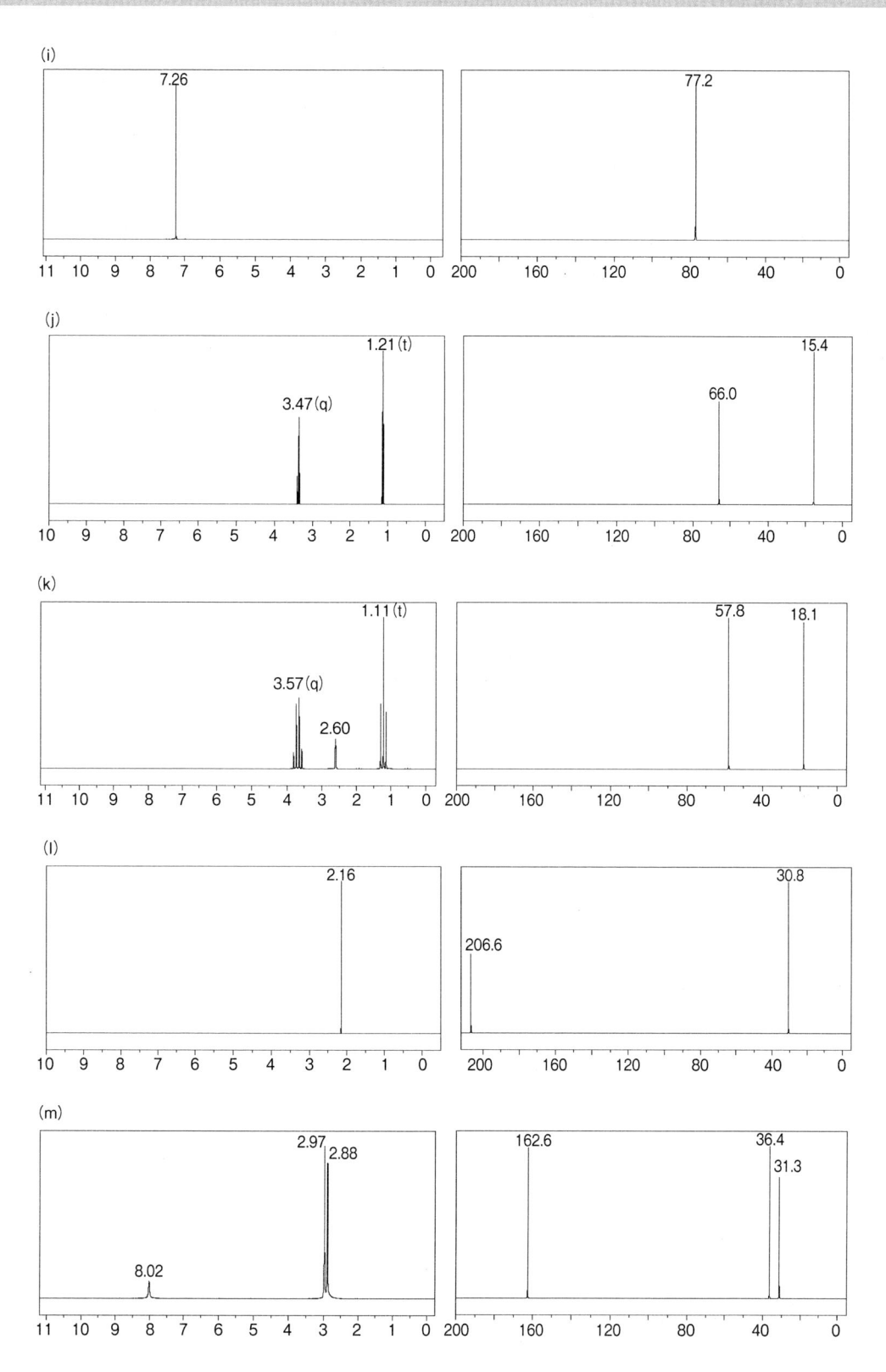

(n)

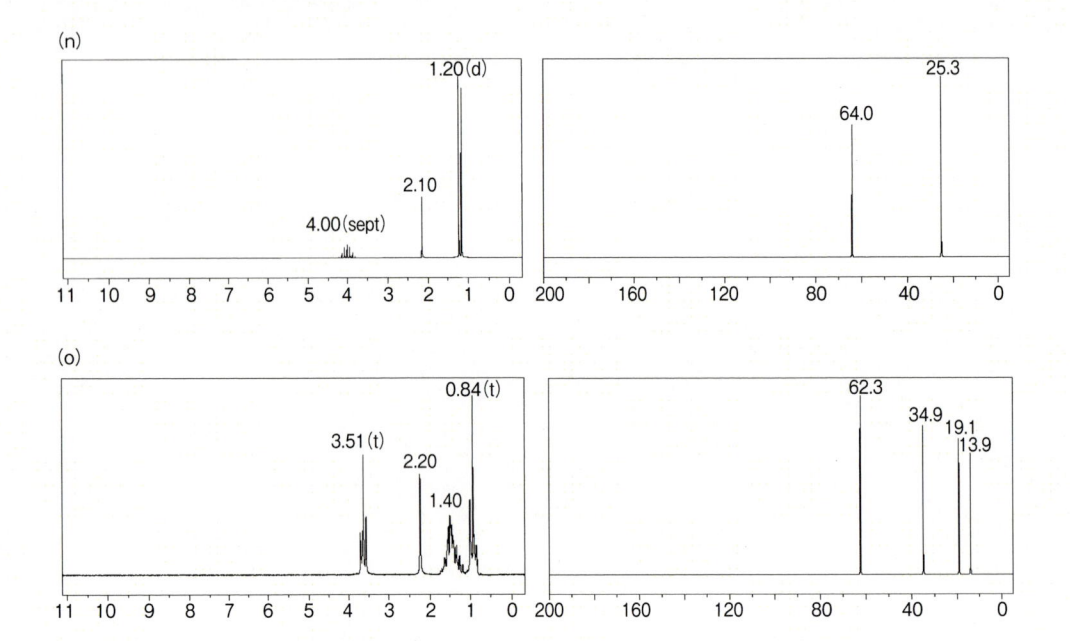

1.20(d)
2.10
4.00(sept)

25.3
64.0

(o)

0.84(t)
3.51(t)
2.20
1.40

62.3
34.9
19.1
13.9

問題 3-10
〔SDBSWeb より〕

以下の (a), (b) の ¹H NMR スペクトルチャートは，**1〜4** のいずれかのものである．それぞれのスペクトルは，どの化合物のものかを特定し，シグナルを帰属しなさい．

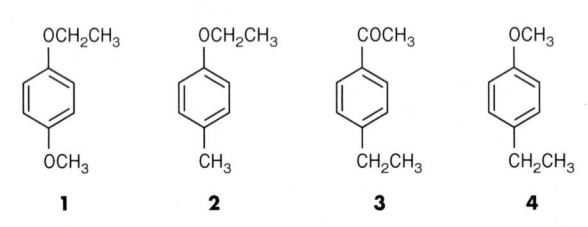

1: p-OCH₂CH₃ / OCH₃ benzene
2: p-OCH₂CH₃ / CH₃ benzene
3: p-COCH₃ / CH₂CH₃ benzene
4: p-OCH₃ / CH₂CH₃ benzene

(a)

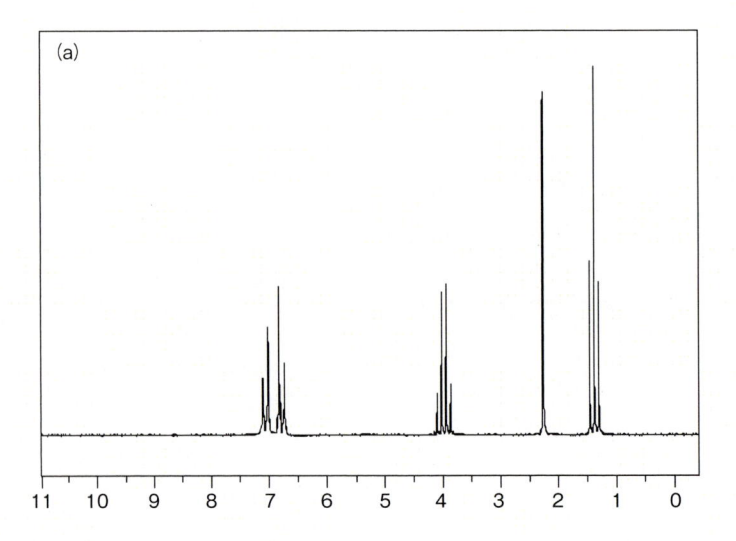

(b) のスペクトル

問題 3-11	以下の(a)〜(d)の ¹H NMR スペクトルチャートは，いずれも分子式 $C_{10}H_{12}O_2$ をもつ化合物 **1**〜**7** のいずれかのものである．それぞれのスペクトルは，どの化合物のものかを特定し，シグナルを帰属しなさい．
[SDBSWeb より]	

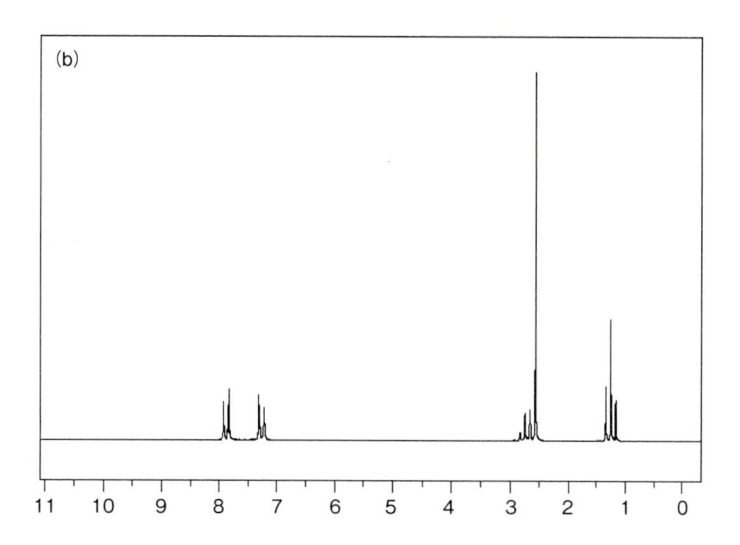

1: benzoic acid propyl ester (PhCOO-CH₂CH₂CH₃)
2: phenyl butanoate (PhO-COCH₂CH₂CH₃)
3: ethyl phenylacetate (PhCH₂COO-CH₂CH₃)
4: ethyl p-toluate (4-CH₃-C₆H₄-COO-CH₂CH₃)
5: benzyl propanoate (PhCH₂O-COCH₂CH₃)
6: p-tolyl propanoate (4-CH₃-C₆H₄-O-COCH₂CH₃)
7: 2-phenylethyl acetate (PhCH₂CH₂-O-COCH₃)

(a) のスペクトル

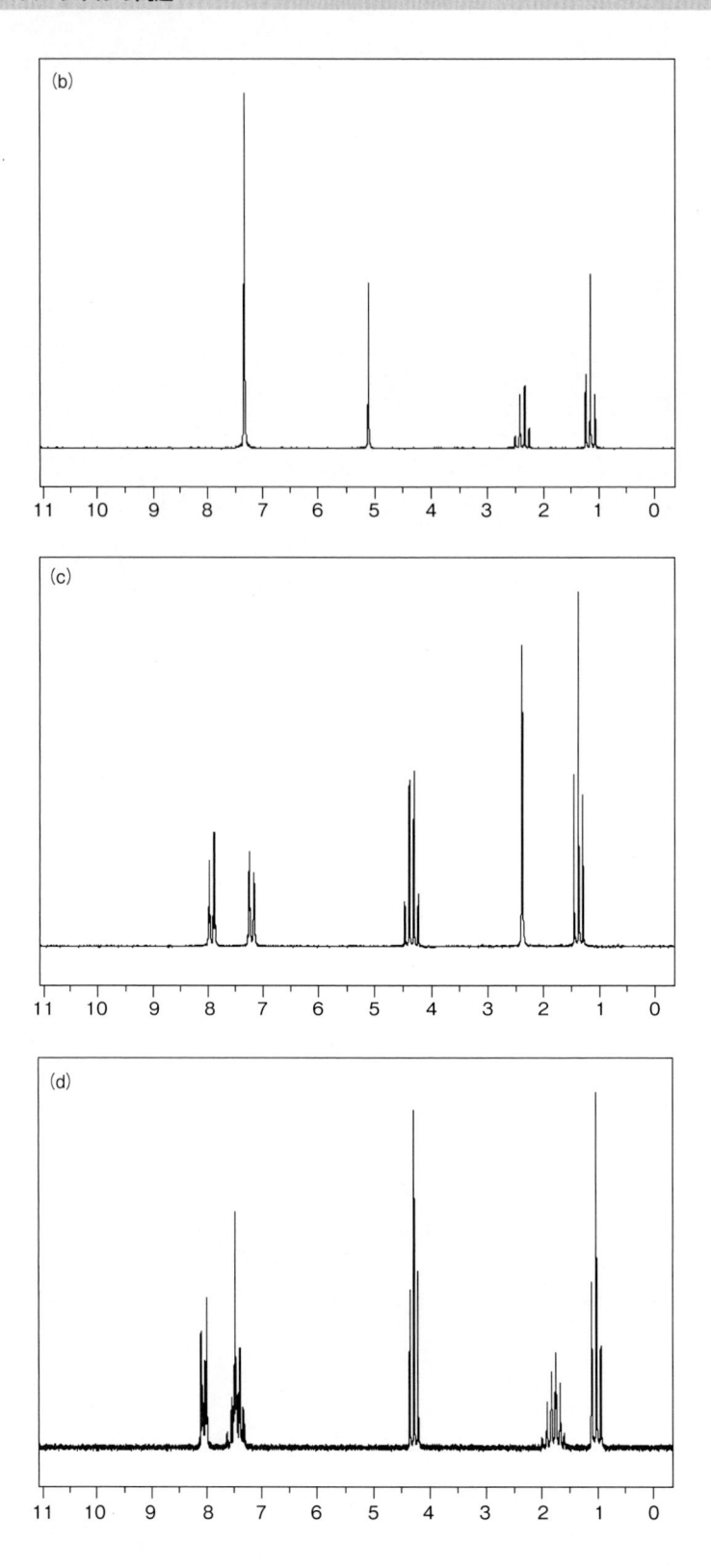

102 ❸ NMRスペクトルの問題

問題 3-12

〔SDBSWeb より〕

以下の (a)～(d) の ^{1}H NMR スペクトルチャートは，**1**～**4** のいずれかのものである．それぞれのスペクトルは，どの化合物のものかを特定し，シグナルを帰属しなさい．

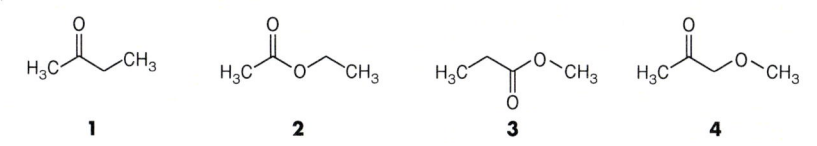

1: H₃C-CO-CH₂-CH₃

2: H₃C-C(=O)-O-CH₂-CH₃

3: H₃C-CH₂-C(=O)-O-CH₃

4: H₃C-CO-CH₂-O-CH₃

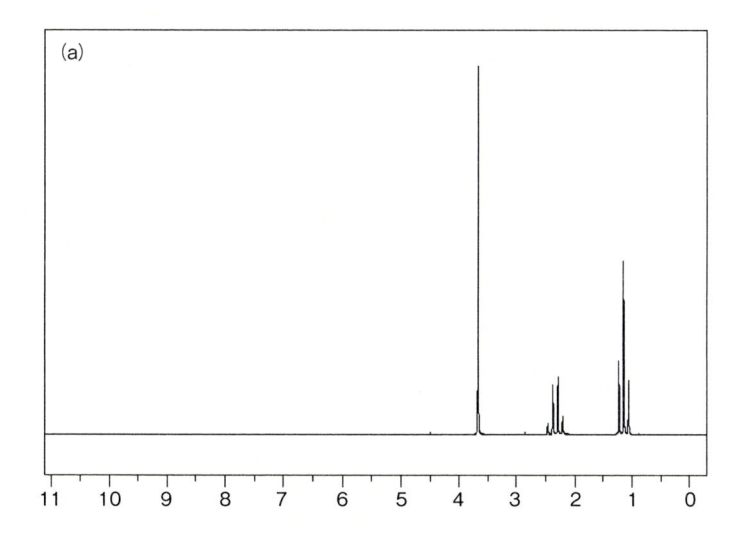

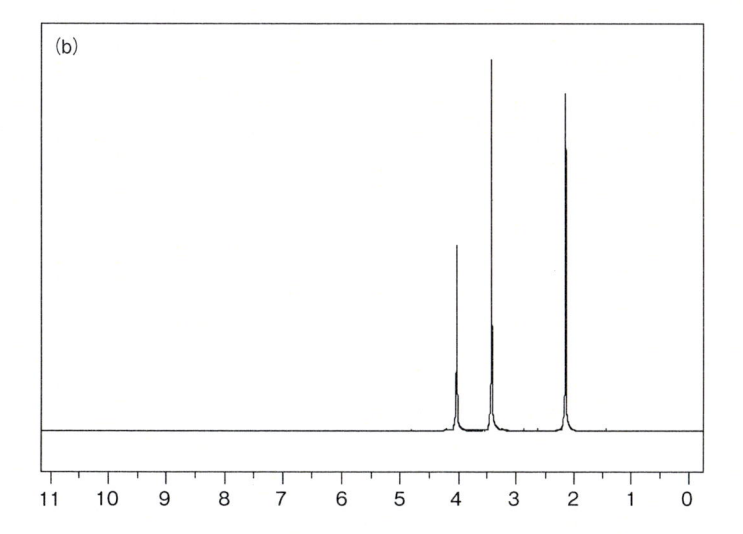

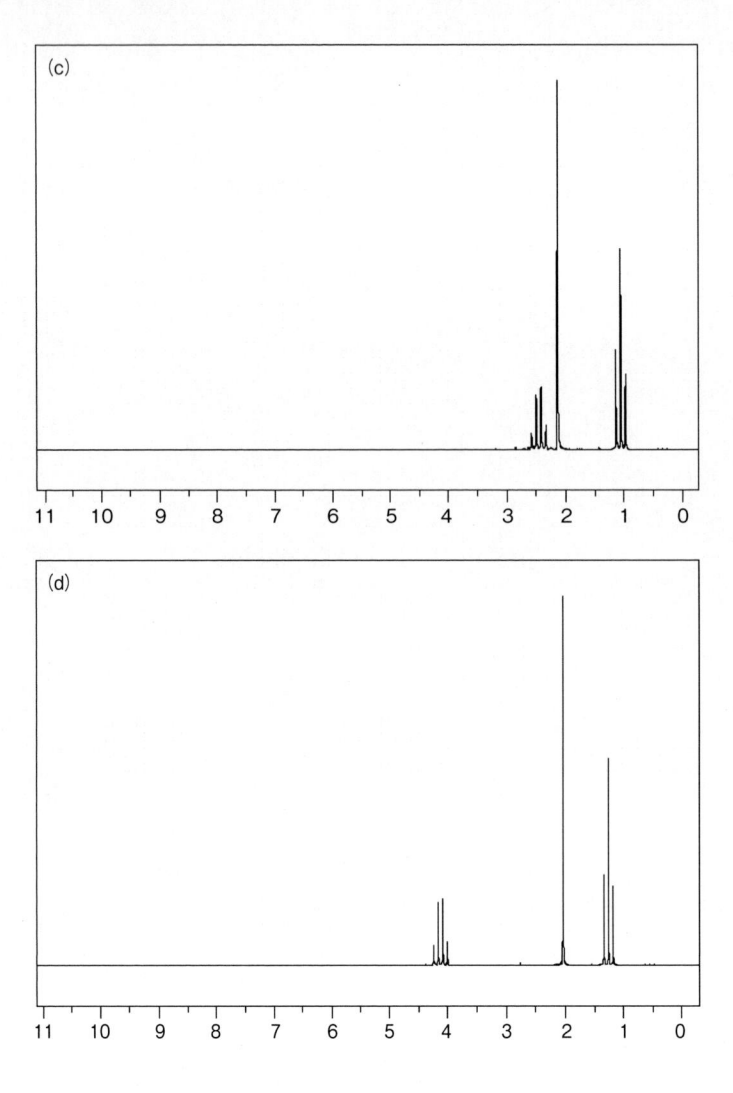

(c)

(d)

問題 3-13
〔SDBSWebより〕

下の ¹H NMR スペクトルに該当する物質を化合物 **1 ～ 5** のなかから選びなさい．本化合物の IR スペクトルも下に示した．
1：プロパン酸エチル（ethyl propanoate）　　**2**：安息香酸エチル（ethyl benzoate）
3：エトキシベンゼン（ethoxybenzene）　　**4**：エチルフェニルケトン（ethyl phenyl ketone）
5：エチルベンゼン（ethylbenzene）

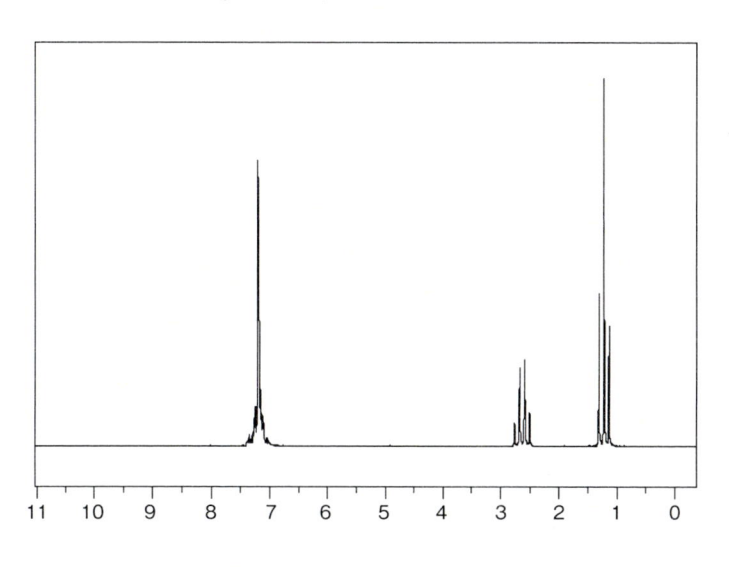

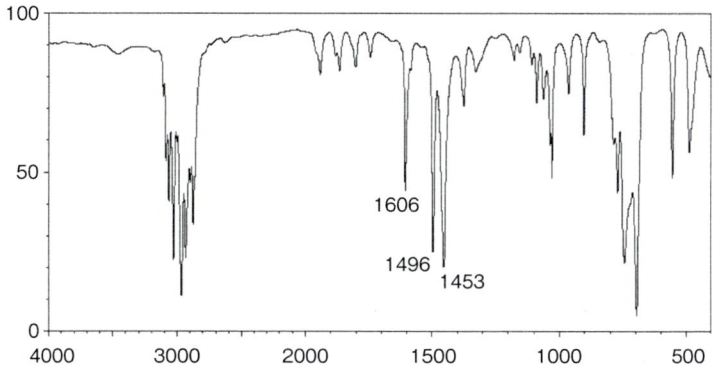

問題 3-14
〔SDBSWebより〕

以下に4種類の医薬品，アスピリン，アセトアミノフェン，サリチル酸メチル，パラオキシ安息香酸メチルの ¹H NMR スペクトル(a)～(d)を示した．それぞれ化合物に帰属しなさい．

アスピリン
(acetylsalicylic acid)

アセトアミノフェン
(acetaminophen)

サリチル酸メチル
(methyl salicylate)

p-ヒドロキシ安息香酸メチル
(methyl p-hydroxybenzoate)

3 NMR スペクトルの問題

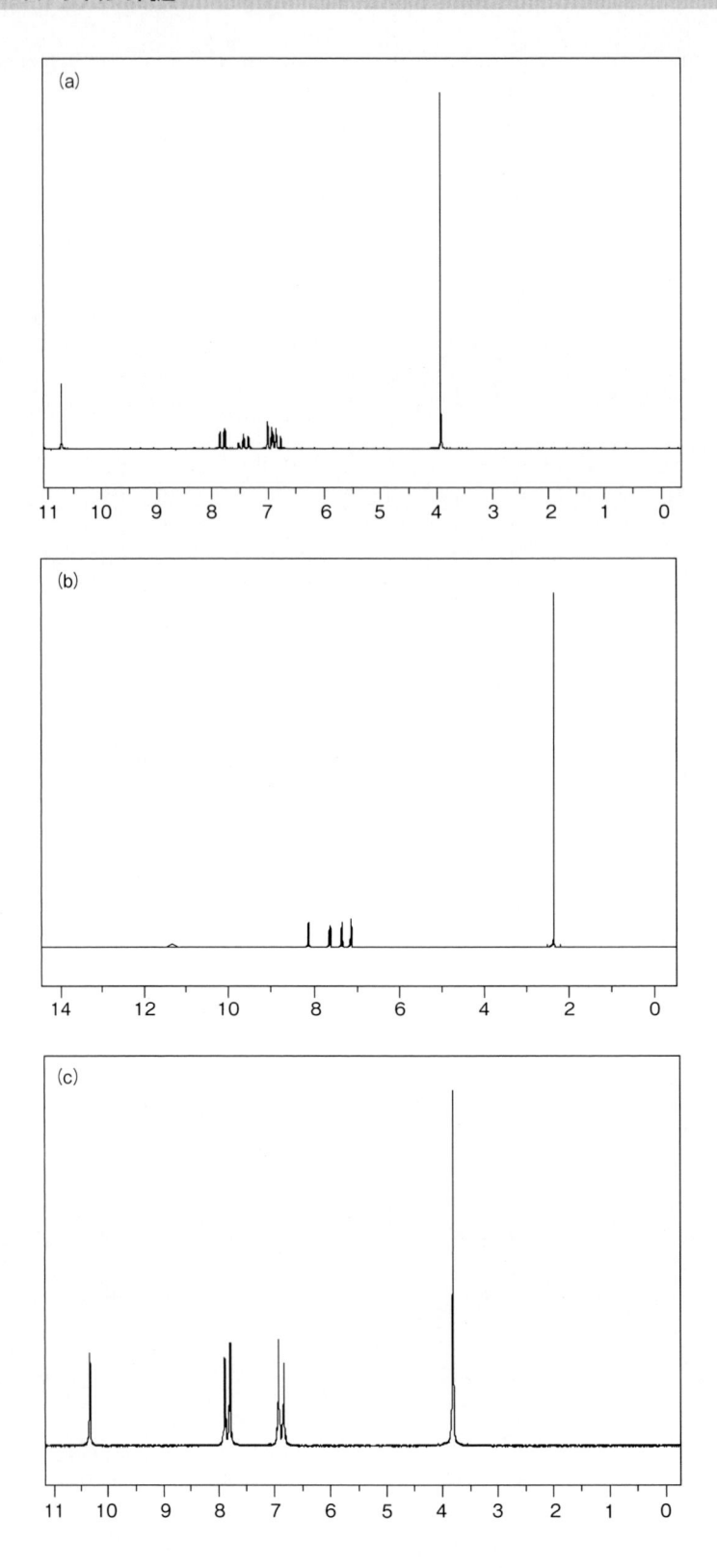

(a)

(b)

(c)

(d)

問題 3-15 分子式 C$_5$H$_{10}$O を有する異性体(a), (b)の ^{1}H NMR スペクトルチャートを示した. それぞれ構造を推定しなさい.

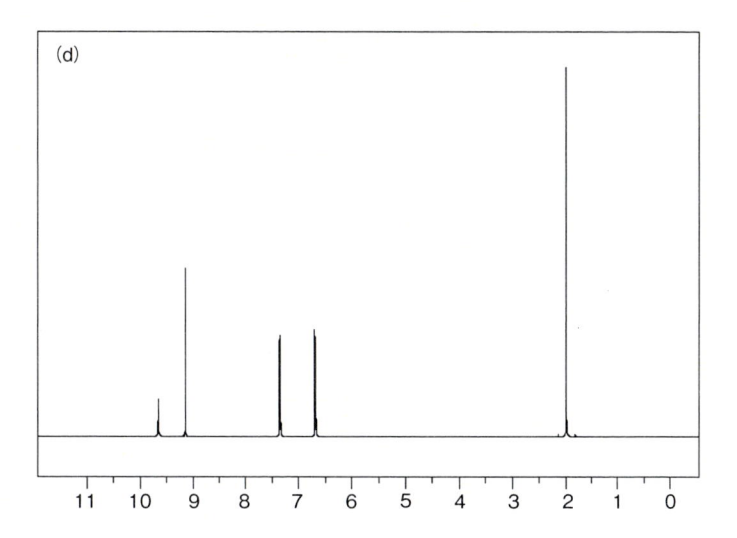

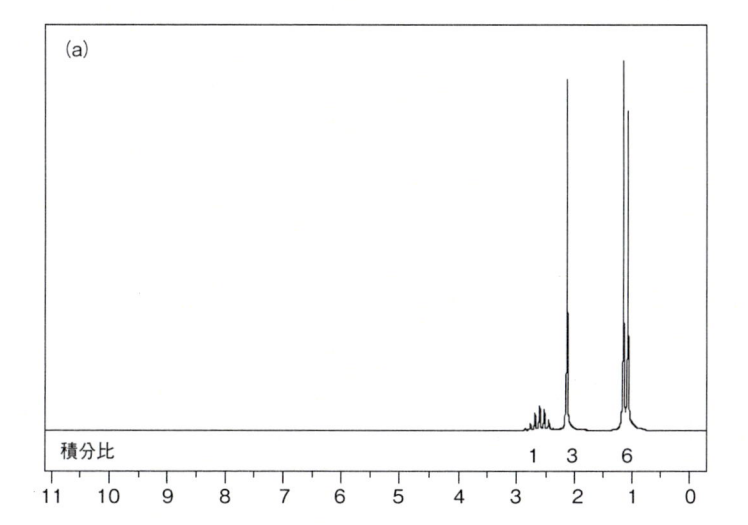

〔SDBSWeb より〕

(a)

積分比　　　　　　　　　　　　　1　3　6

(b)

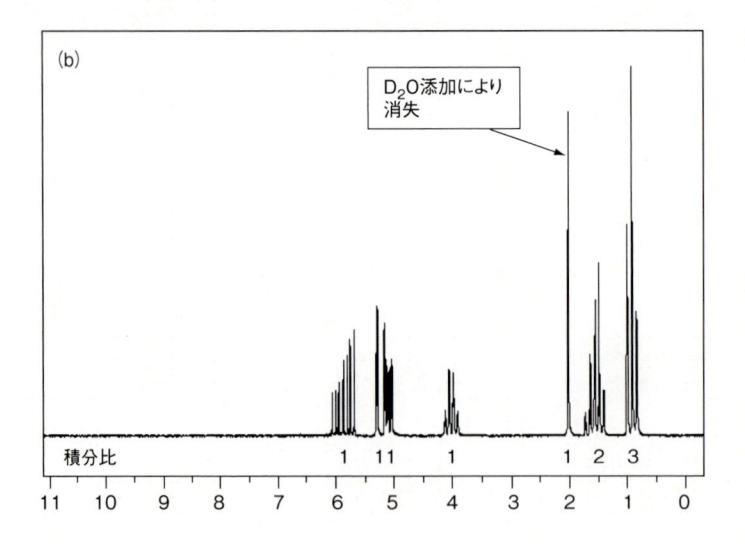

D₂O添加により消失

積分比: 1　11　1　1　2　3

問題 3-16 次の図は互いにカップリングした二つの水素原子（H_A核およびH_X核，AXシステム）におけるエネルギーレベルを示したものである．この図から二つのシグナルの分裂の幅は等しいこと，すなわち$J_A = J_X$であることを示しなさい．

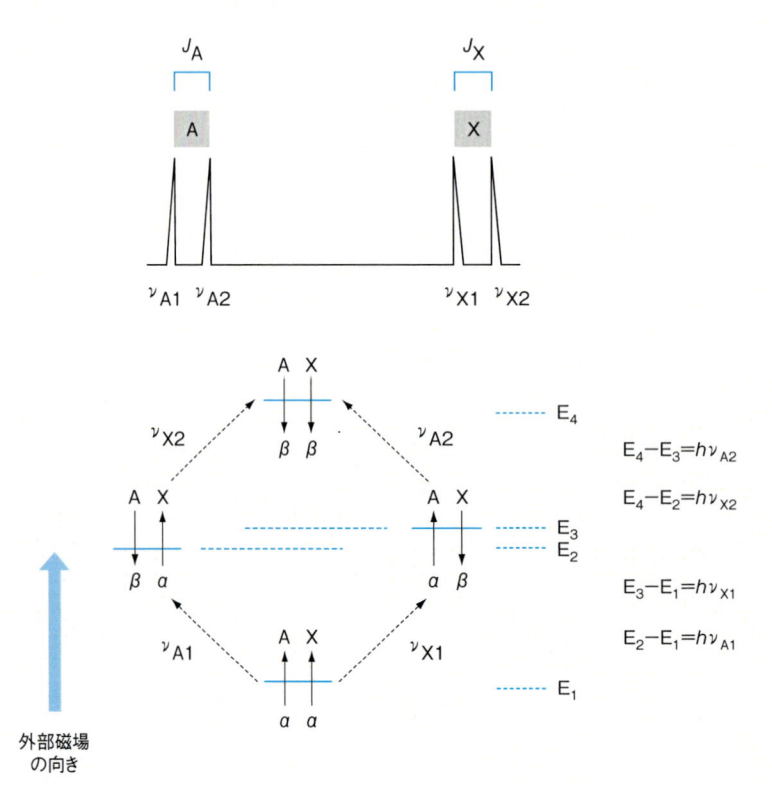

J_A　　　J_X
A　　　　　X
ν_{A1} ν_{A2}　ν_{X1} ν_{X2}

$E_4 - E_3 = h\nu_{A2}$
$E_4 - E_2 = h\nu_{X2}$
$E_3 - E_1 = h\nu_{X1}$
$E_2 - E_1 = h\nu_{A1}$

外部磁場の向き

問題 3-17

次の ^{1}H および ^{13}C NMR スペクトルは，下に示す構造式をもつ化合物(E)-4-ヒドロキシ-3-メチル-2-ブテン酸メチル〔(E)-methyl 4-hydroxy-3-methylbut-2-enoate〕のものである．各シグナル(a～e および f～k)はどの水素または炭素のシグナルか，帰属しなさい．構造式中に書き込みなさい．

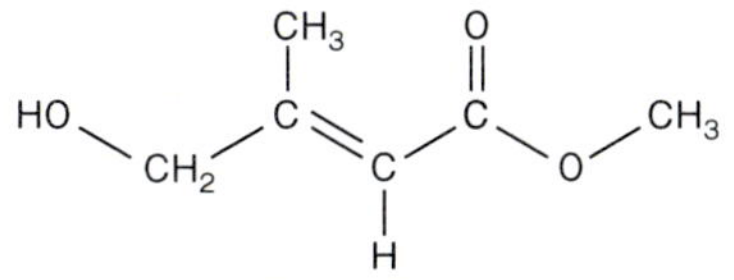

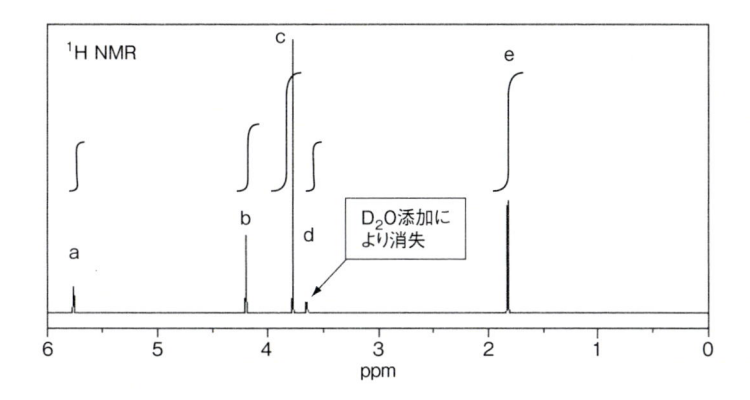

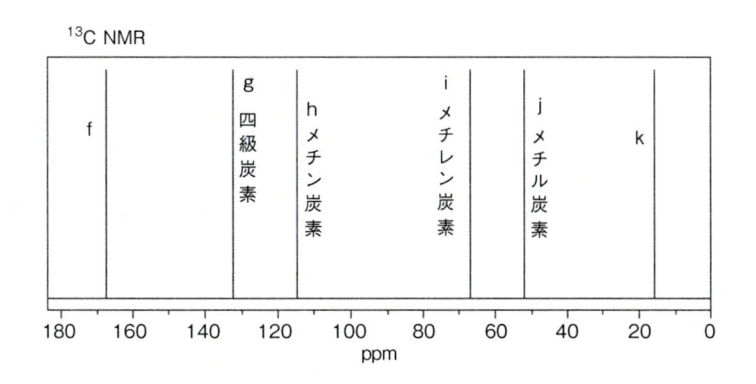

chapter 4

総合問題

問題 4-1　総合問題　例題
〔SDBSWeb より〕

以下の (a) 〜 (e) の ^{1}H NMR スペクトルチャートは，$C_4H_8O_2$ の分子式をもつ鎖状化合物のものであり，いずれの化合物も 1700〜1730 cm^{-1} 付近に IR の吸収を示した．それぞれの構造を推定し，シグナルを帰属しなさい．

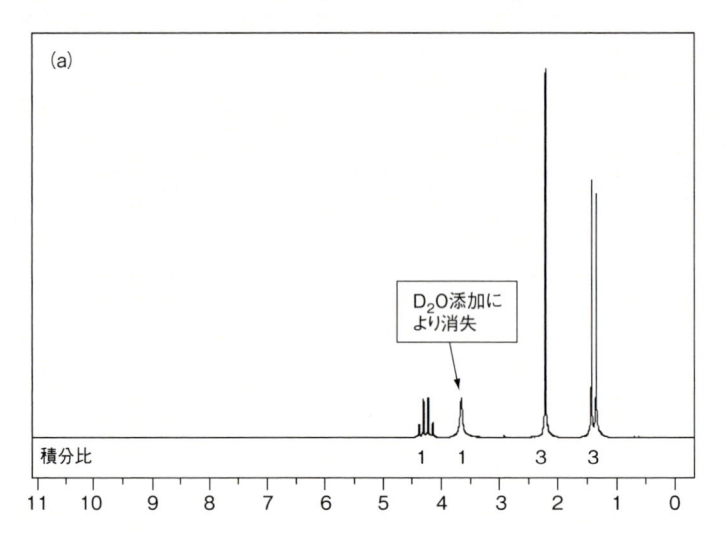

(a) のチャート：D$_2$O 添加により消失
積分比　1　1　3　3
11 10 9 8 7 6 5 4 3 2 1 0

（a）**解法手順と解答**：分子式 $C_4H_8O_2$ より，不飽和度を計算すると 1 となり，一つの二重結合あるいは環状構造をもつことがわかる．また，IR スペクトル 1700〜1730 cm^{-1} のカルボニル基（1700 cm^{-1} の場合はカルボニルの基準値であり，1730 cm^{-1} の場合はエステルカルボニルの可能性がある）の存在より，二重結合はカルボニルとわかる．^{1}H NMR スペクトルの積分比の値と分子式の水素原子数（プロトン数）が一致していることから，高磁場に観測さている二つのシグナルは，二種類のメチル基であることがわかる．

高磁場側のメチル基プロトンはダブレット（二重線）であることから，隣りには水素が 1 個存在すると推定される．一方，その 1 個の水素はメチル基プロトンとのみカップリングするとカルテット（四重線）に分裂する．チャート上の 4.2 ppm に観測されているプロトンが，このメチンプロトンに相当する．このメチンプロトンの化学シフト値から，酸素原子が置換していることが推定される．3.6 ppm に観測されるブロートピークは，重水添加により消失することから，交換性プロトンでありヒドロキシ基のプロトンと考えられる．ここまでで，CH$_3$—CHOH— が推定できた．

次に，2.2 ppm のメチル基プロトンは，その化学シフト値とシングレット（一重線）であることから，アセチル基に由来するメチル基プロトンと推定できる．以上より，本化合物の構造は CH$_3$—CHOH—CO—CH$_3$（acetoin）と推定される．

(b) 以下の問いに答えなさい．
　1．不飽和度とIRの吸収からどのような官能基が推定できるか．
　2．12 ppmのプロトンはD₂O添加により消失したことから，どのような官能基が推定できるか．
　3．高磁場側のメチル基プロトンの積分比と分裂パターンから，どのような部分構造が推定できるか．
　4．2.6 ppmのプロトンの分裂パターンを考えて，全構造を記しなさい．

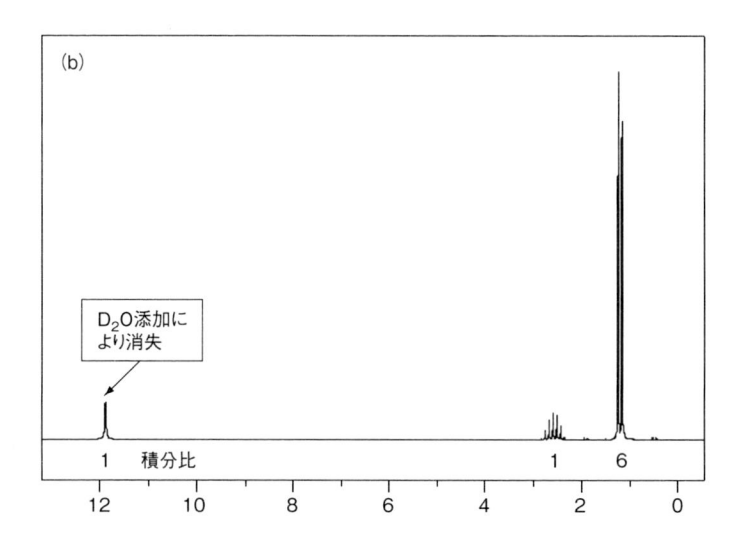

(c) 以下の問いに答えなさい．
　1．不飽和度とIRの吸収からどのような官能基が推定できるか．
　2．高磁場側のトリプレットとカルテットのシグナルから，どのような部分構造が推定できるか，化学シフトも考慮して推定しなさい．
　3．3.6 ppmのシグナルの積分比と化学シフトを考慮して，全構造を記しなさい．

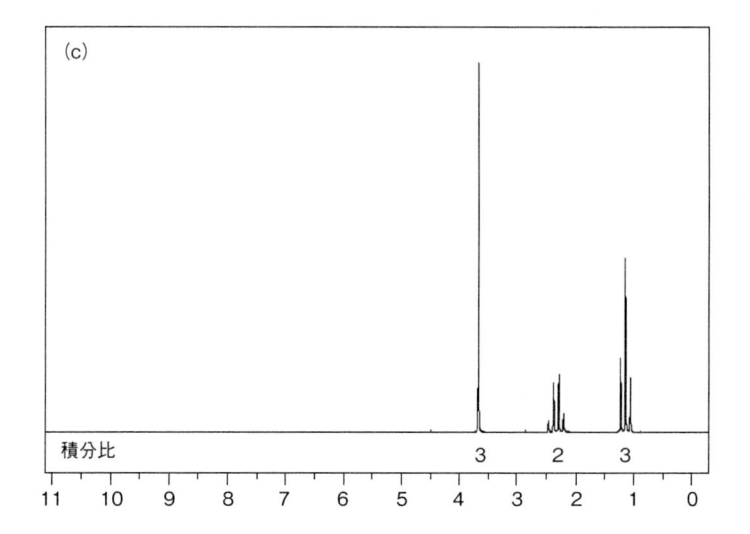

(d) 以下の問いに答えなさい.
1. 11.5 ppm のプロトンは D₂O 添加により消失したことから，IR の吸収と考え合わせて，どのような官能基が推定できるか.
2. 高磁場からトリプレット，セクステット，トリプレットのシグナルと積分比から，どのような部分構造が推定できるか，化学シフトも考慮して，全構造を記しなさい.

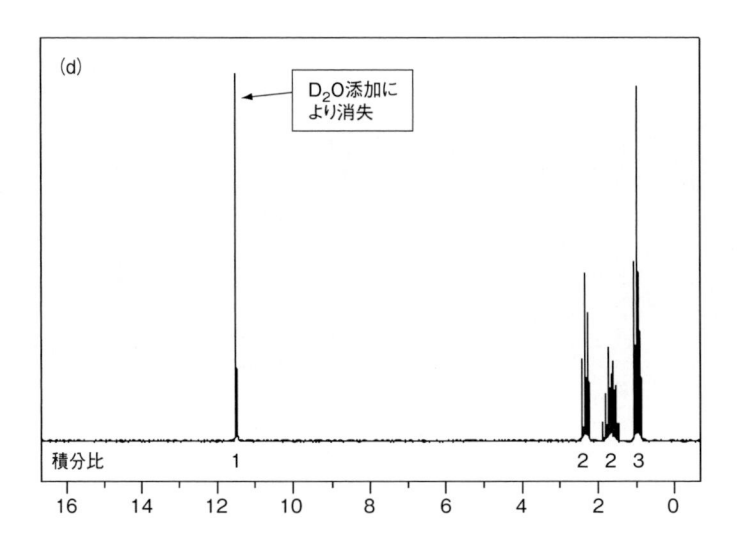

(e) 以下の問いに答えなさい.
1. 化学シフト値より，どのようなメチル基が存在すると推定できるか.
2. 残りのメチレンプロトンの化学シフトを考慮して，全構造を記しなさい.

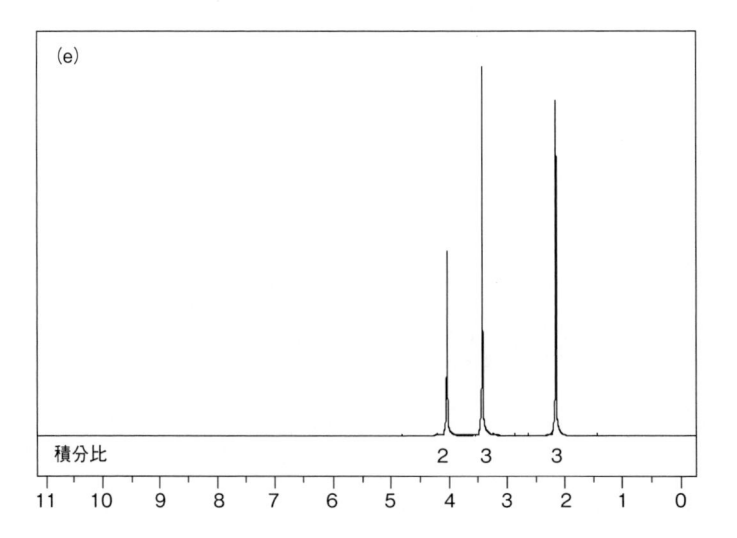

問題 4-2 総合問題 例題

〔SDBSWebより〕

以下の(a)〜(c)の ^{1}H NMR スペクトルチャートは，$C_6H_{10}O_4$ の分子式をもつ鎖状化合物のものであり，いずれの化合物も 1700〜1730 cm^{-1} 付近に IR の吸収を示した．(a)と(b)は，分子内に対称性をもつ．それぞれの構造を推定し，シグナルを帰属しなさい．

(a) 以下の問いに答えなさい．
1. 不飽和度と IR の吸収からどのような官能基が推定できるか．
2. 分子式とプロトンの積分比から，どのような情報が推定できるか．
3. プロトンの化学シフト値を考えて，全構造を記しなさい．

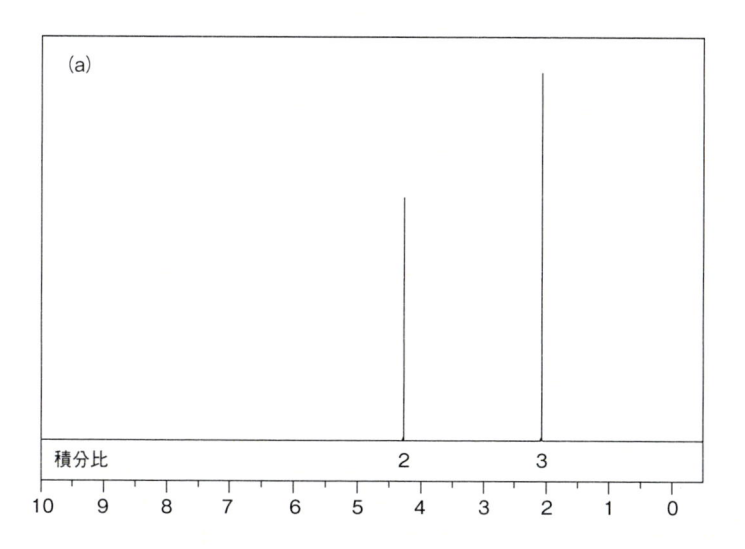

(b) 以下の問いに答えなさい．
1. 高磁場に観測されているプロトンからどのような部分構造が推定できるか．
2. 6.8 ppm のメチンプロトンのシグナルからどのような情報が推定できるか．
3. 分子の対称性を考えて，全構造を記しなさい．

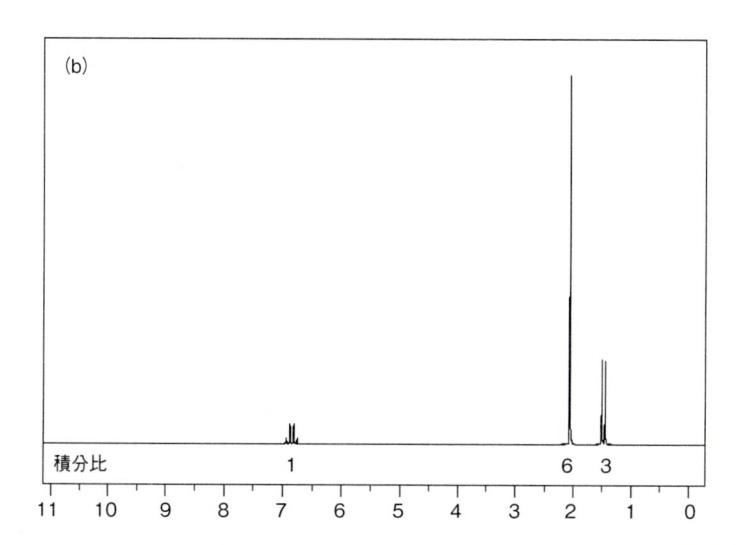

（c）以下の問いに答えなさい．
1．交換性プロトンとIRの吸収からどのような官能基が推定できるか．
2．高磁場のメチル基のプロトンからどのような部分構造が推定できるか．
3．2.7 ppmのプロトンの化学シフト，積分比と対称性を考えて，全構造を記しなさい．

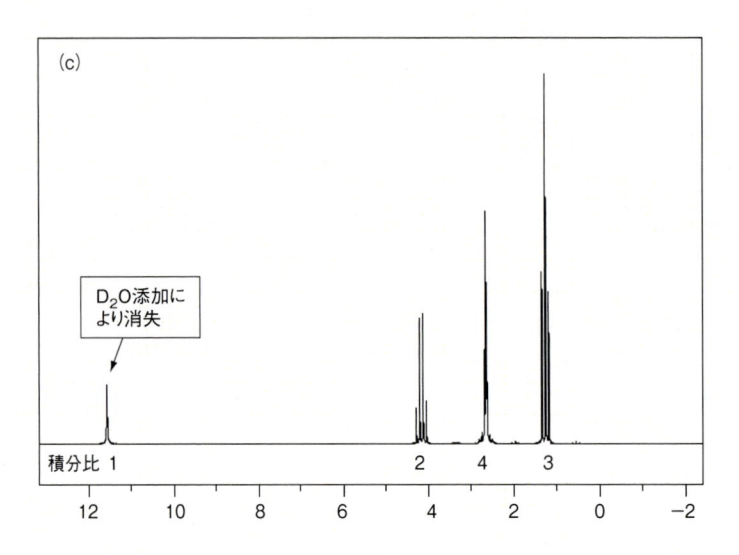

問題 4-3　総合問題　例題

〔SDBSWebより〕

次のMS，IR，^{1}H NMR（90 MHz），^{13}C NMRスペクトルを示す化合物の構造式を書きなさい．

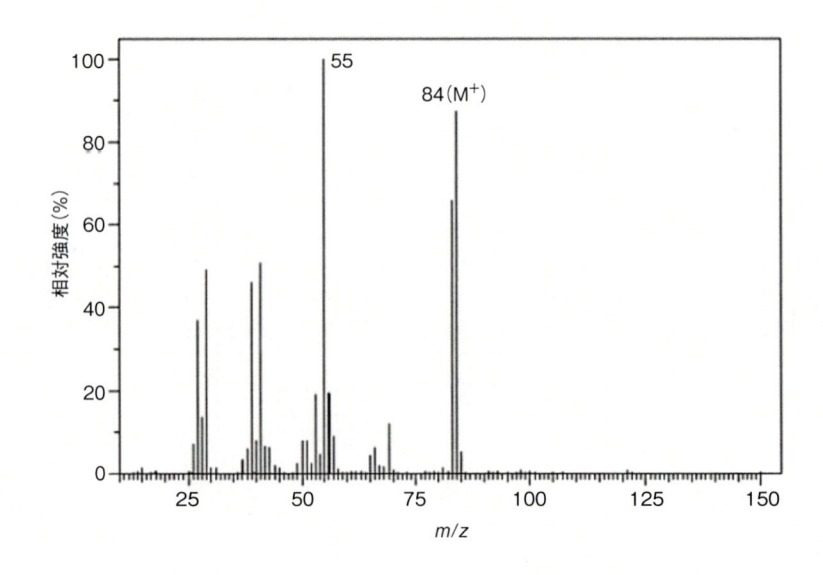

問題 4-3

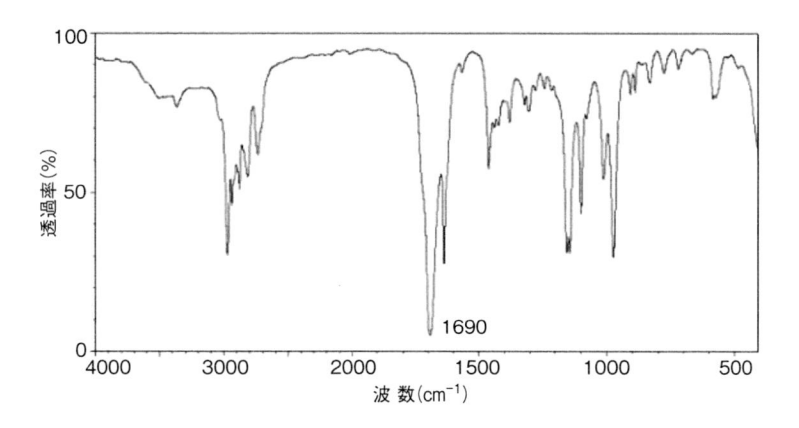

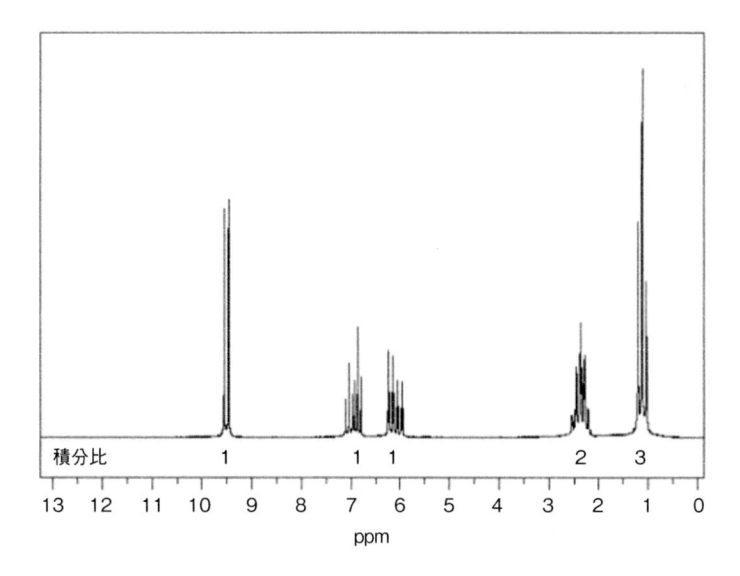

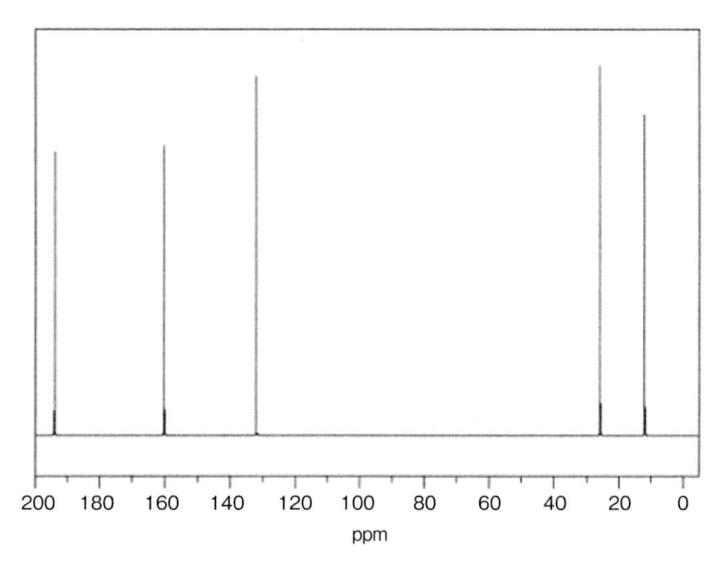

解法手順と解答：

MSスペクトル　m/z 84(M$^+$)
IRスペクトル　1690 cm^{-1} カルボニル基(1700 cm^{-1} より小さいので共役カルボニルの可能性がある)．
^{1}H NMR 左(低磁場側)からシグナルをA，B，C，D，Eとする．

　A　9.52 ppm d　積分値1H　　B　6.94 ppm dt　積分値1H
　C　6.12 ppm dd　積分値1H　　D　2.38 ppm quintet(五重線)積分値2H
　E　1.13 ppm t 積分値3H

なお，d は doublet(ダブレット，二重線)，t は triplet(トリプレット，三重線)を表す．

(1) A は化学シフトよりアルデヒド水素と推定される．A のシグナルが二重線であることから A の隣には水素が1個存在する．
(2) シグナル B と C は化学シフトより二重結合上の水素と考えられる．
(3) シグナル E は積分値3H であることからメチル基である．トリプレットであることから隣には水素が2個存在する．したがって，シグナル E の隣は CH$_2$(シグナル D)と考えられる．

以上より，次の3つの構造が推定できる．
(1)　—CHO(アルデヒド)
(2)　—HC=CH—(二重結合)
(3)　—CH$_2$CH$_3$(エチル基)

分子を形づくるにはこの三つをつなげればよい．したがって，この化合物の構造は OHC-CH=CH-CH$_2$-CH$_3$(2-ペンテナール)と推定される．分子式は C$_5$H$_8$O，分子量は84となるため，マススペクトルと矛盾しない．また，IR で共役カルボニル基の存在が示唆されていたこととも矛盾しない．

問題 4-4　総合問題　例題　次の MS，IR，^{1}H NMR(90 MHz)，^{13}C NMR スペクトルを示す化合物の構造式を書きなさい．
〔SDBSWeb より〕

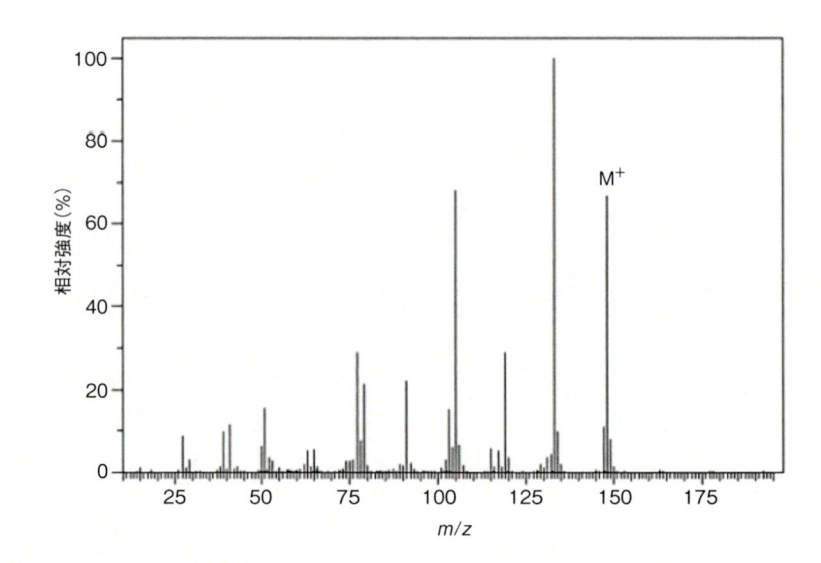

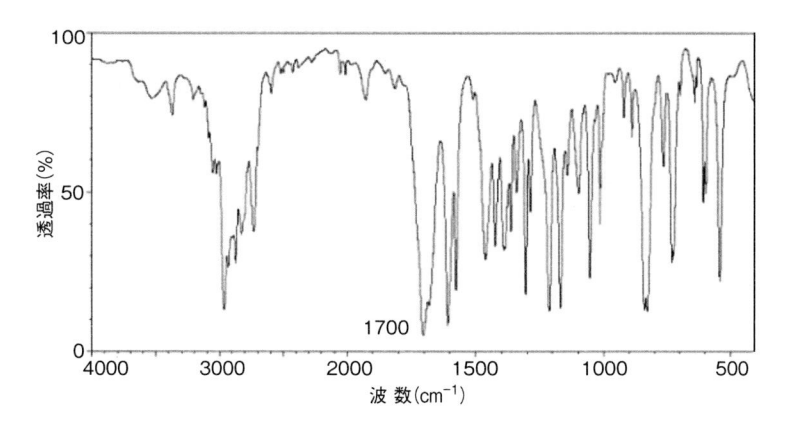

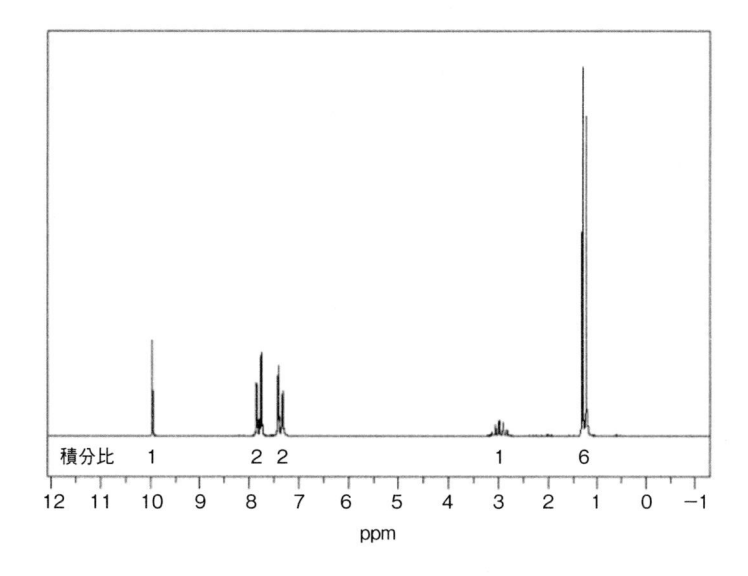

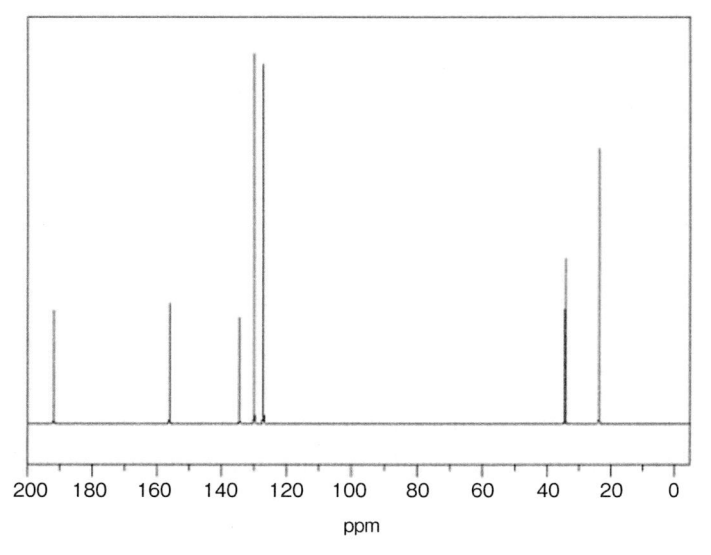

問題 4-4

118 4 総合問題

解法手順：
(1) ^{1}H NMR から本化合物に含まれる水素の数を予想しなさい．
(2) IR の 1700 cm^{-1} の吸収，および ^{1}H NMR の δ 9.96(1H, s) のシグナルから示唆される官能基は何か．
(3) ^{1}H NMR の δ 2.97 [1H, septet (7 重線)] および δ 1.28 (6H, d) のシグナルから示唆される官能基は何か．
(4) ^{1}H NMR の δ 7.80 (2H, d) および δ 7.38 (2H, d)，^{13}C NMR の δ 156.2, 134.6, 130.0 (2C)，および 127.1 (2C) から示唆される官能基は何か．置換様式も含めて考えなさい．
(5) (3), (4) を考慮し，^{13}C NMR から本化合物に含まれる炭素の数を予想しなさい．
(6) (1)～(5) を総合して，本化合物の分子式を求め，マススペクトルのデータとの矛盾がないか確かめなさい．
(7) (1)～(6) を総合して，本化合物の構造式を書きなさい．

問題 4-5 総合問題 例題 次の MS, IR, ^{1}H NMR (90 MHz), ^{13}C NMR スペクトルを示す化合物の構造式を書きなさい．
〔SDBSWeb より〕

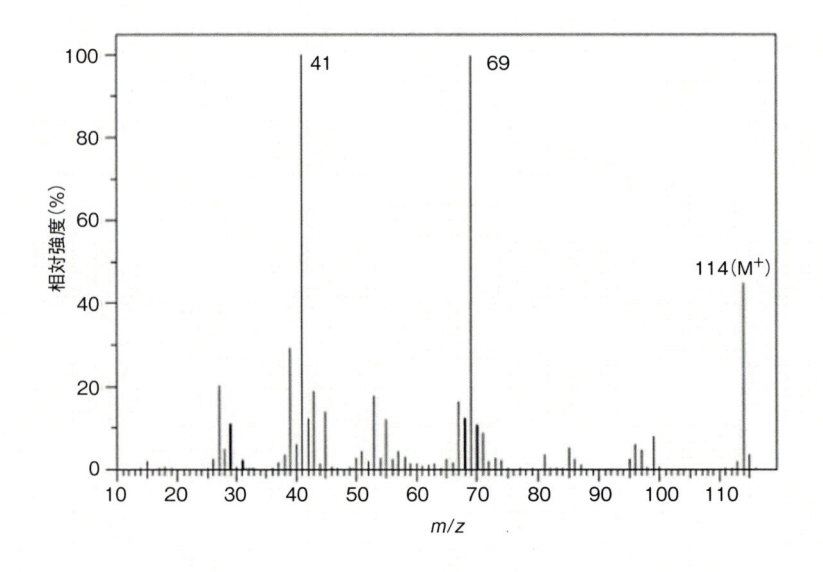

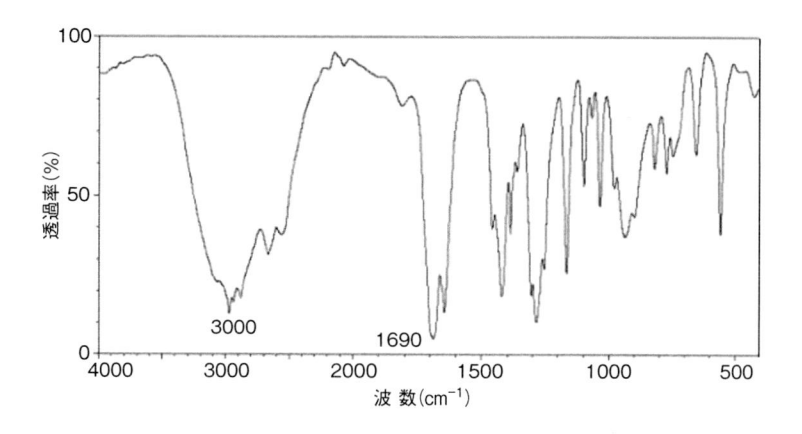

問題 4-5

透過率(%) / 波数(cm⁻¹)

積分比: 1, 1, 2, 3, 3

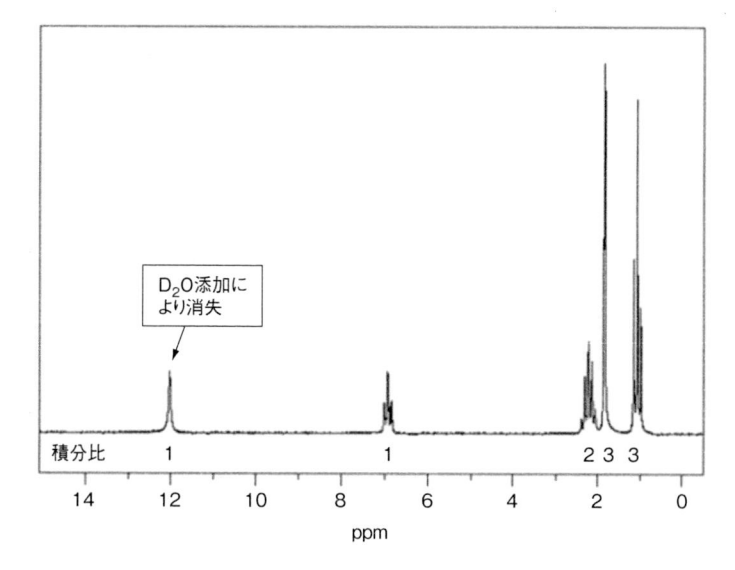

D₂O添加により消失

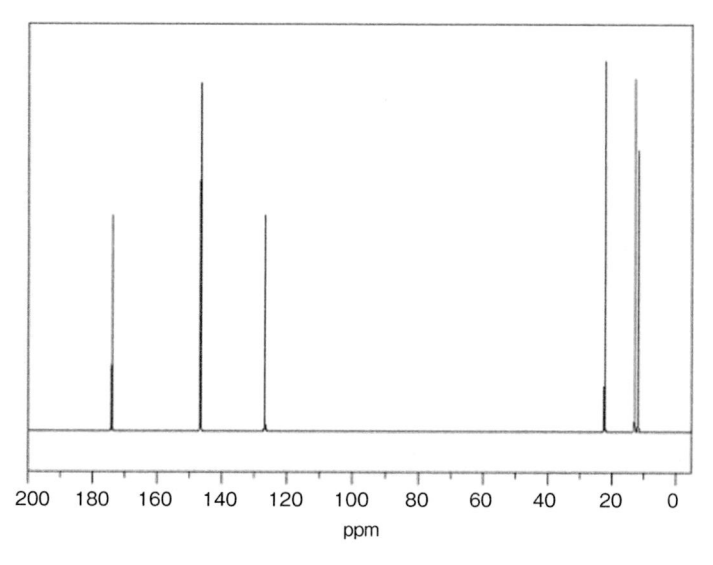

解法手順：

（1） ^{1}H NMR から水素の数，^{13}C NMR から炭素の数を予想しなさい．

（2） IR の 3000 cm^{-1} 付近のブロードな吸収と 1690 cm^{-1} の吸収，および ^{1}H NMR の δ 12.0（1H, br s）のシグナルから示唆される官能基は何か．なお ^{1}H NMR の δ 12.0（1H, br s）のシグナルは重水素を添加すると消失する．

（3）（1）と（2）から本化合物の分子式を予想し，マススペクトルデータと矛盾しないか確かめなさい．

（4） ^{1}H NMR の δ 6.91（1H, t），および ^{13}C NMR の δ 146.6 および 126.7 から示唆される官能基は何か．

（5） ^{1}H NMR の δ 1.83（3H, s）および δ 1.07（3H, t）のシグナルから示唆される官能基はおのおの何か．

（6） ^{1}H NMR の δ 2.22（2H）のシグナルは五重線である．隣りに合計で 4 個の水素が存在すると予想される．この δ 2.22（2H）のシグナルと隣り合う水素のシグナルはどれと考えられるか．一つとは限らない．

（7）（1）〜（6）を総合して，本化合物の構造式を書きなさい．

問題 4-6 総合問題
〔SDBSWeb より〕

以下の(a)〜(f)の ^{1}H NMR スペクトルチャートは，C$_8$H$_{10}$O の分子式をもつ芳香族化合物(a)〜(f)のものである．化合物(a)，(c)，(f)は 3600 cm^{-1} 付近に IR の吸収を示した．それぞれの構造を推定し，シグナルを帰属しなさい．

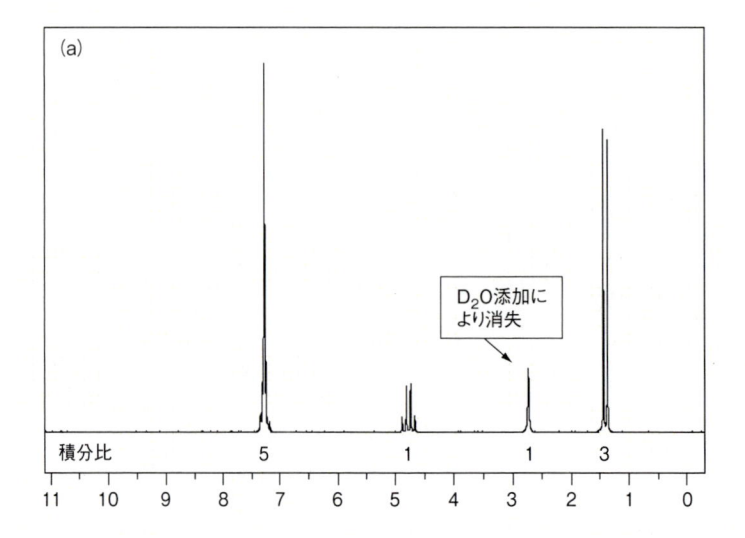

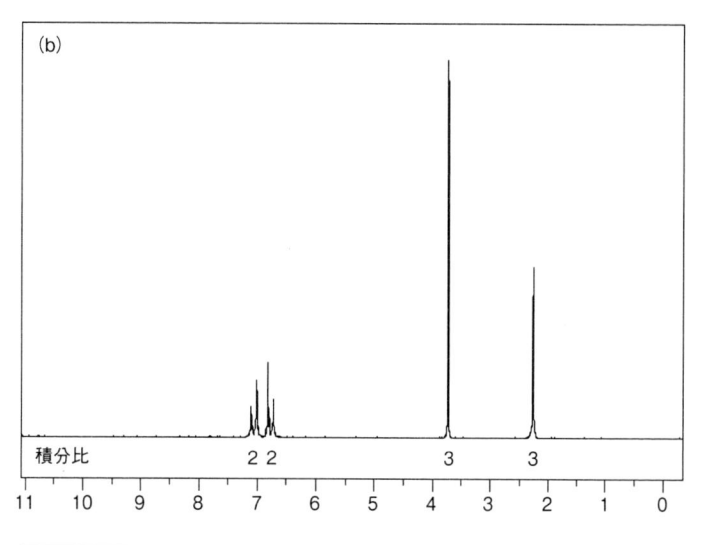

(b)

積分比   2 2   3   3

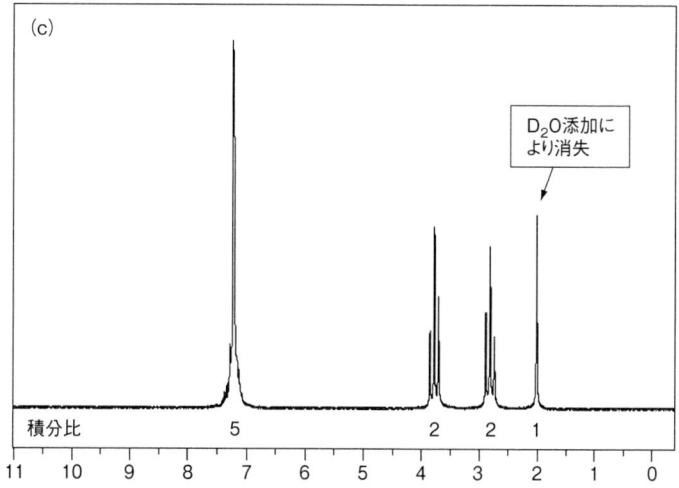

(c)

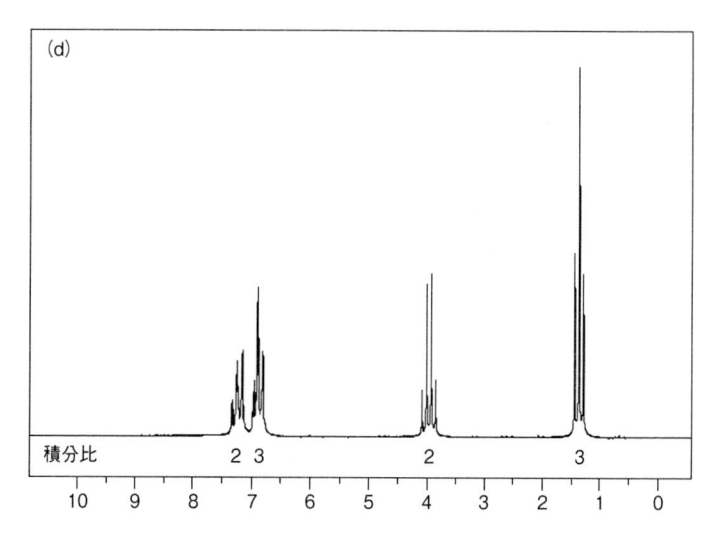

D₂O添加により消失

積分比   5   2 2 1

(d)

積分比   2 3   2   3

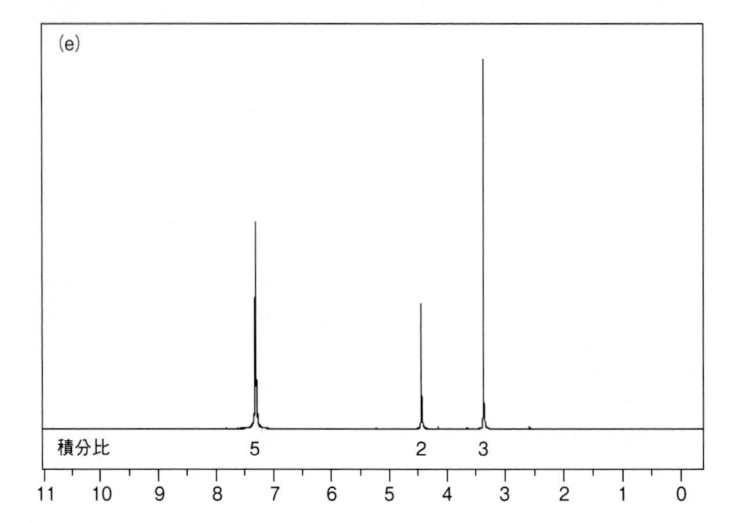

(e)

| 積分比 | 5 | 2 | 3 |

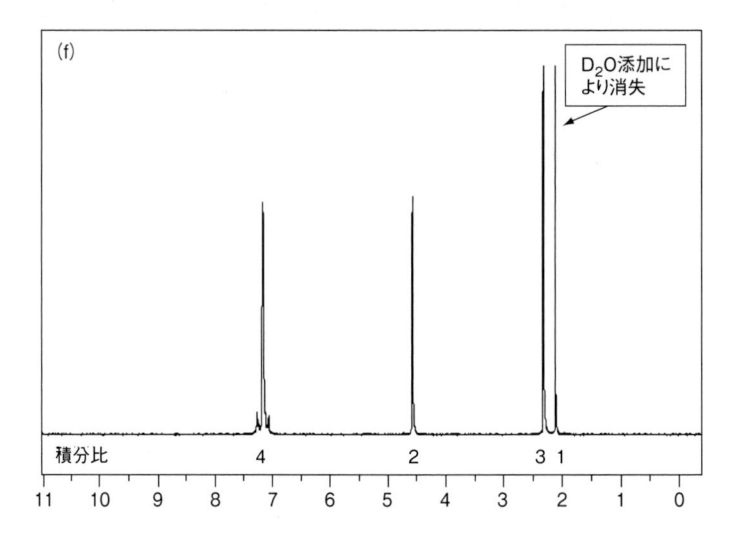

(f)

D₂O添加により消失

| 積分比 | 4 | 2 | 3 | 1 |

問題 4-7 総合問題

〔SDBSWeb より〕

以下の (a)〜(c) の ^{1}H NMR スペクトルチャートは，$C_9H_{10}O$ の分子式をもつ芳香族化合物 (a)〜(c) のものである．化合物 (a) は 3600 cm^{-1} 付近に，また，化合物 (b)，(c) は 1690〜1700 cm^{-1} 付近に IR の吸収を示した．それぞれの構造を推定し，シグナルを帰属しなさい．

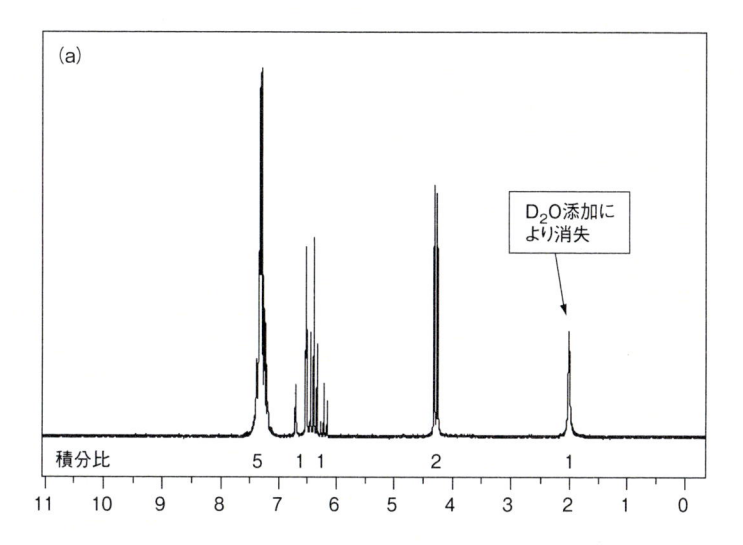

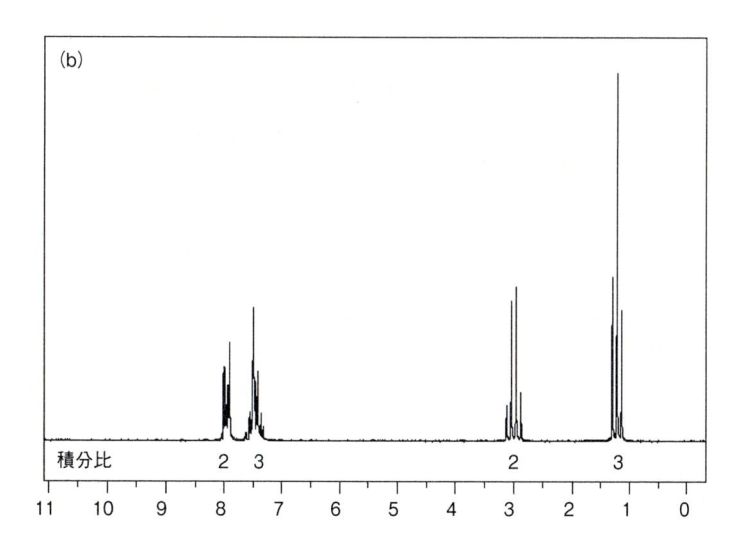

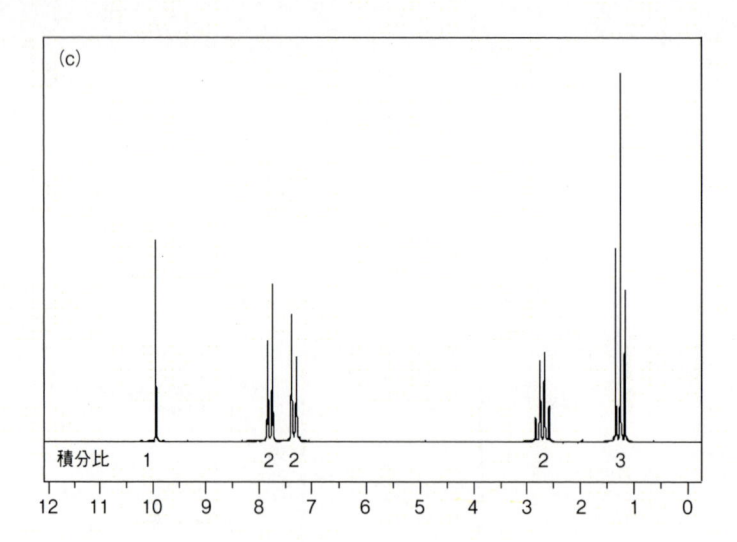

(c)のスペクトル図

積分比 1 2 2 2 3

問題 4-8 総合問題
〔SDBSWebより〕

以下の(a)〜(i)の ¹H NMR スペクトルチャートは，$C_6H_{12}O_2$ の分子式をもち，いずれもカルボニル基をもつ鎖状化合物(a)〜(i)のものであり，化合物(c)のみ 3600 cm^{-1} 付近にも幅広い IR の吸収帯が観測された．それぞれの構造を推定し，シグナルを帰属しなさい．

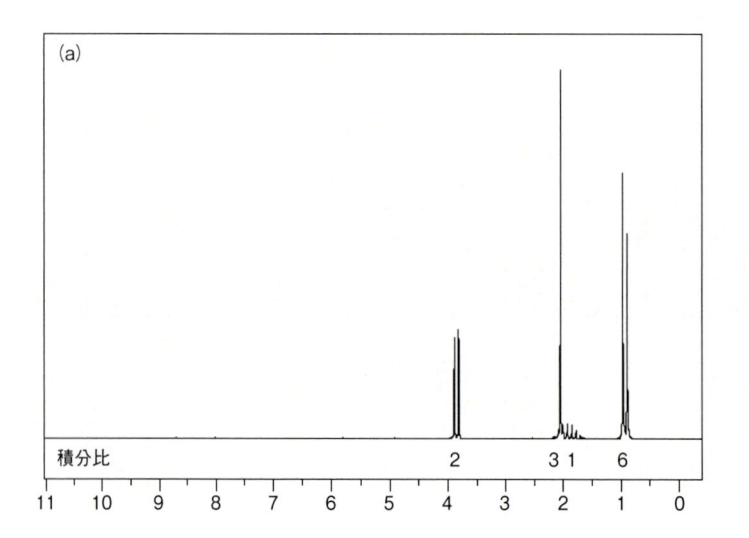

(a)のスペクトル図

積分比 2 3 1 6

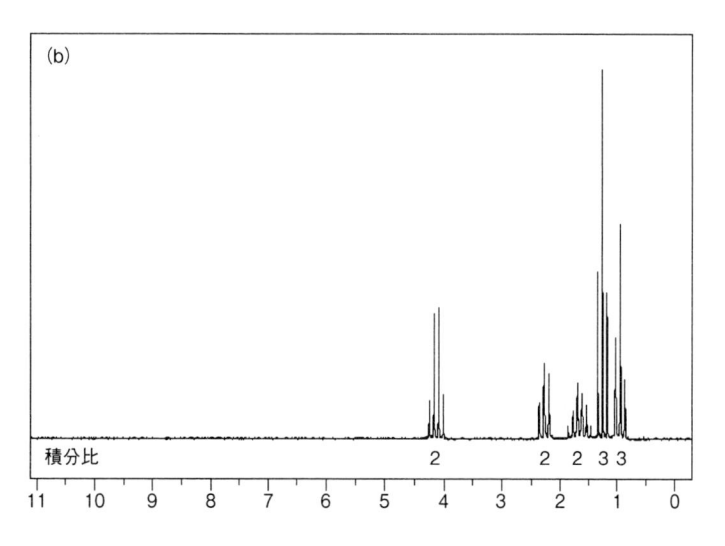

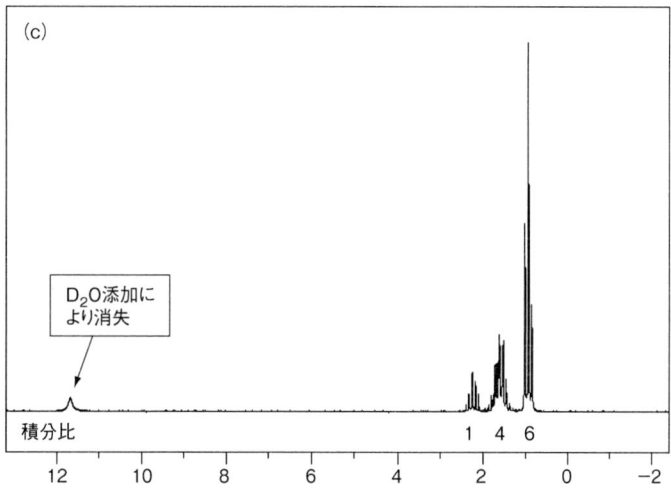

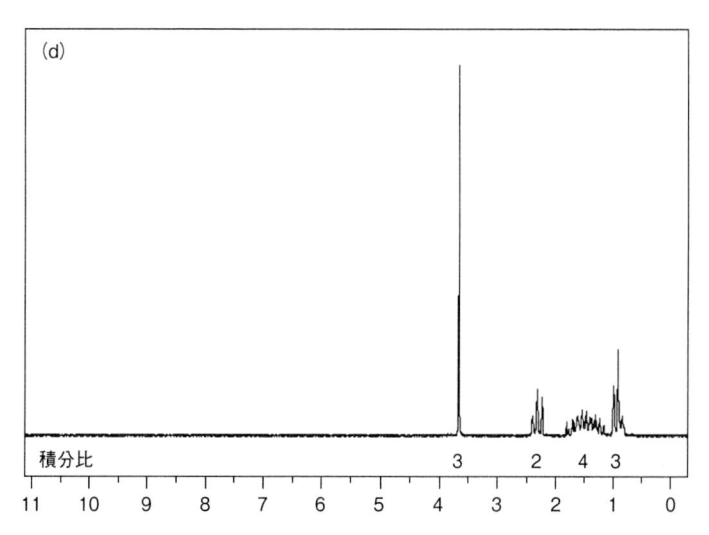

問題 4-8

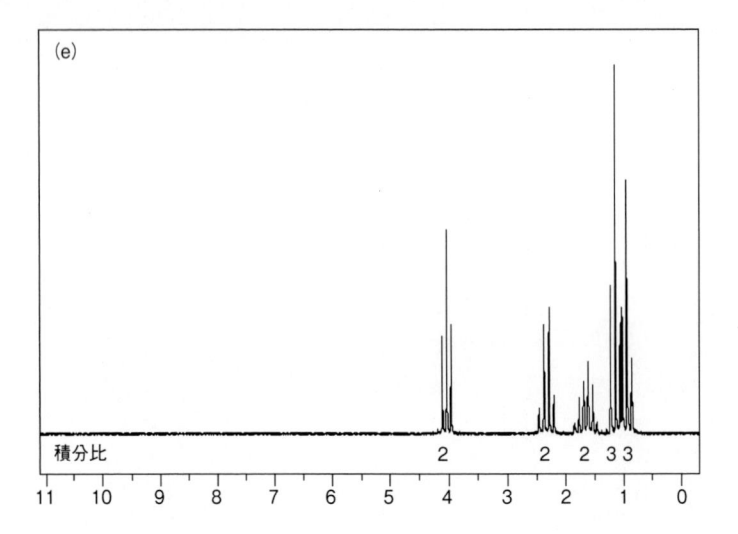

126　**4**　総合問題

(e)

積分比　　　　　　　　　　　　　2　　　2　2　3 3
11　10　9　8　7　6　5　4　3　2　1　0

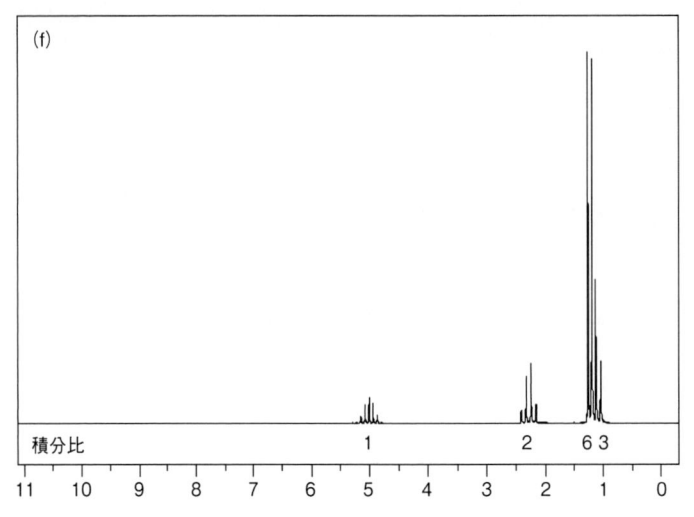

(f)

積分比　　　　　　　　　　1　　　　2　　6 3
11　10　9　8　7　6　5　4　3　2　1　0

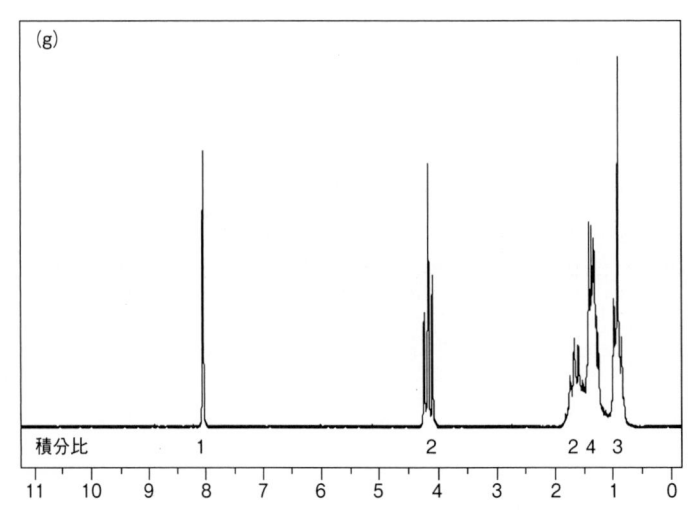

(g)

積分比　　　1　　　　　　2　　　2 4　3
11　10　9　8　7　6　5　4　3　2　1　0

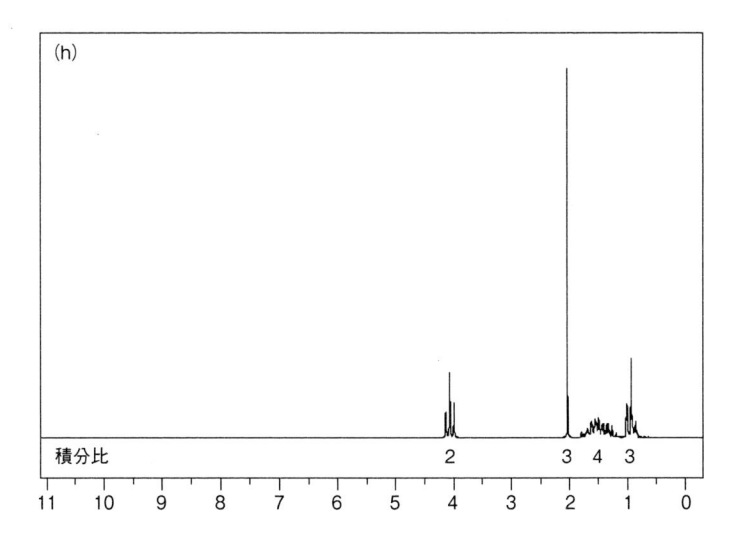

(h)

積分比　　　　　　　　　　　　　　2　　　3　4　3

11 10 9 8 7 6 5 4 3 2 1 0

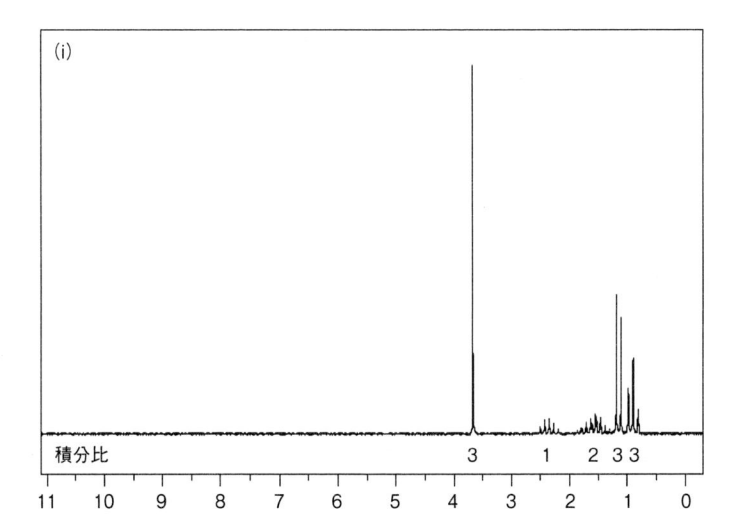

(i)

積分比　　　　　　　　　　　　　3　　1　2 3 3

11 10 9 8 7 6 5 4 3 2 1 0

問題 4-9 総合問題

〔SDBSWeb より〕

以下の (a)～(d) の ¹H NMR スペクトルチャートは，$C_{10}H_{14}$ の分子式をもつ芳香族炭化水素である．それぞれの構造を推定しなさい．

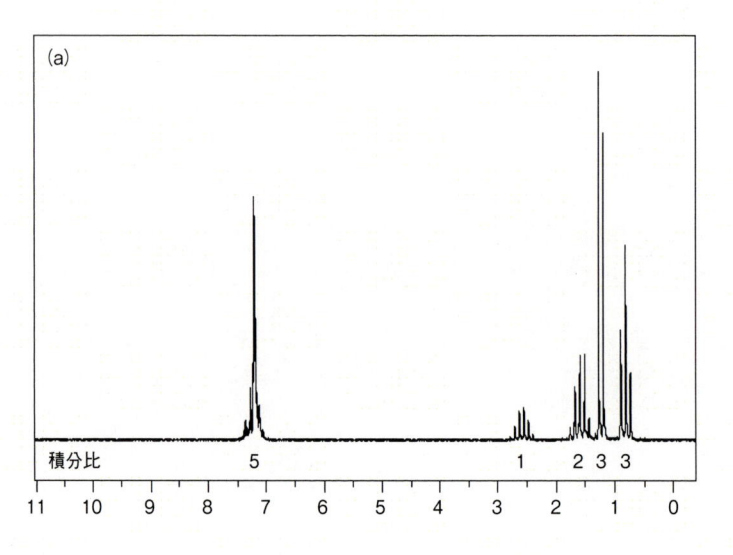

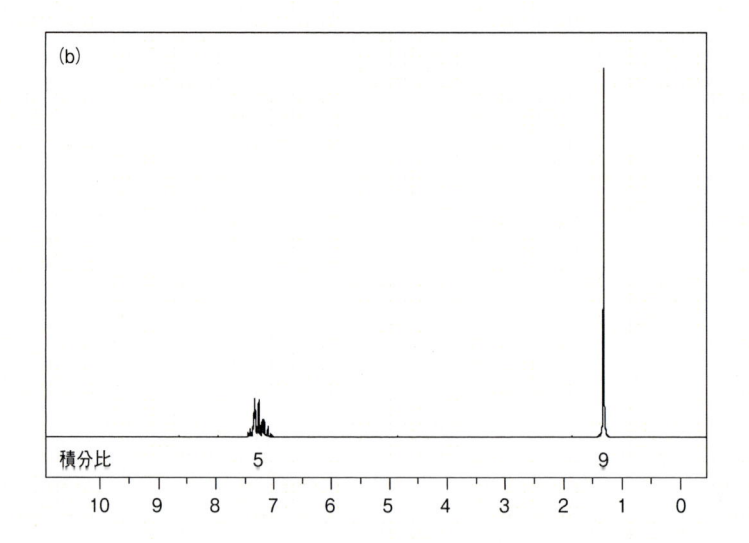

(a) 積分比: 5, 1, 2, 3, 3

(b) 積分比: 5, 9

(c)

積分比 2   12

(d)

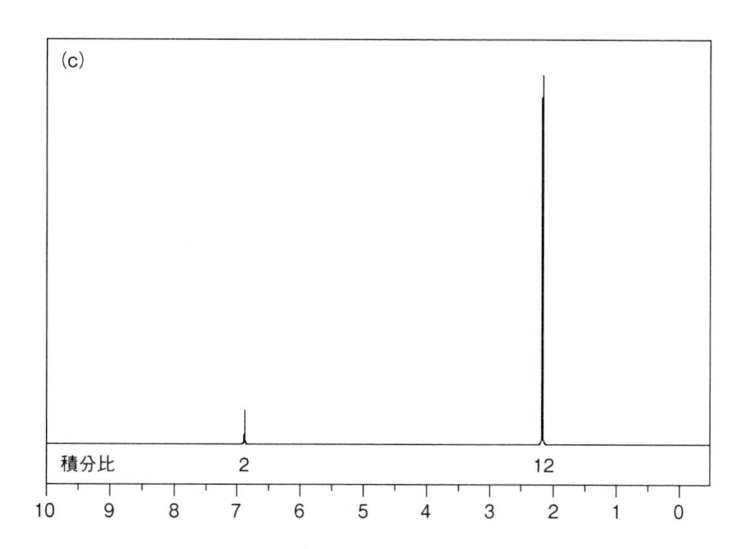

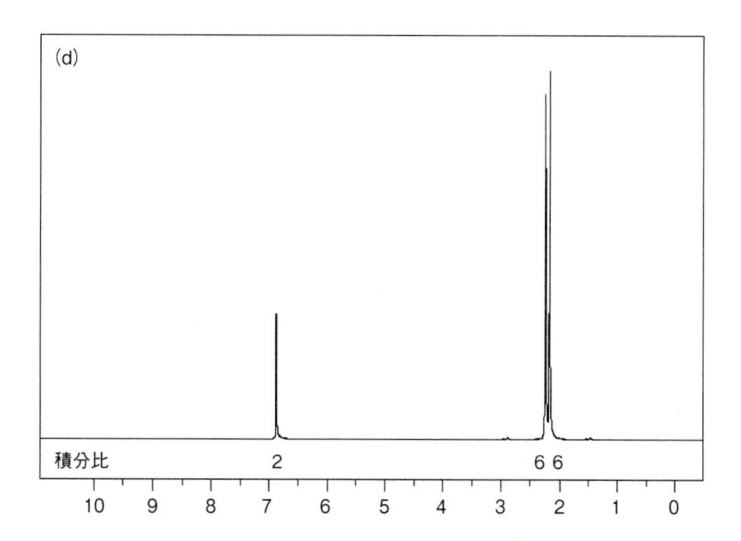

積分比 2   6 6

問題 4-10 総合問題
〔SDBS Web より〕

以下の (a)〜(j) の ^{1}H NMR スペクトルチャートは，$C_9H_{10}O_2$ の分子式をもつ芳香族化合物 (a)〜(j) のものである．いずれもカルボニル基をもつ化合物であり，それぞれの化合物に特徴的な IR の吸収帯を以下に示した．それぞれの構造を推定し，シグナルを帰属しなさい．

IR の特性吸収帯
(a) 3060, 1699 cm^{-1}　　(b) 1743 cm^{-1}　　(c) 1682 cm^{-1}
(d) 1723 cm^{-1}　　(e) 1690 cm^{-1}　　(f) 1762 cm^{-1}
(g) 3032, 1705 cm^{-1}　　(h) 1767 cm^{-1}　　(i) 1712 cm^{-1}
(j) 1740 cm^{-1}

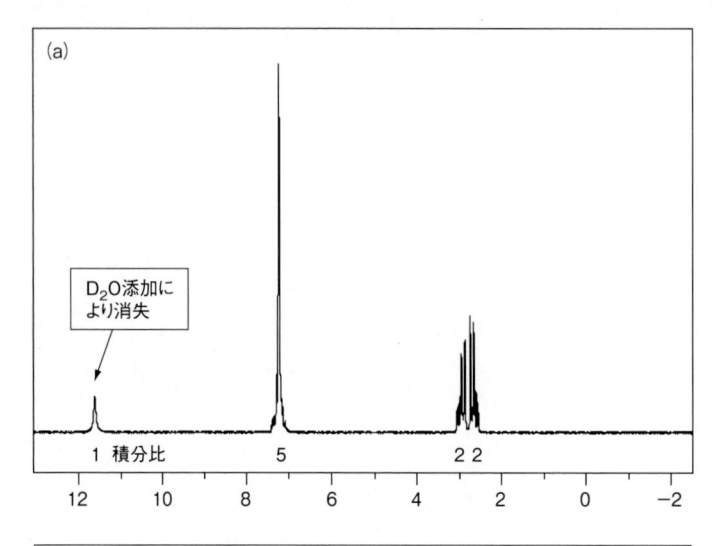

130　4　総合問題

(a)

D₂O添加により消失

積分比　1　　　5　　　2 2

12　10　8　6　4　2　0　-2

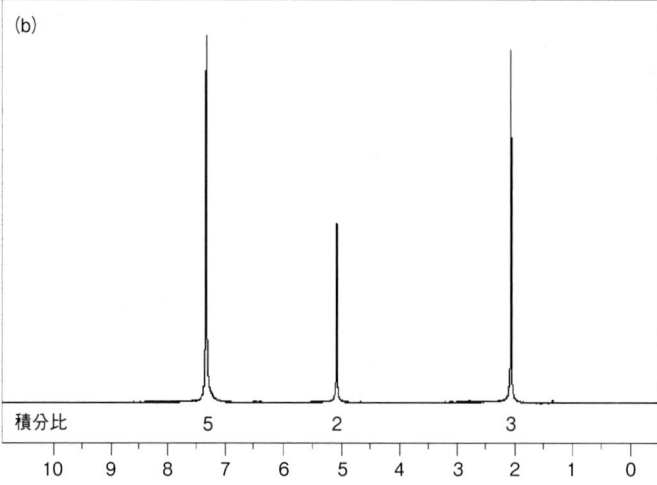

(b)

積分比　　　5　　　2　　　3

10　9　8　7　6　5　4　3　2　1　0

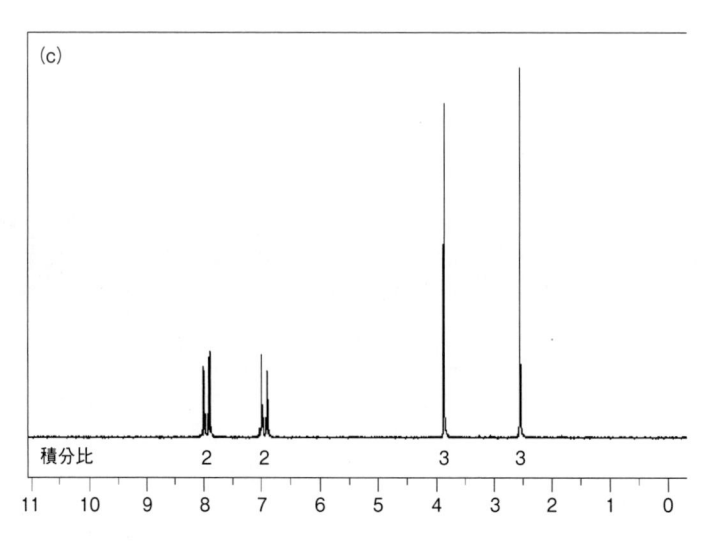

(c)

積分比　　2　2　　　3　3

11　10　9　8　7　6　5　4　3　2　1　0

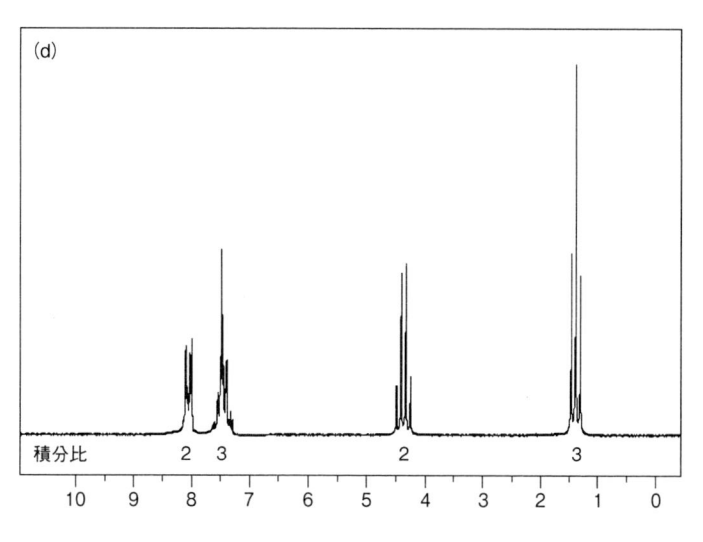

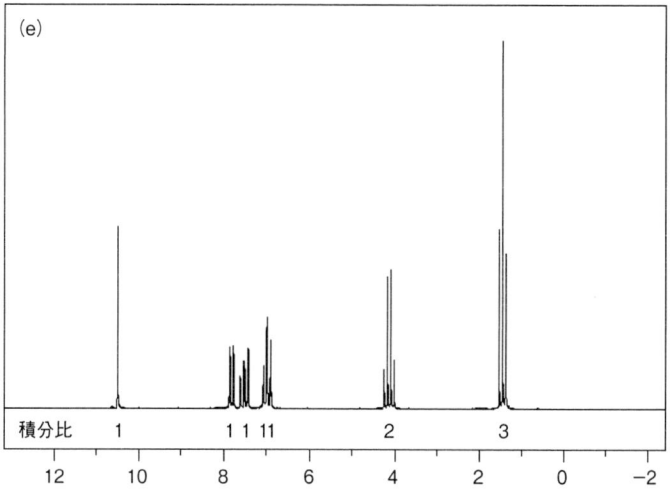

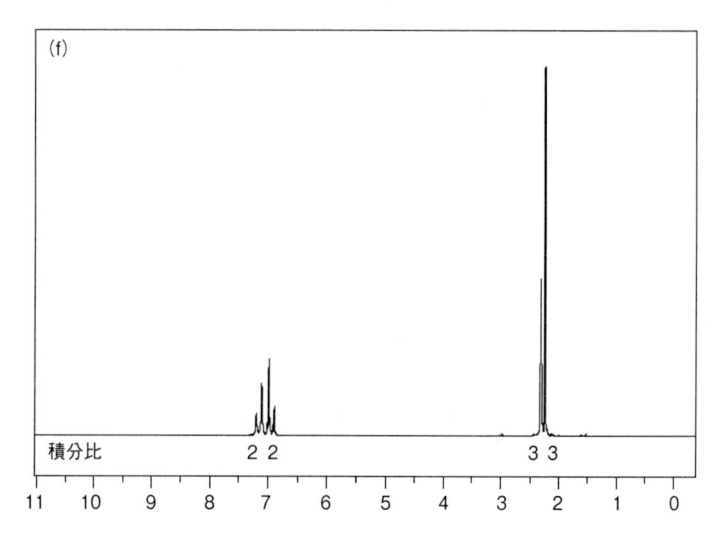

問題 4-10

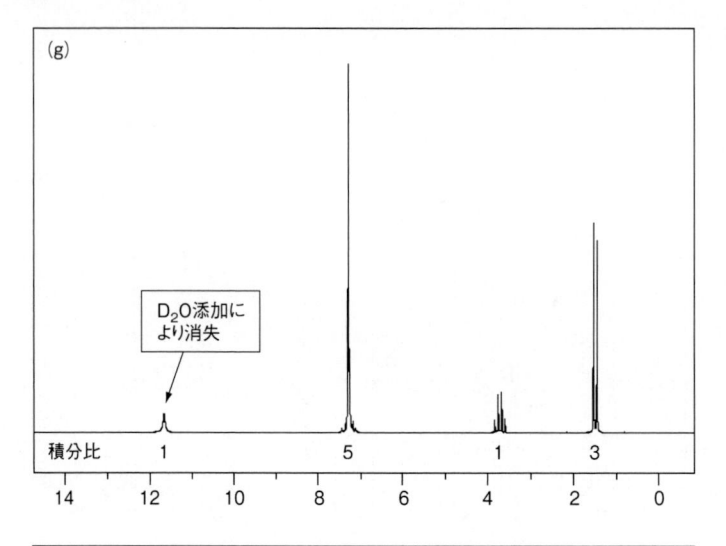

132 ❹ 総合問題

(g)

D₂O添加により消失

積分比 1   5   1   3
    14 12 10 8   6   4   2   0

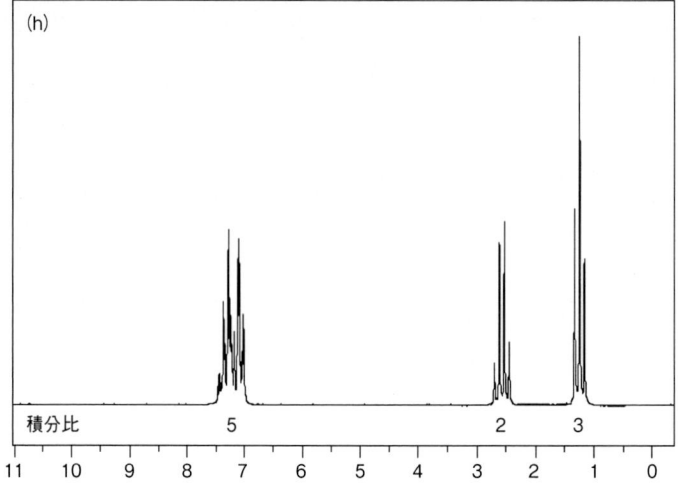

(h)

積分比   5   2   3
    11 10 9 8 7 6 5 4 3 2 1 0

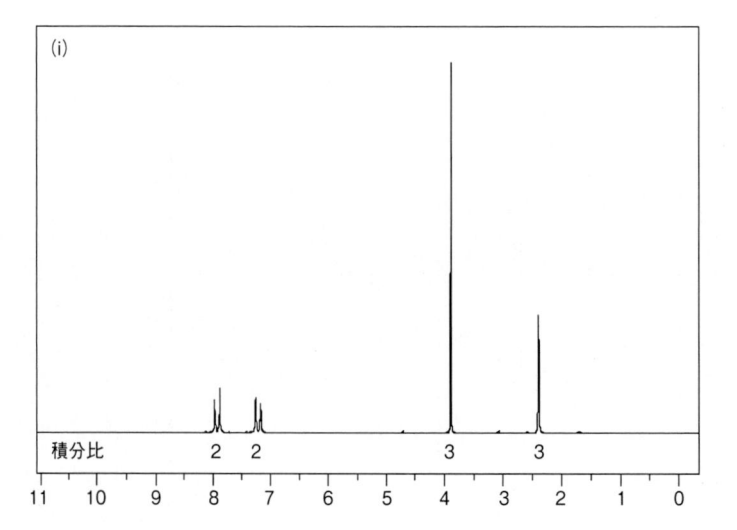

(i)

積分比   2 2   3   3
    11 10 9 8 7 6 5 4 3 2 1 0

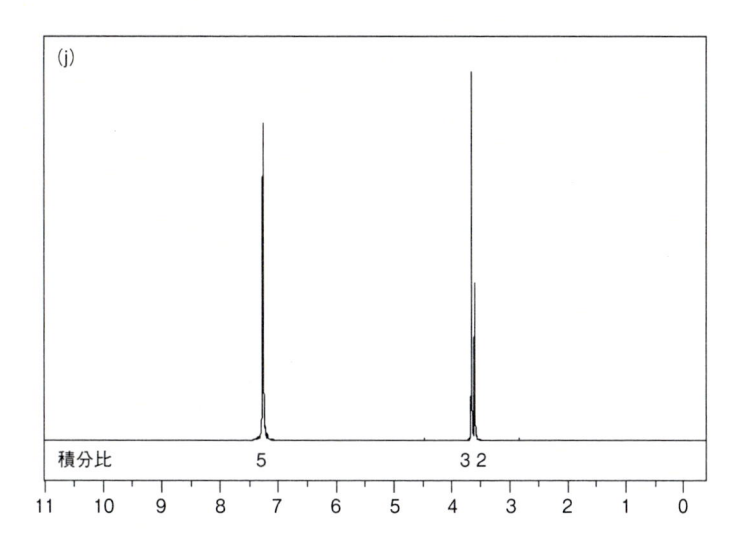

(j) のスペクトル

積分比: 5, 3 2

問題 4-11　総合問題
〔SDBSWeb より〕

以下の (a)〜(f) の ^{1}H NMR スペクトルチャートは，$C_{12}H_{16}O_2$ の分子式をもつ芳香族化合物 (a)〜(f) のものである．IR の特性吸収帯を以下に示した．それぞれの構造を推定し，シグナルを帰属しなさい．

IR の特性吸収帯

(a) 1722 cm^{-1}　　(b) 1738 cm^{-1}　　(c) 1735 cm^{-1}
(d) 1736 cm^{-1}　　(e) 1767 cm^{-1}　　(f) 1736 cm^{-1}

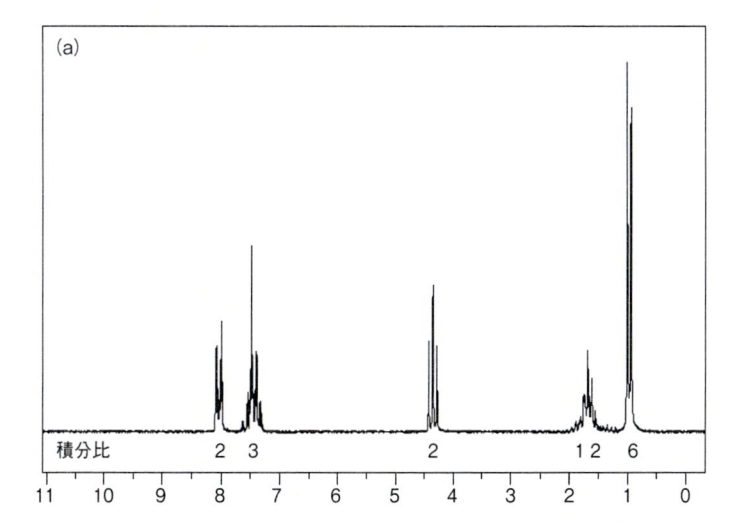

(a) のスペクトル

積分比: 2 3, 2, 1 2 6

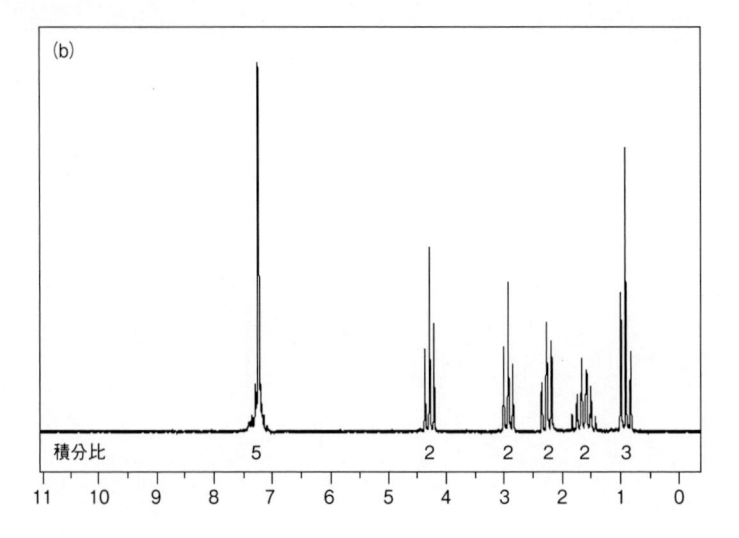

134 ❹ 総合問題

(b)

| 積分比 | 5 | | 2 | 2 | 2 | 2 | 3 |

11 10 9 8 7 6 5 4 3 2 1 0

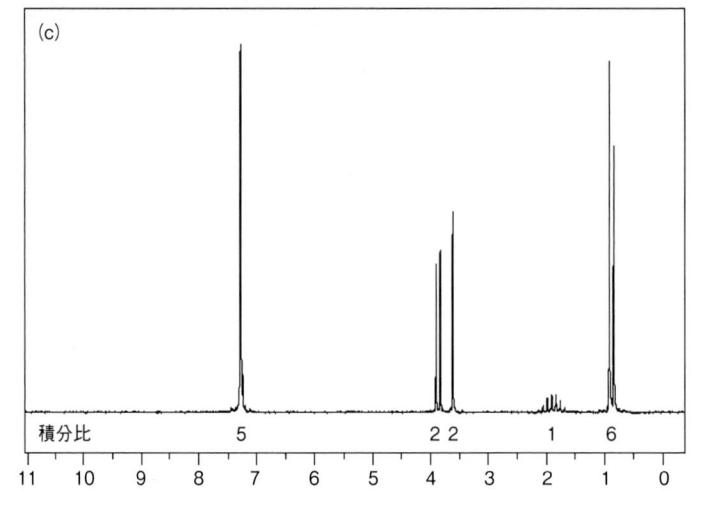

(c)

| 積分比 | 5 | | 2 | 2 | | 1 | 6 |

11 10 9 8 7 6 5 4 3 2 1 0

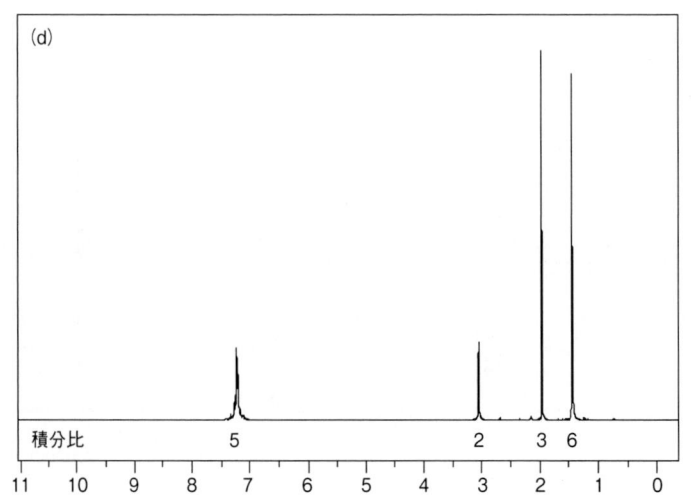

(d)

| 積分比 | 5 | | 2 | 3 | 6 |

11 10 9 8 7 6 5 4 3 2 1 0

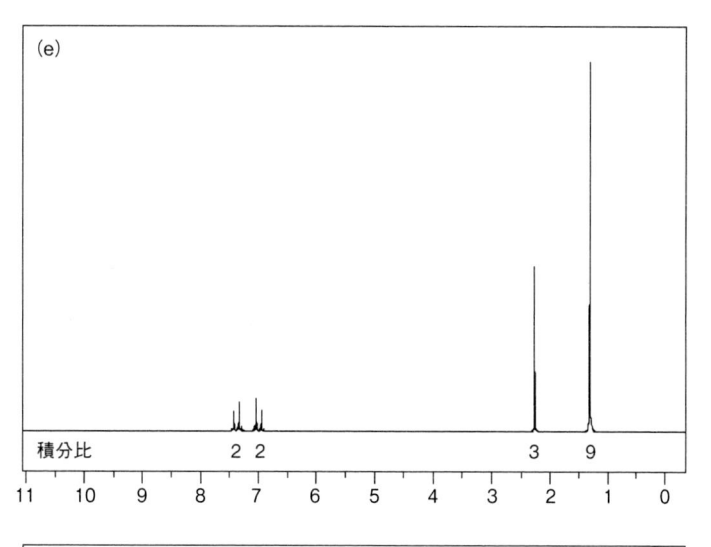

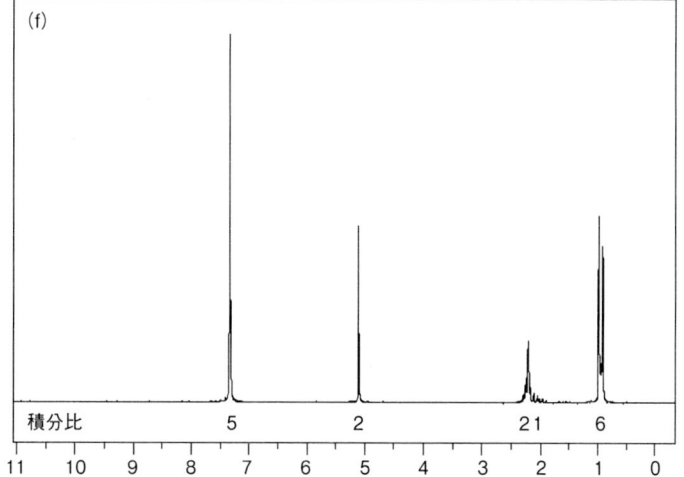

(e)

積分比: 2 2 3 9
(δ: ~7.3, ~6.9, ~2.2, ~1.3)

(f)

積分比: 5 2 2 1 6
(δ: ~7.2, ~5.0, ~2.1, ~1.8, ~0.9)

問題 4-12 総合問題

〔SDBSWebより〕

以下の(a)～(e)の ^{1}H NMR スペクトルチャートは，$C_9H_{11}NO_2$ の分子式をもつ芳香族化合物(a)～(e)のものである．IRの特性吸収帯を以下に示した．また，化合物(b)，(c)，(e)は，塩基性物質である．それぞれの構造を推定し，シグナルを帰属しなさい．

IRの特性吸収帯

(a) 3276, 1669 cm^{-1} (b) 3424, 1687 cm^{-1} (c) 3382, 1688 cm^{-1}
(d) 3318, 1705 cm^{-1} (e) 3482, 1690 cm^{-1}

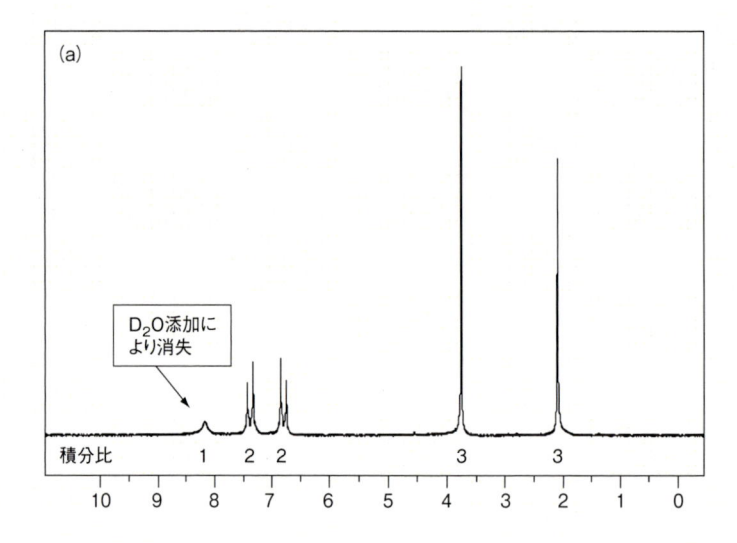

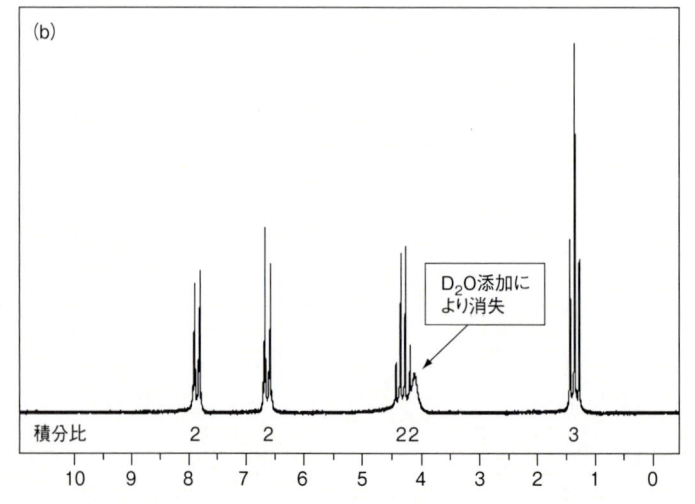

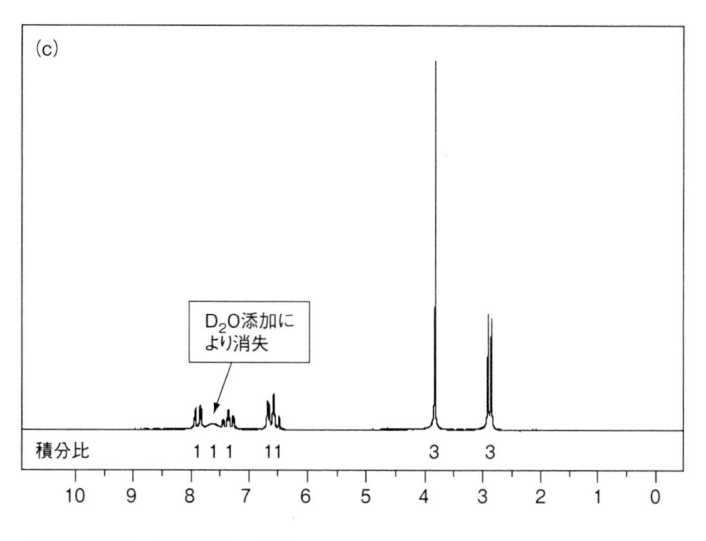

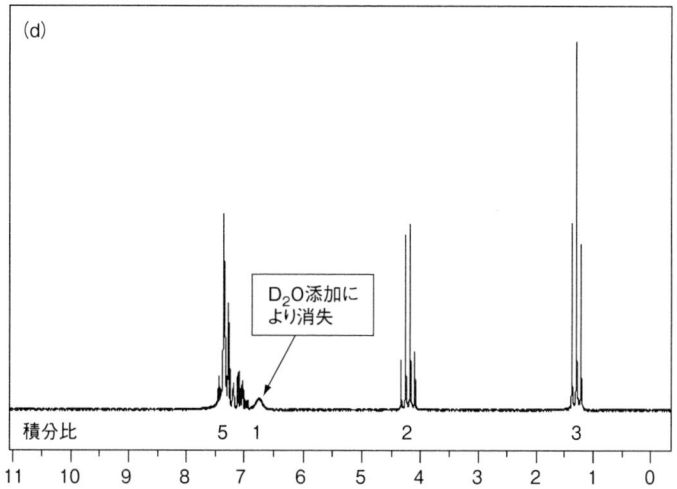

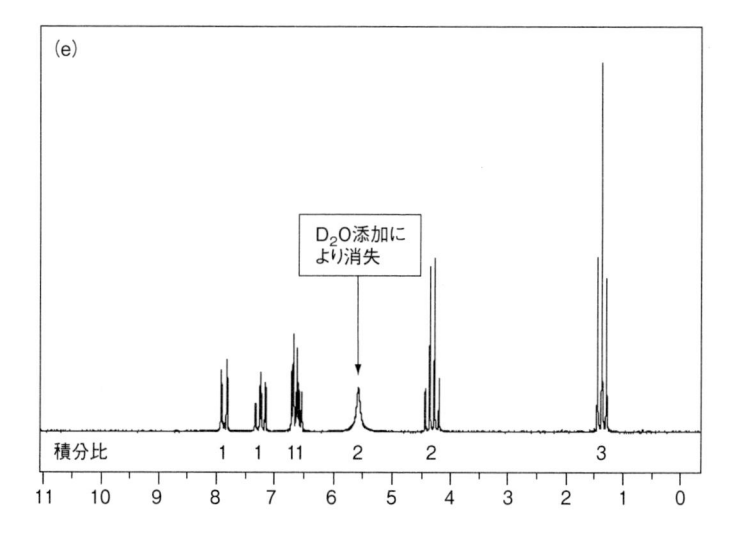

問題 4-12

問題 4-13 総合問題

〔SDBSWeb より〕

以下の(a)〜(i)の ^{1}H NMR スペクトルチャートは, $C_{11}H_{14}O_3$ の分子式をもつ芳香族化合物(a)〜(i)のものである. IR の特性吸収帯を以下に示した. それぞれの構造を推定し, シグナルを帰属しなさい.

IR の特性吸収帯

(a) 3191, 1673 cm^{-1} (b) 3387, 1681 cm^{-1} (c) 1742 cm^{-1}
(d) 3078, 1681 cm^{-1} (e) 1688 cm^{-1} (f) 3368, 1691 cm^{-1}
(g) 3374, 1682 cm^{-1} (h) 3187, 1676 cm^{-1} (i) 1759 cm^{-1}

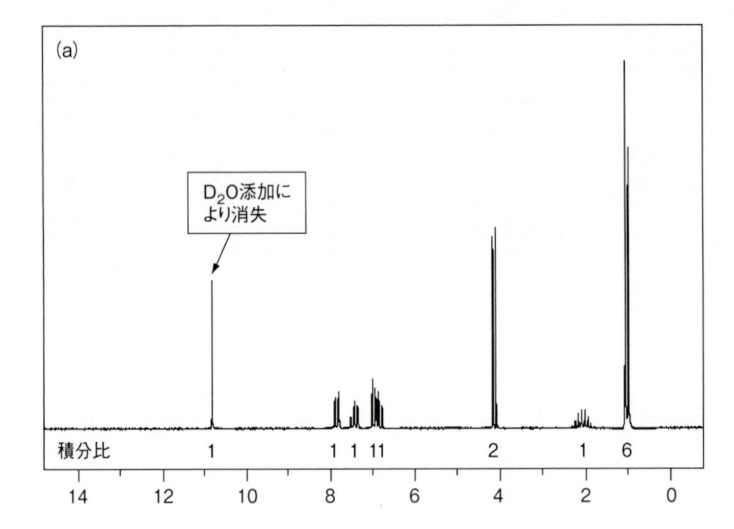

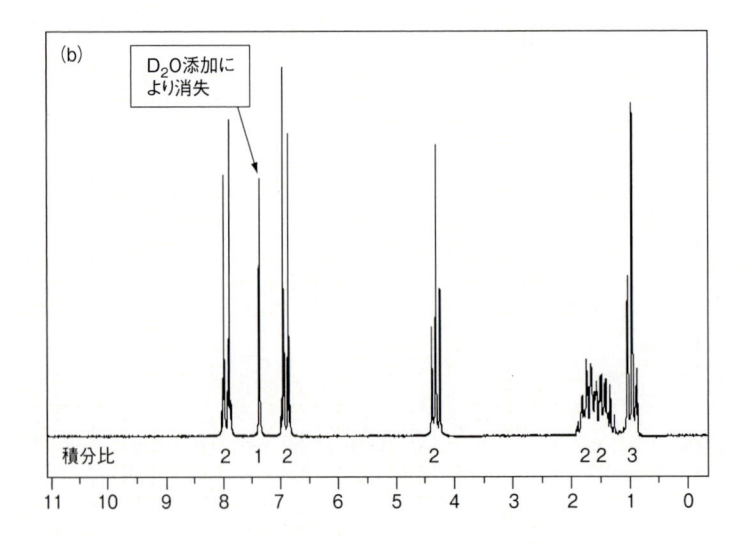

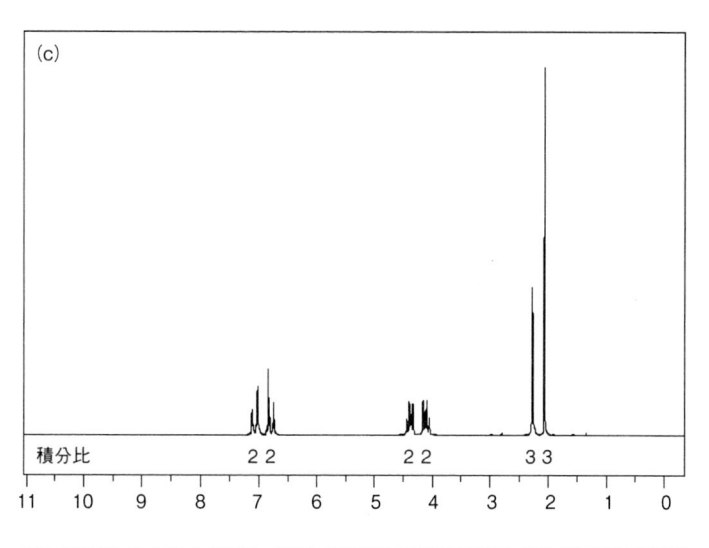

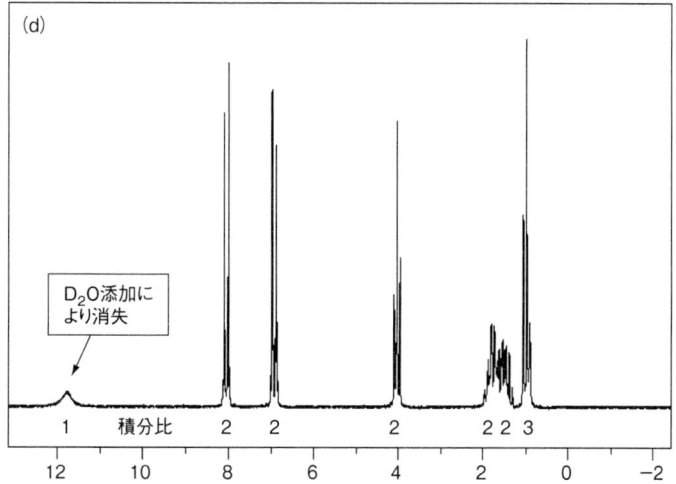

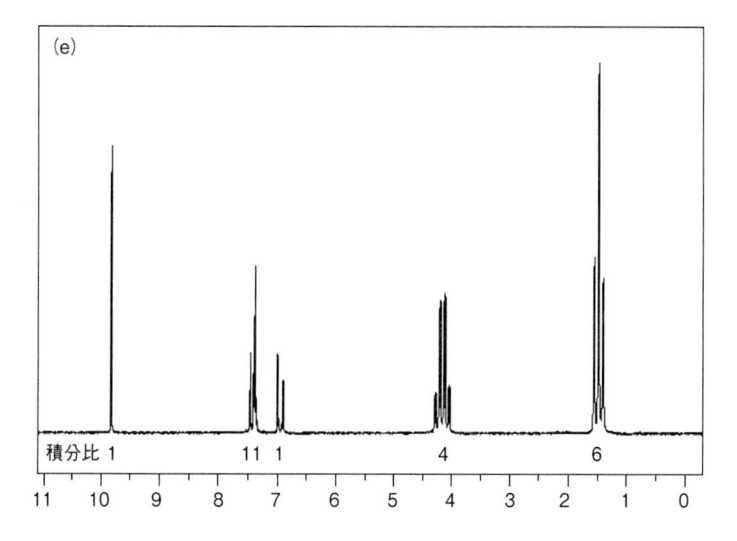

問題 4-13

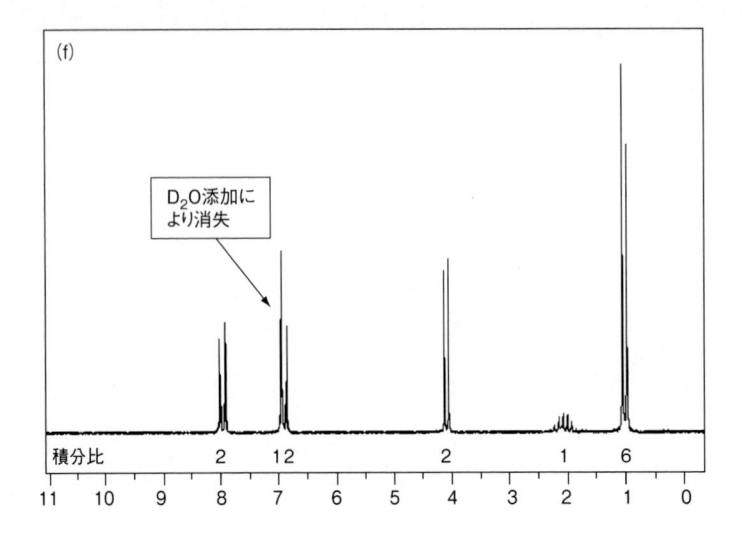

140 **4** 総合問題

(f)

D₂O添加により消失

積分比   2 1 2   2   1   6

11 10 9 8 7 6 5 4 3 2 1 0

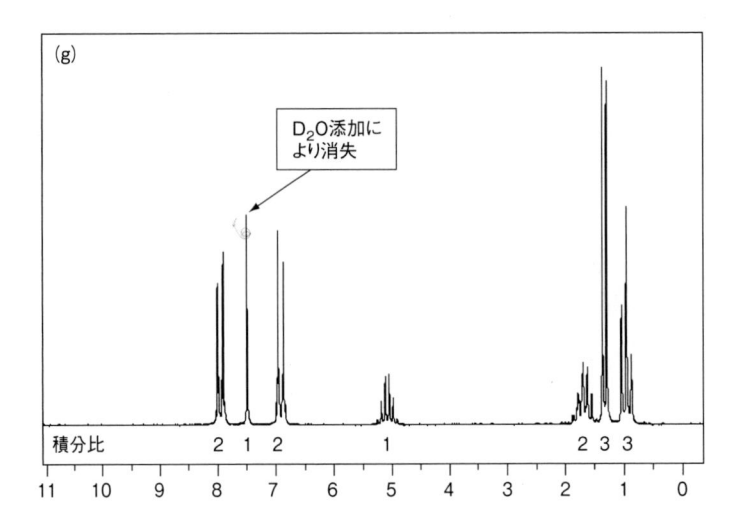

(g)

D₂O添加により消失

積分比   2 1 2   1   2 3 3

11 10 9 8 7 6 5 4 3 2 1 0

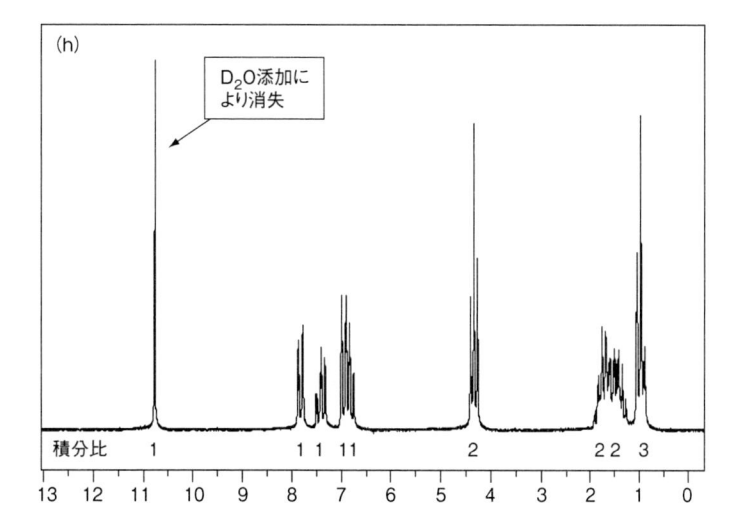

(h)

D₂O添加により消失

積分比 1   1 1 11   2   2 2 3

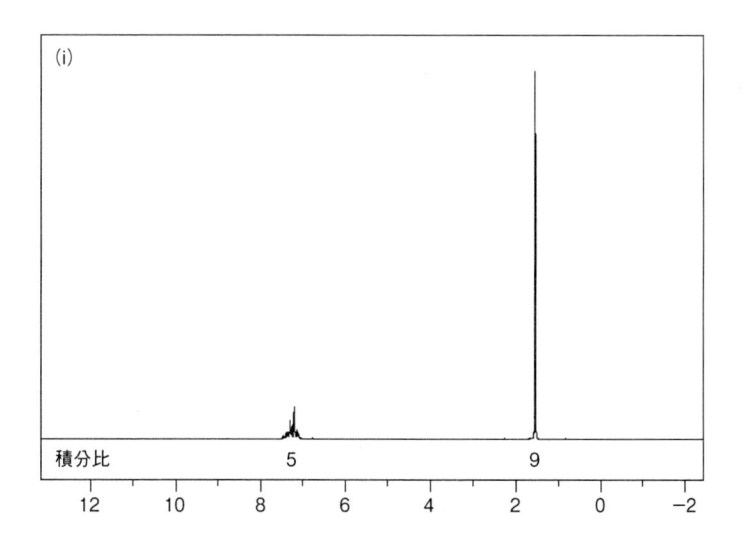

(i)

積分比   5   9

問題 4-14 総合問題
〔SDBSWebより〕

以下の (a) ~ (c) の ^{1}H NMR スペクトルチャートは, $C_{12}H_{14}O_4$ の分子式をもつ芳香族化合物(a)~(c)のものである. IR の特性吸収帯を以下に示した. それぞれの構造を推定し, シグナルを帰属しなさい.

IRの特性吸収帯
(a) 1727 cm^{-1}　　(b) 1727 cm^{-1}　　(c) 1749, 1683 cm^{-1}

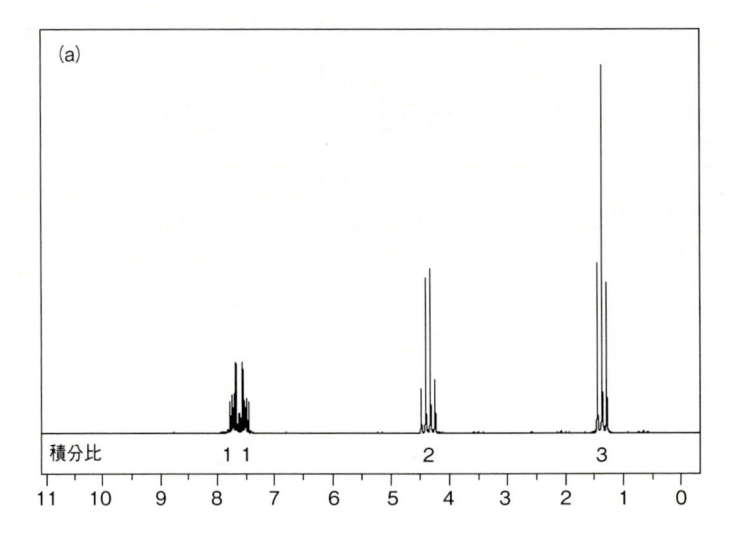

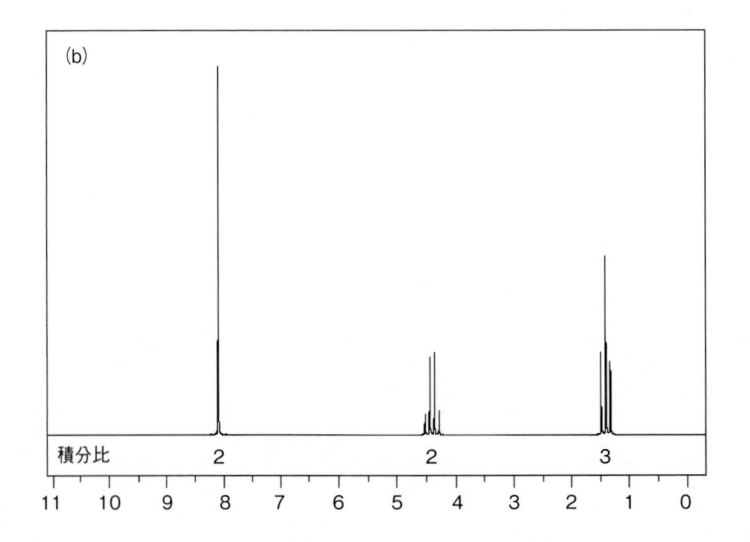

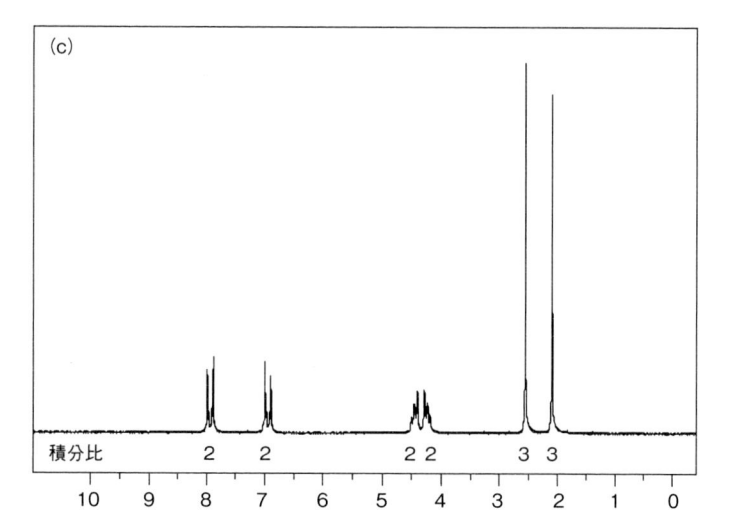

(c)

積分比: 2, 2, 2, 2, 3, 3

問題 4-15 　総合問題

次の MS，IR，^{1}H NMR（90 MHz），^{13}C NMR スペクトルを示す化合物の構造式を書きなさい．

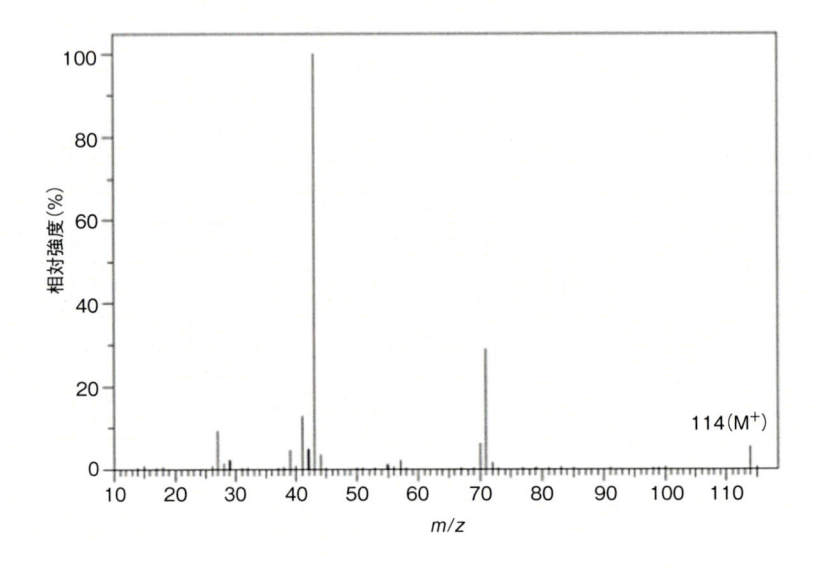

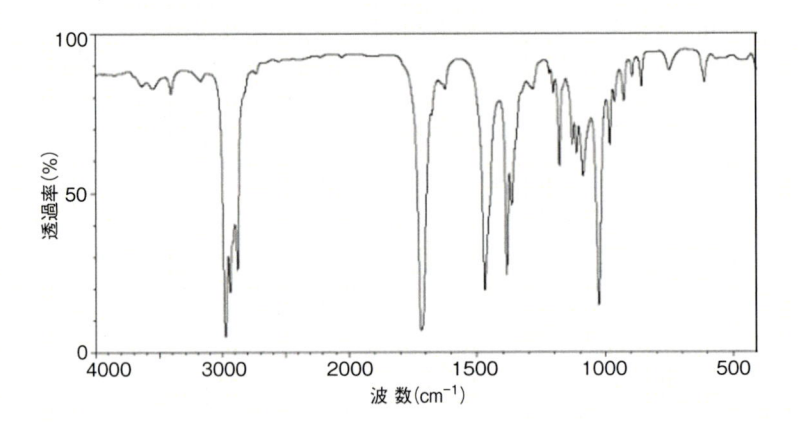

〔SDBSWeb より〕

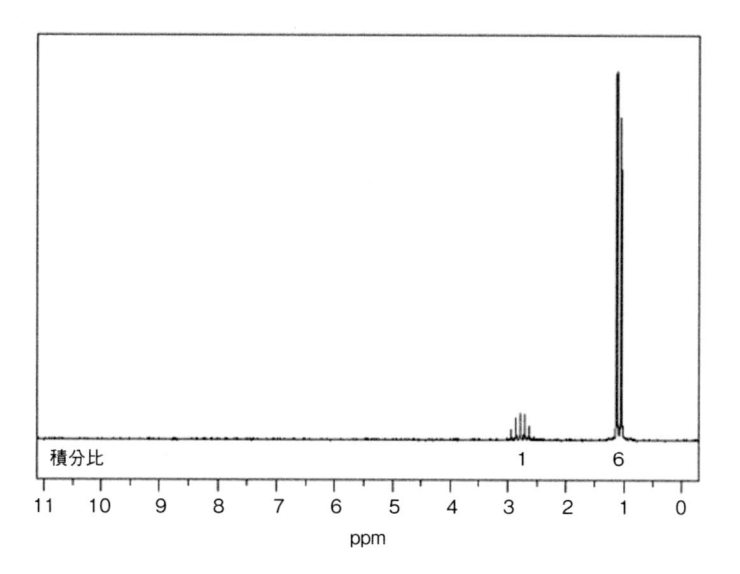

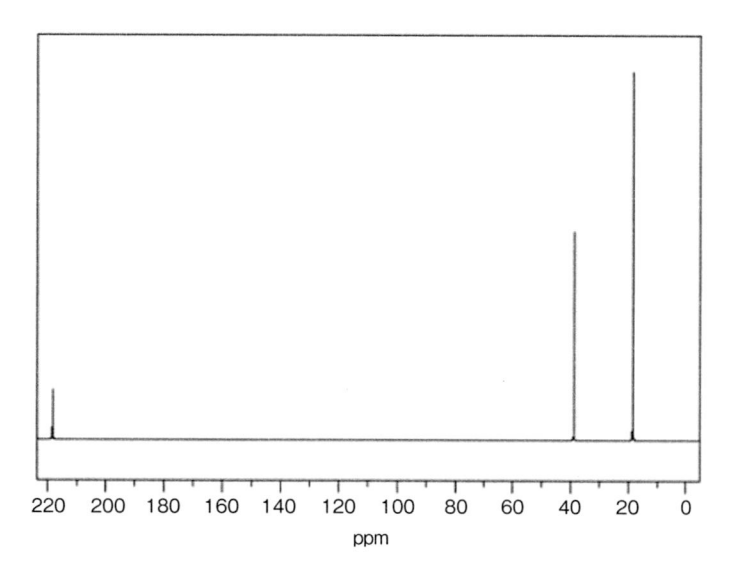

問題 4-15

積分比　　　　　　　　　1　　6

問題 4-16　総合問題

〔SDBSWebより〕

次の MS, IR, ^{1}H NMR (90 MHz), ^{13}C NMR スペクトルを示す化合物の構造式を書きなさい.

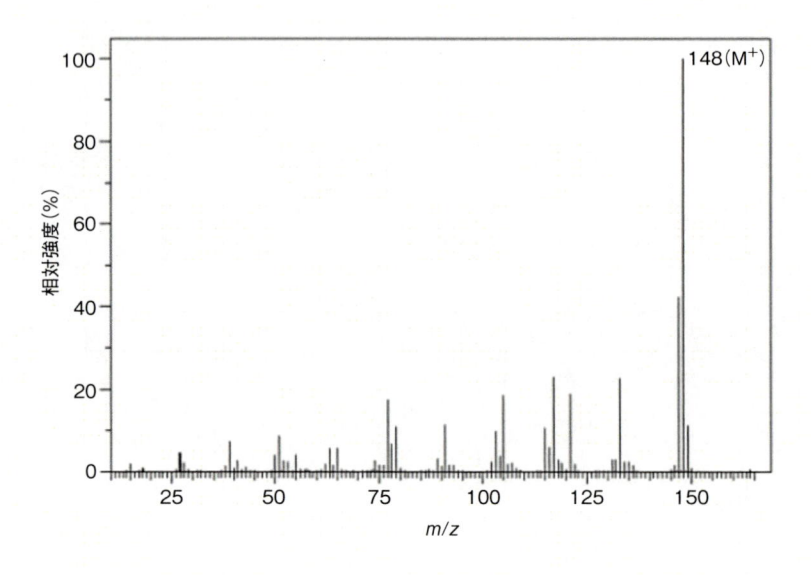

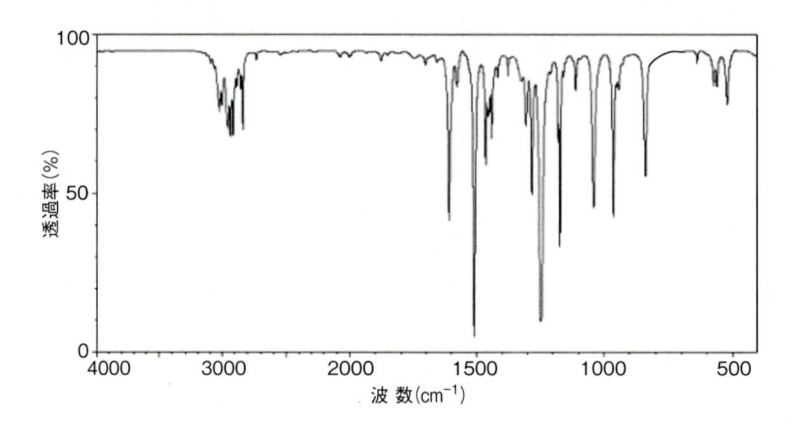

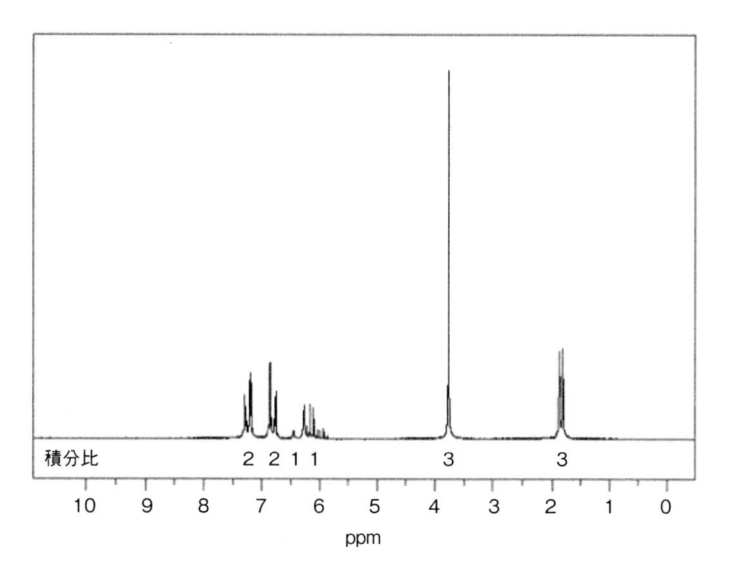

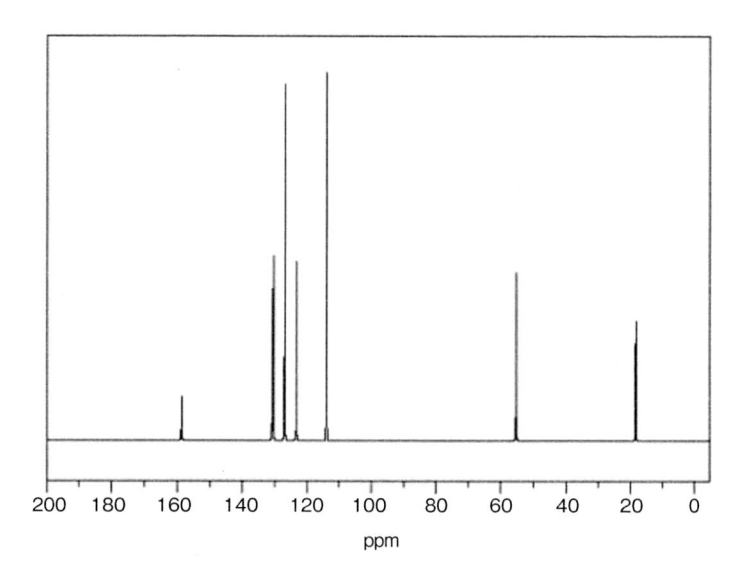

問題 4-16

積分比　　　2 2 1 1　　　3　　　3

問題 4-17 総合問題

〔SDBSWeb より〕

次の MS，IR，^{1}H NMR（90 MHz），^{13}C NMR スペクトルを示す化合物の構造式を書きなさい．

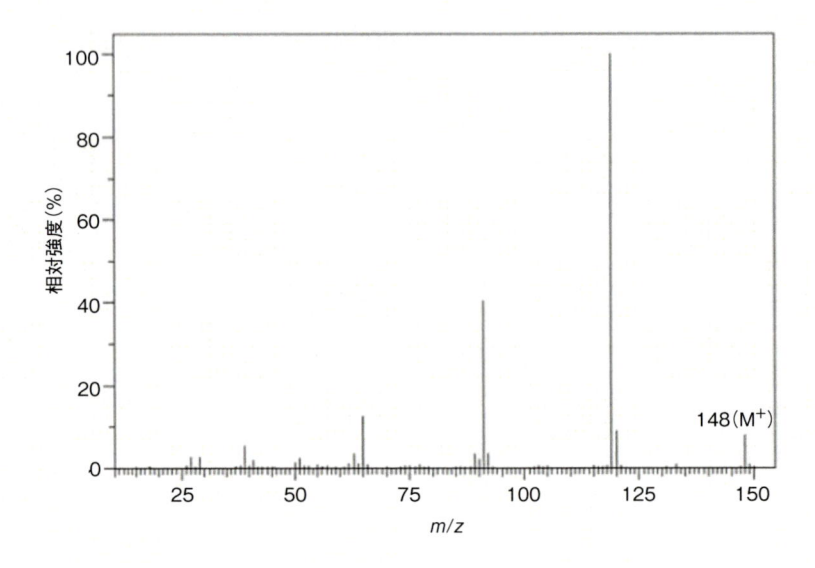

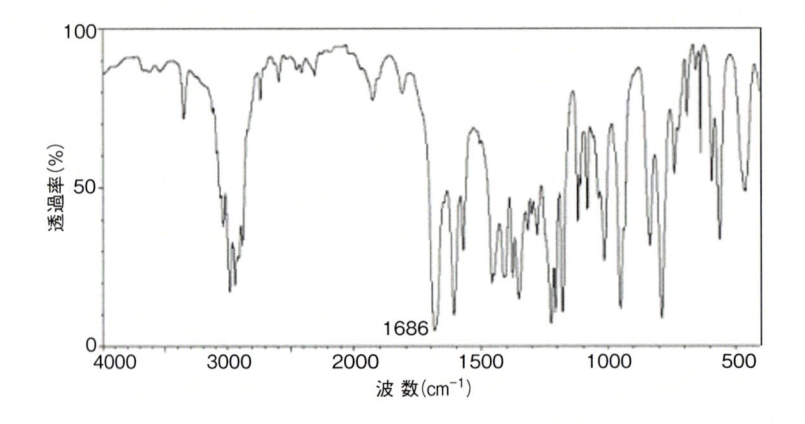

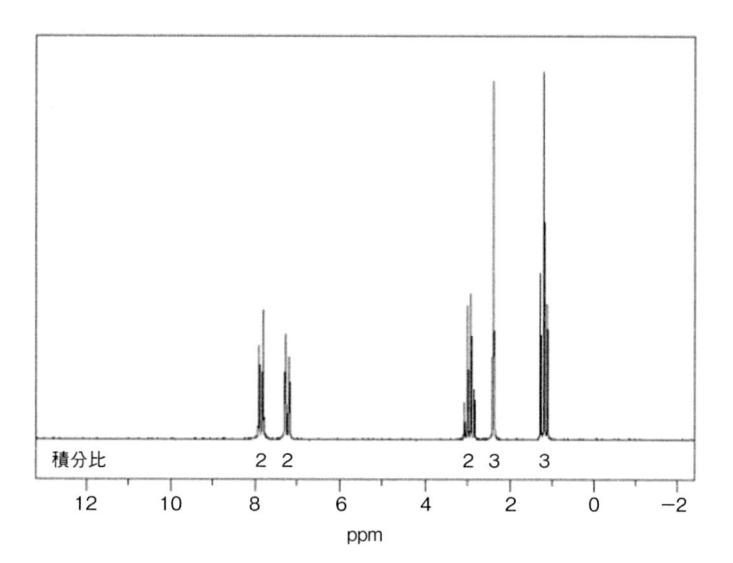

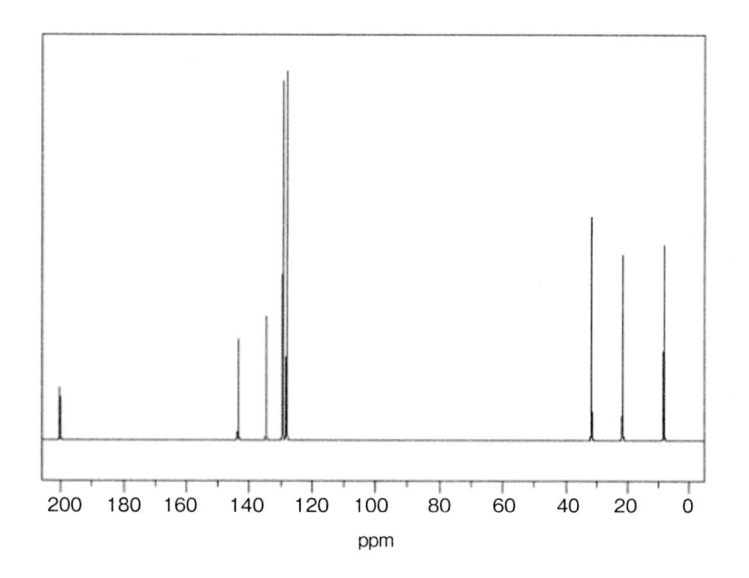

問題 4-17

問題 4-18 総合問題

〔SDBSWeb より〕

次の MS, IR, ^{1}H NMR (90 MHz), ^{13}C NMR スペクトルを示す化合物の構造式を書きなさい.

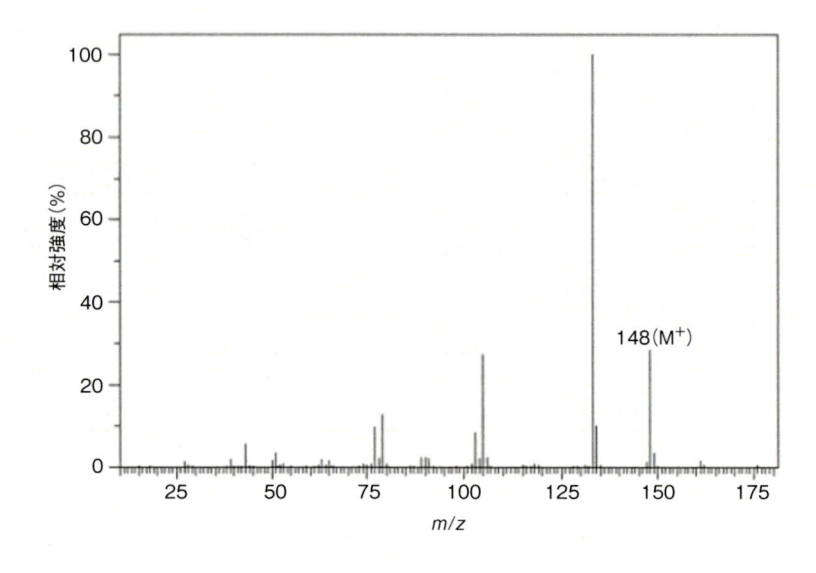

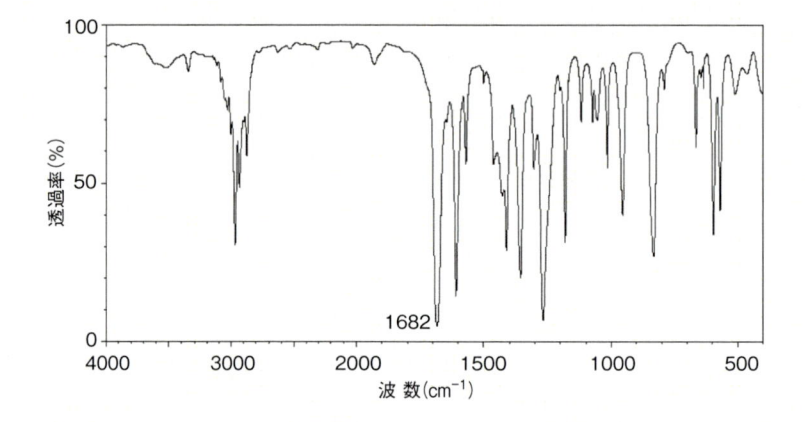

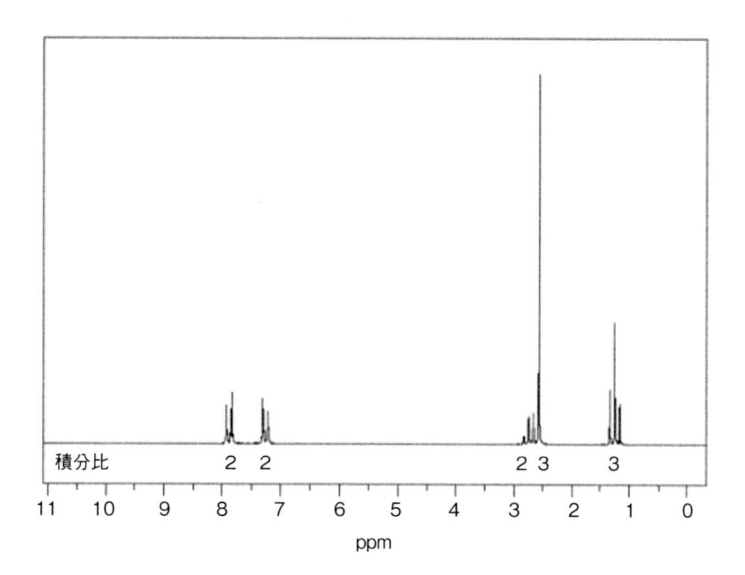

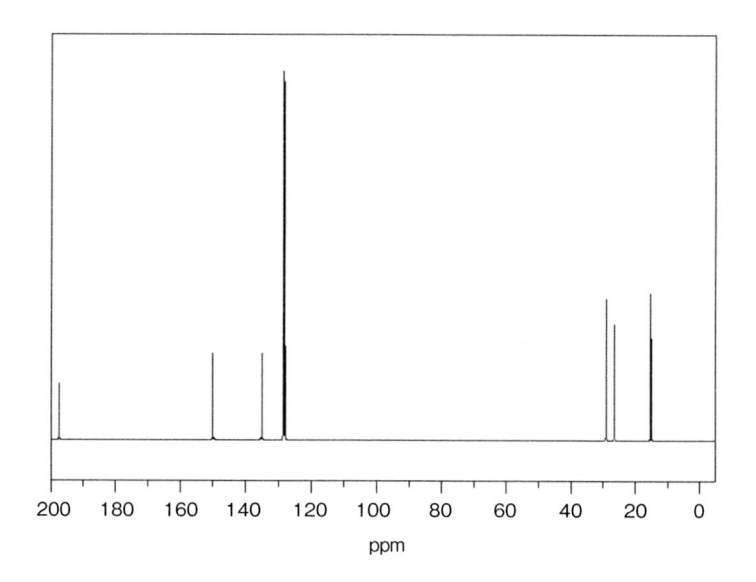

問題 4-18

積分比　　　　　2　2　　　　　　　2 3　　3

問題 4-19 総合問題

次の MS, IR, ^{1}H NMR (90 MHz), ^{13}C NMR スペクトルを示す化合物の構造式を書きなさい.

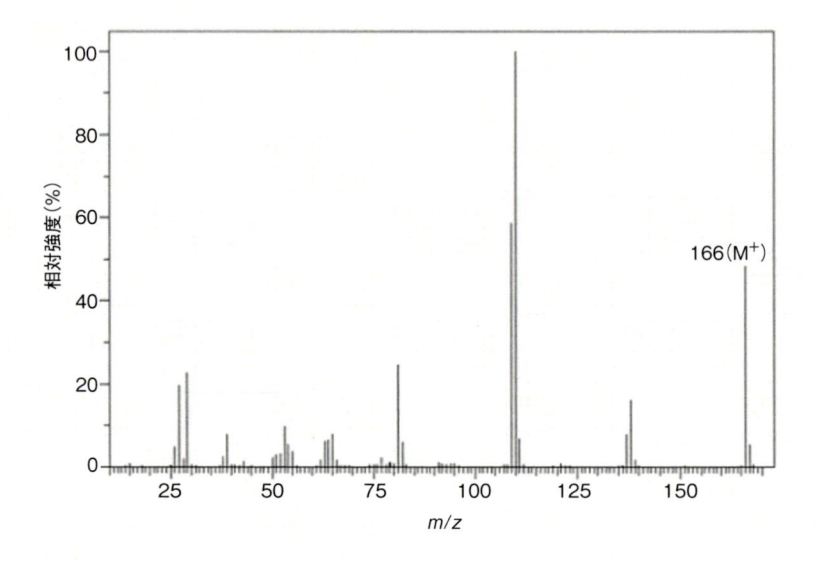

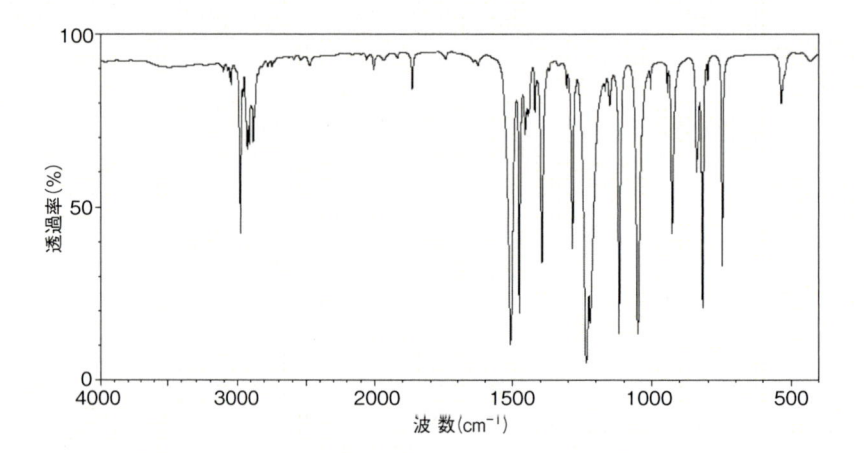

〔SDBSWeb より〕

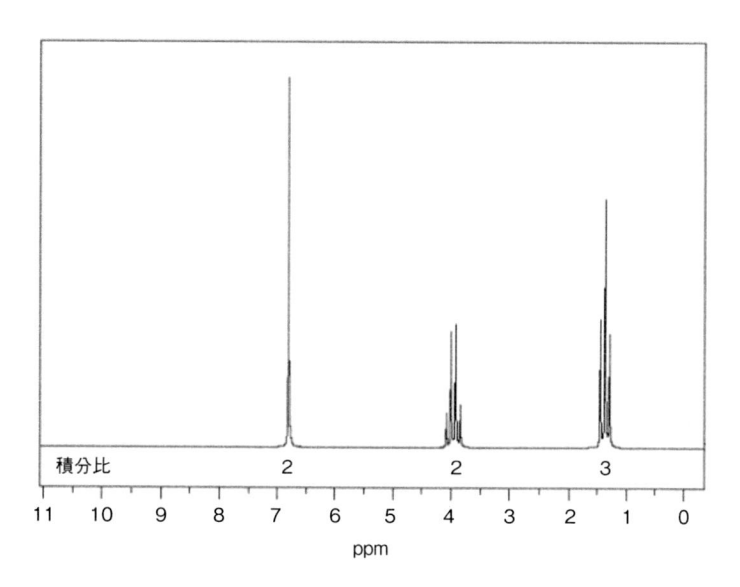

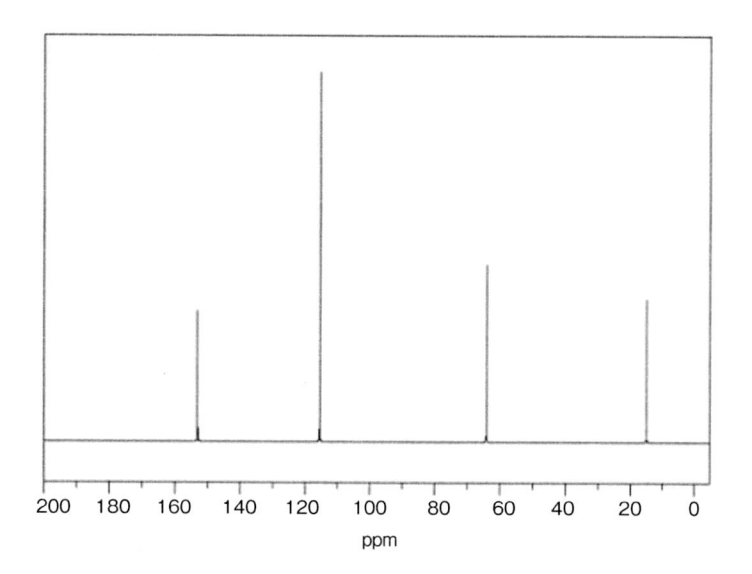

問題 4-19

問題 4-20 総合問題　次の MS, IR, ^{1}H NMR (90 MHz), ^{13}C NMR スペクトルを示す化合物の構造式を書きなさい.

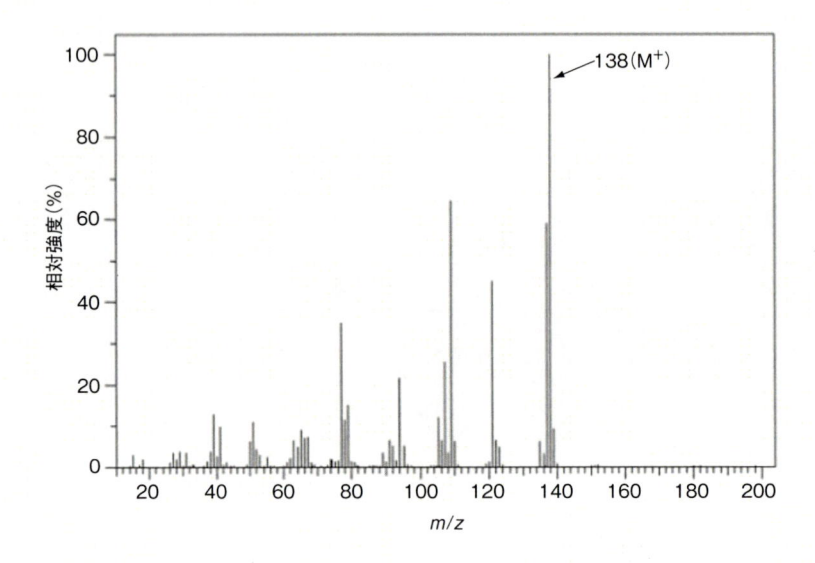

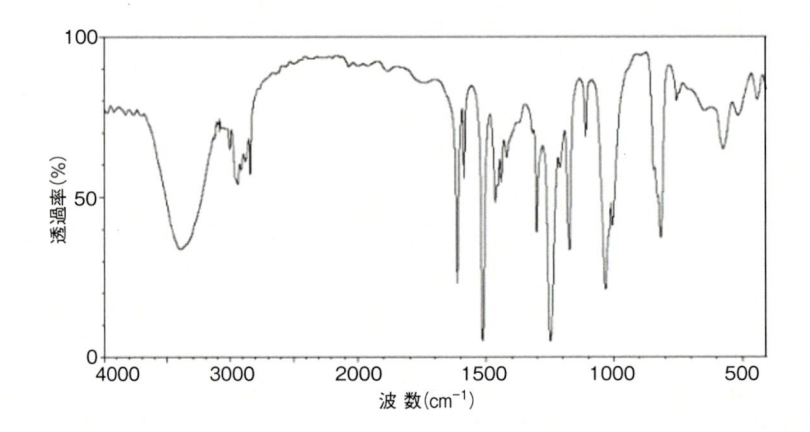

〔SDBSWeb より〕

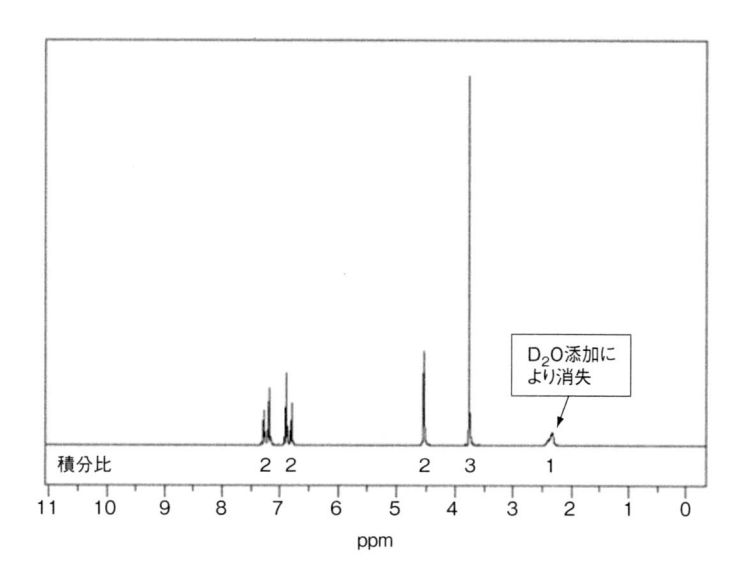

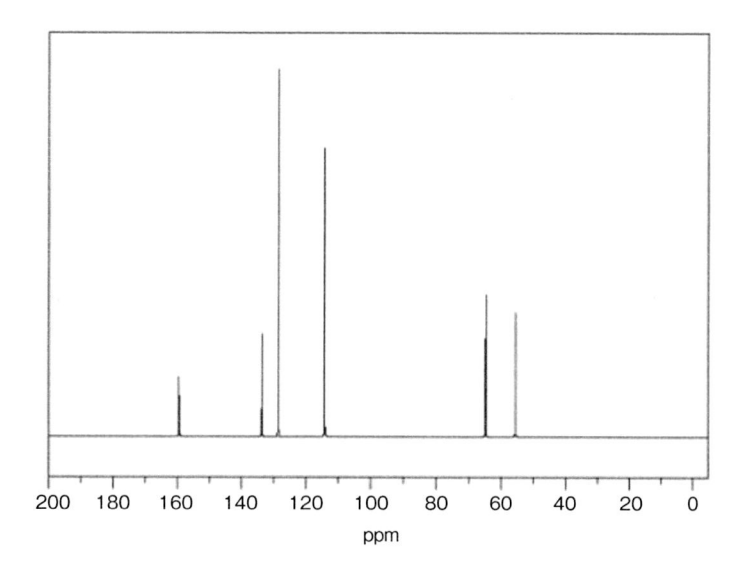

問題 4-20

積分比: 2, 2, 2, 3, 1 (D₂O添加により消失)

問題 4-21 総合問題

[SDBSWeb より]

次の MS, IR, ^{1}H NMR (90 MHz), ^{13}C NMR スペクトルを示す化合物の構造式を書きなさい.

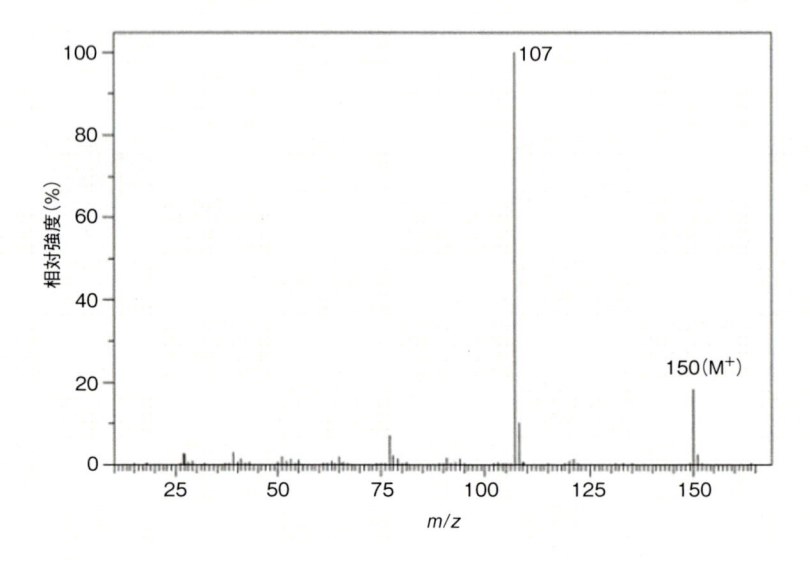

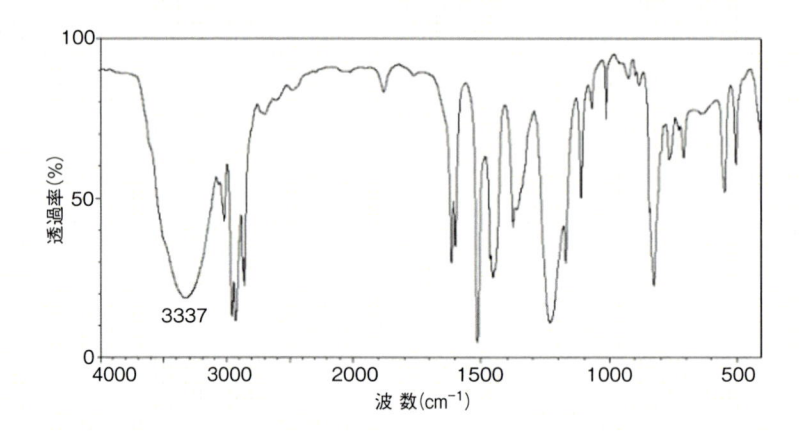

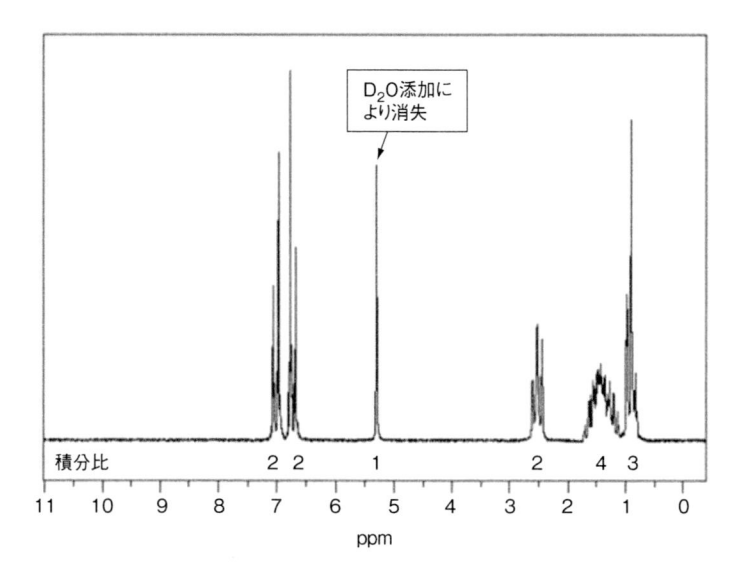

問題 4-21

D₂O添加により消失

積分比: 2 2 1 2 4 3

ppm

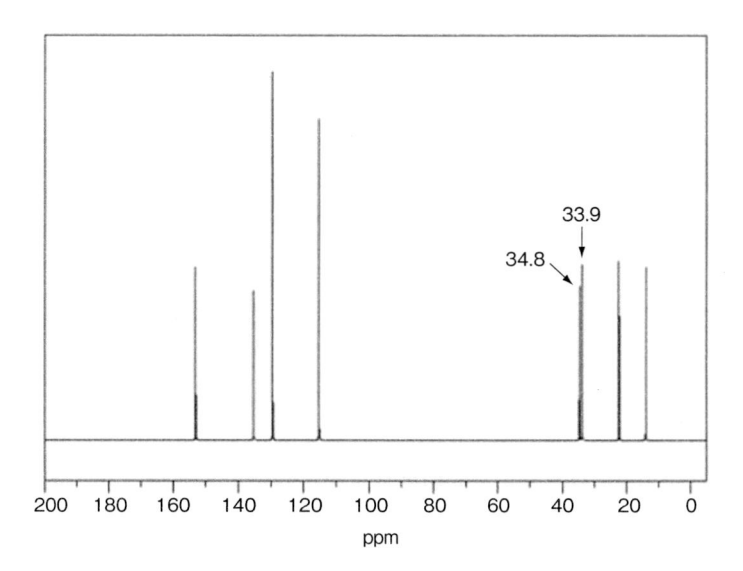

33.9
34.8

ppm

問題 4-22　総合問題

〔SDBSWeb より〕

次の MS, IR, ^{1}H NMR(90 MHz, 400 MHz), ^{13}C NMR スペクトルを示す化合物の構造式を書きなさい.

d = doublet(二重線), t = triplet(三重線).

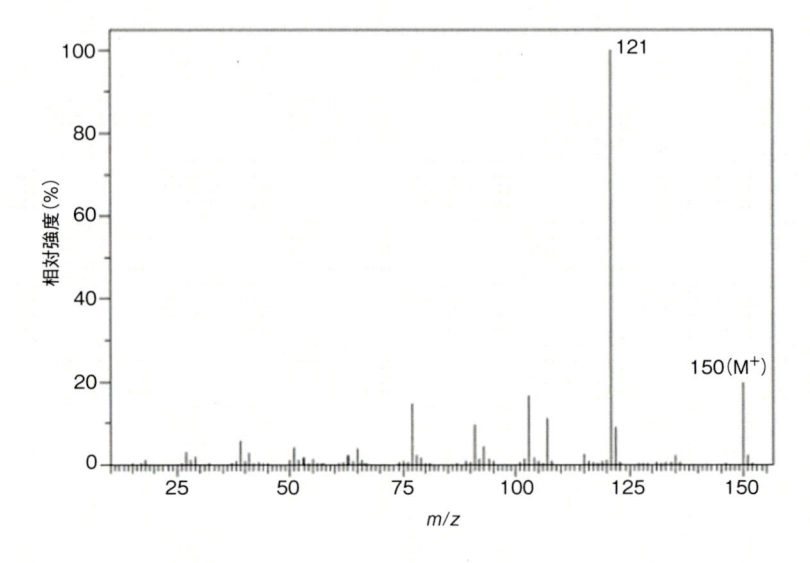

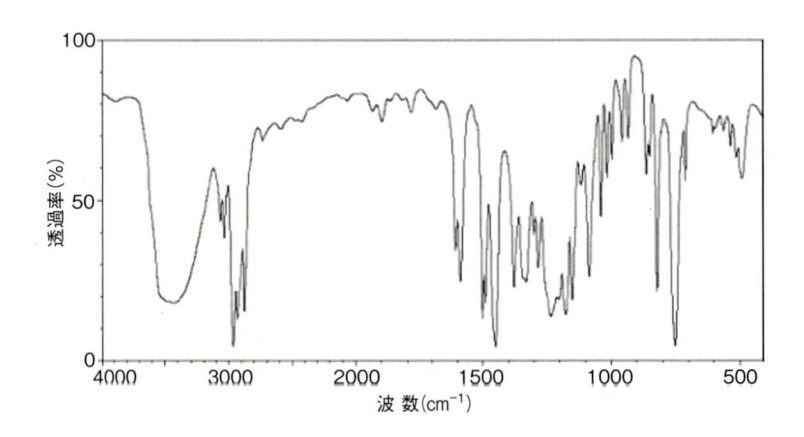

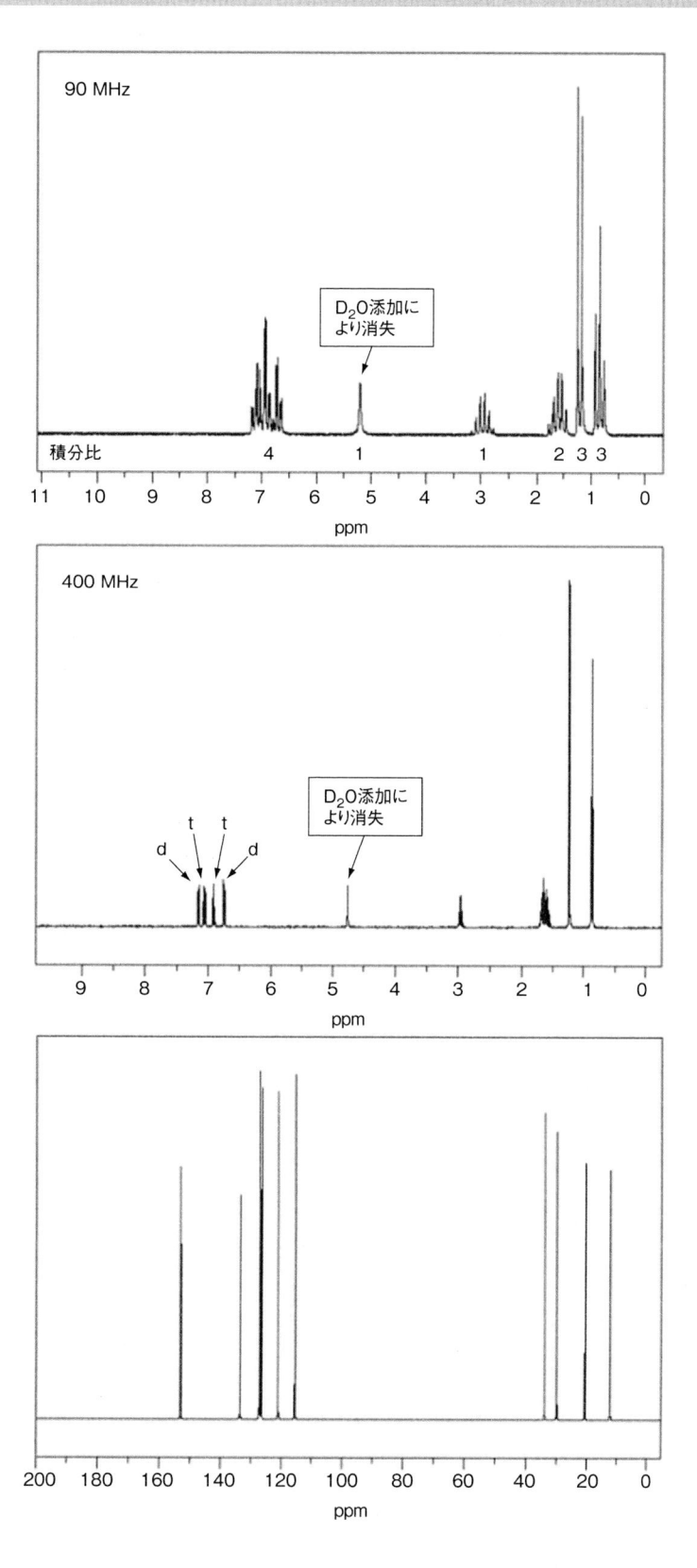

問題 4-22

90 MHz

D₂O添加により消失

積分比 4 1 1 2 3 3

400 MHz

d t t d

D₂O添加により消失

問題 4-23 総合問題

〔SDBSWebより〕

次のMS, IR, ^{1}H NMR (90 MHz), ^{13}C NMR スペクトルを示す化合物の構造式を書きなさい.

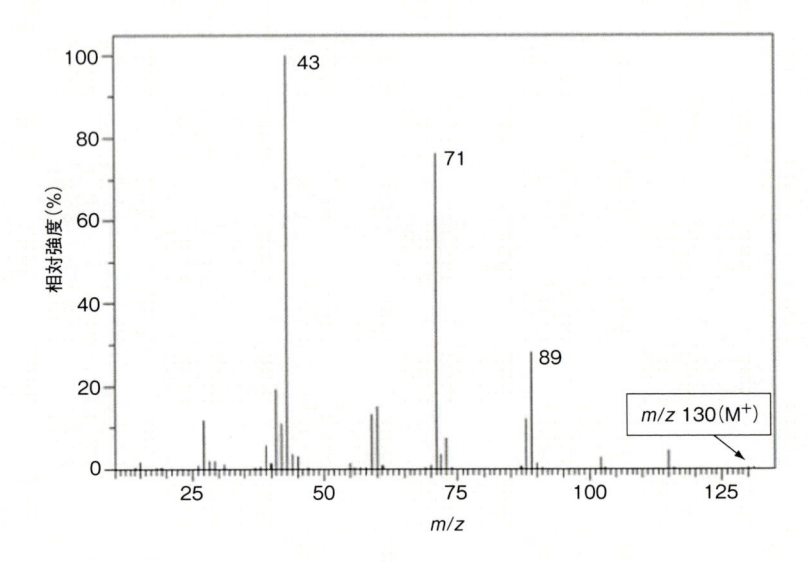

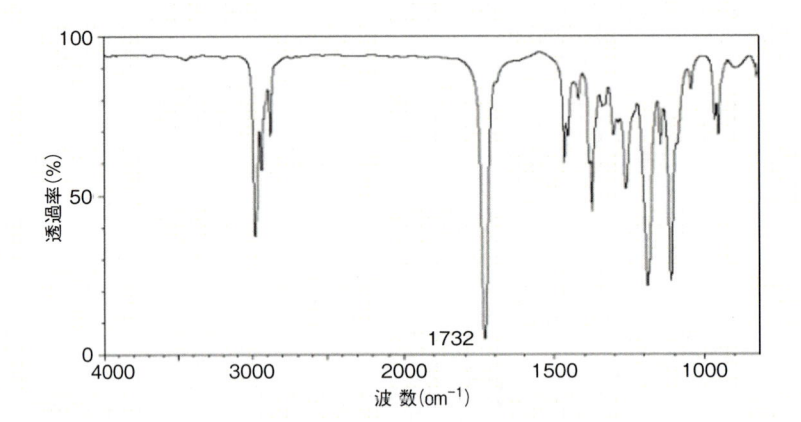

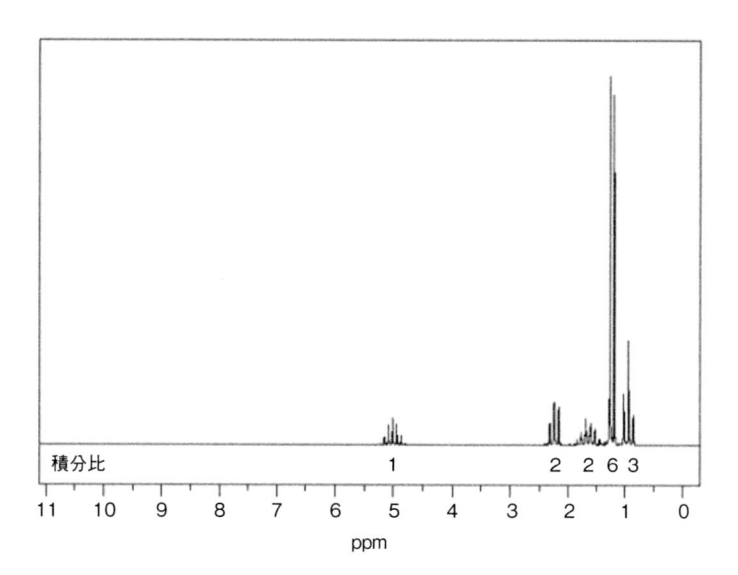

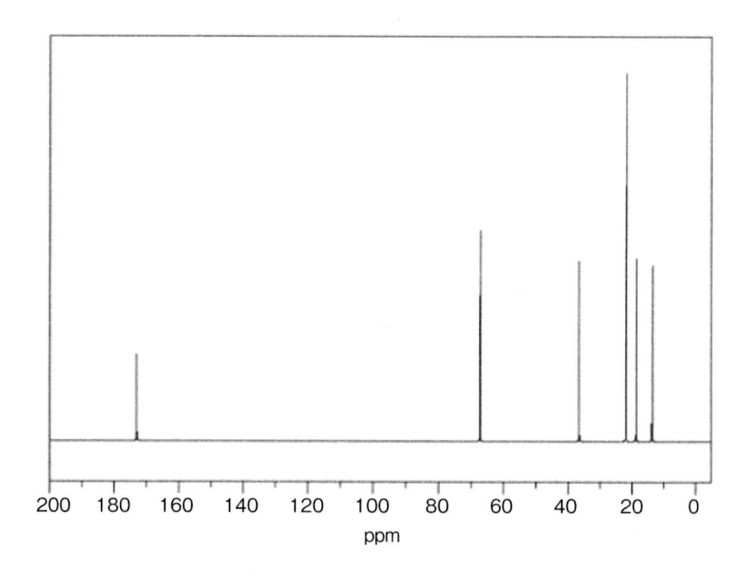

問題 4-23

積分比: 1 (~5 ppm), 2, 2, 6, 3 (~2-1 ppm)

問題 4-24 総合問題

次の MS, IR, ¹H NMR (90 MHz), ¹³C NMR スペクトルを示す化合物の構造式を書きなさい.

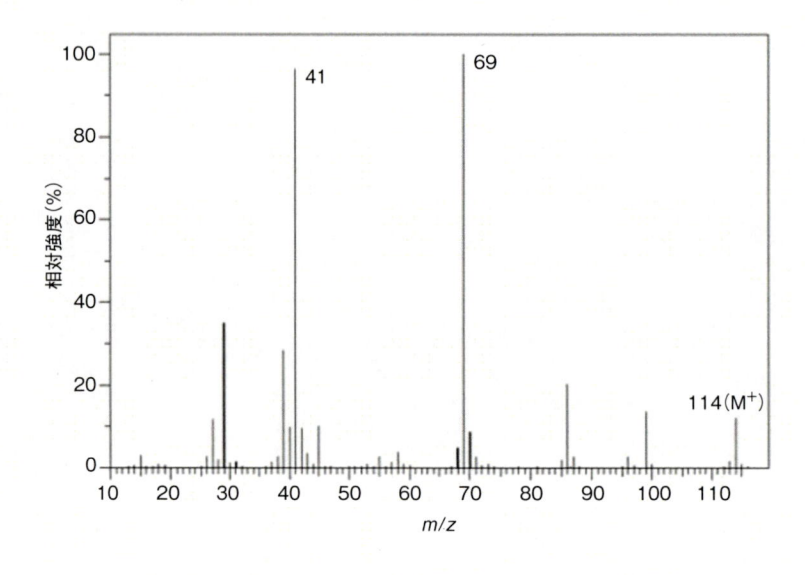

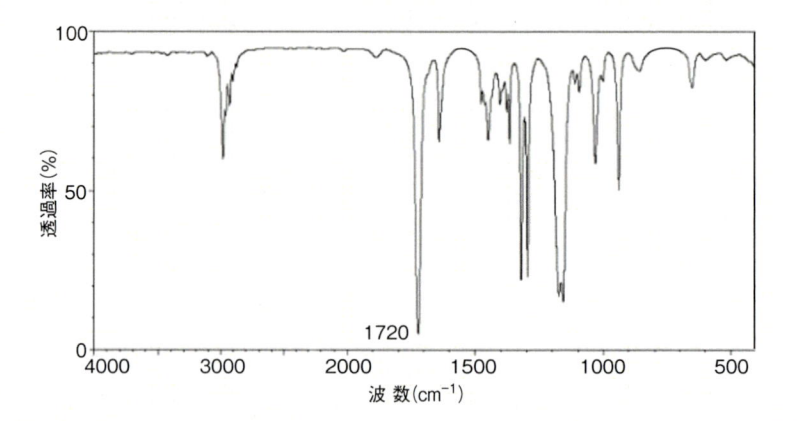

〔SDBSWeb より〕

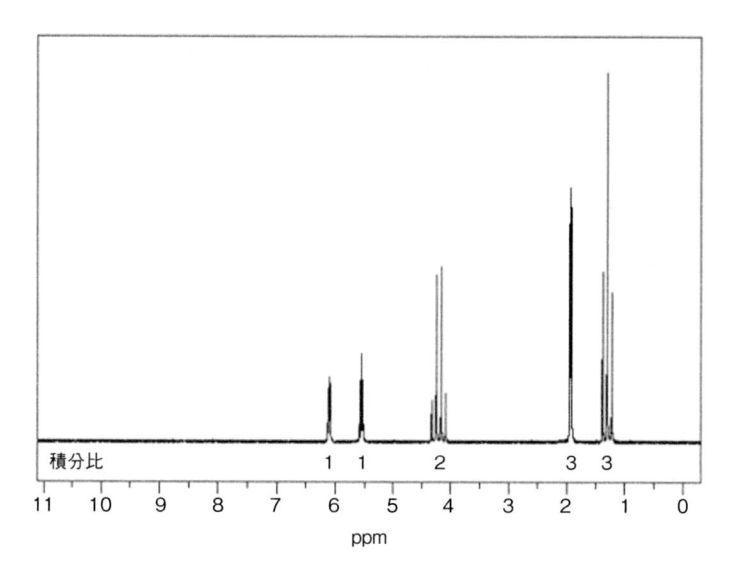

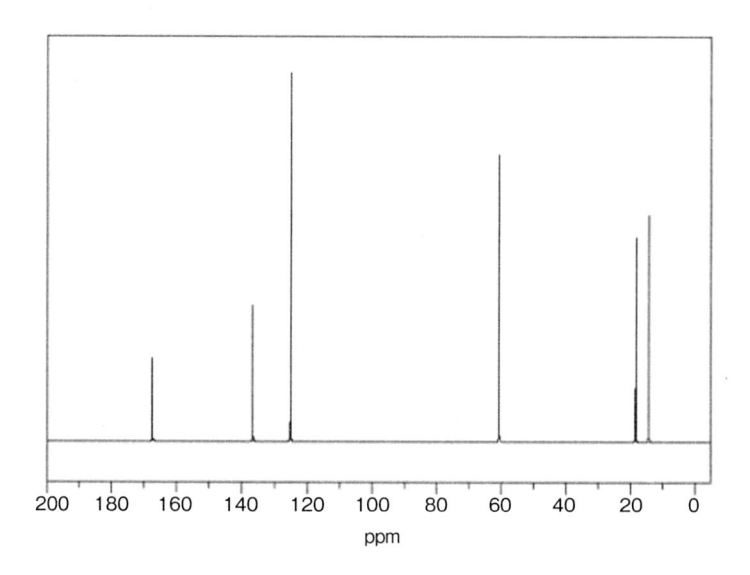

問題 4-24

問題 4-25 総合問題　次の MS, IR, ^{1}H NMR (90 MHz), ^{13}C NMR スペクトルを示す化合物の構造式を書きなさい.

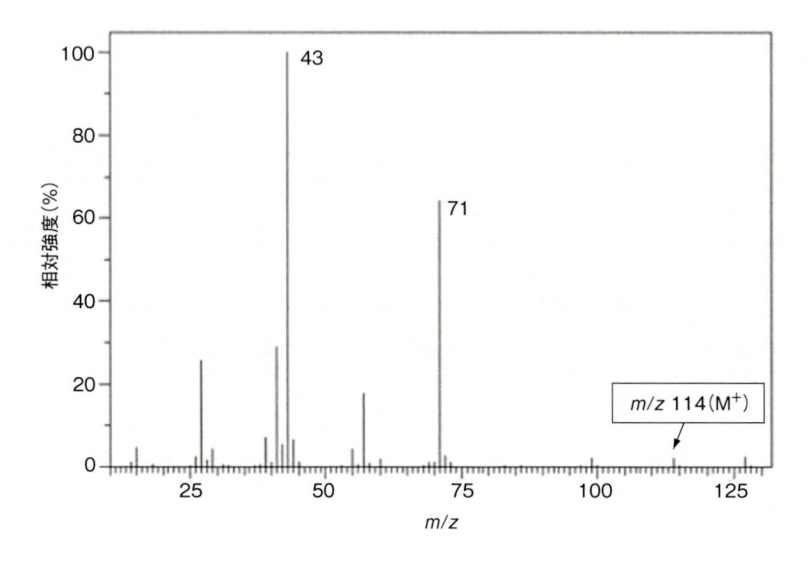

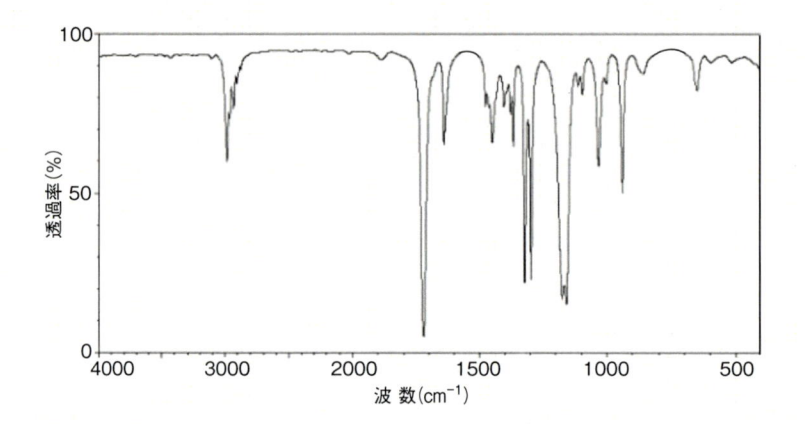

〔SDBSWeb より〕

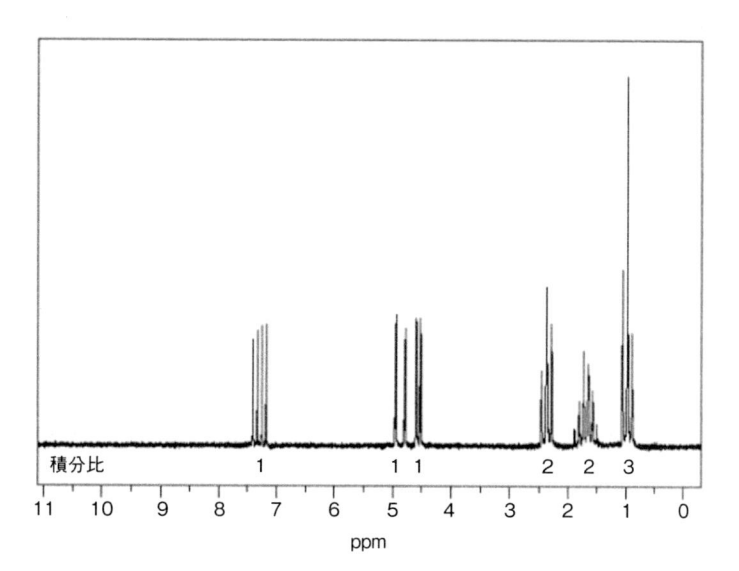

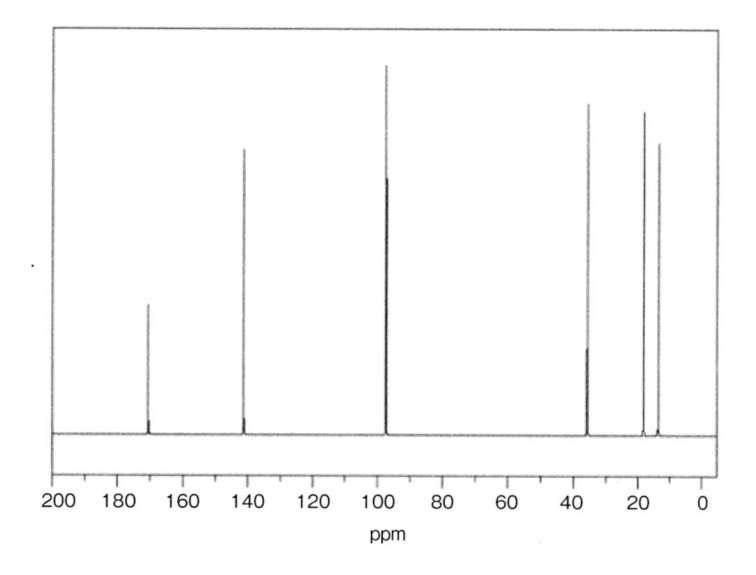

問題 4-25

問題 4-26 総合問題

次の MS, IR, ^{1}H NMR (90 MHz), ^{13}C NMR スペクトルを示す化合物の構造式を書きなさい.

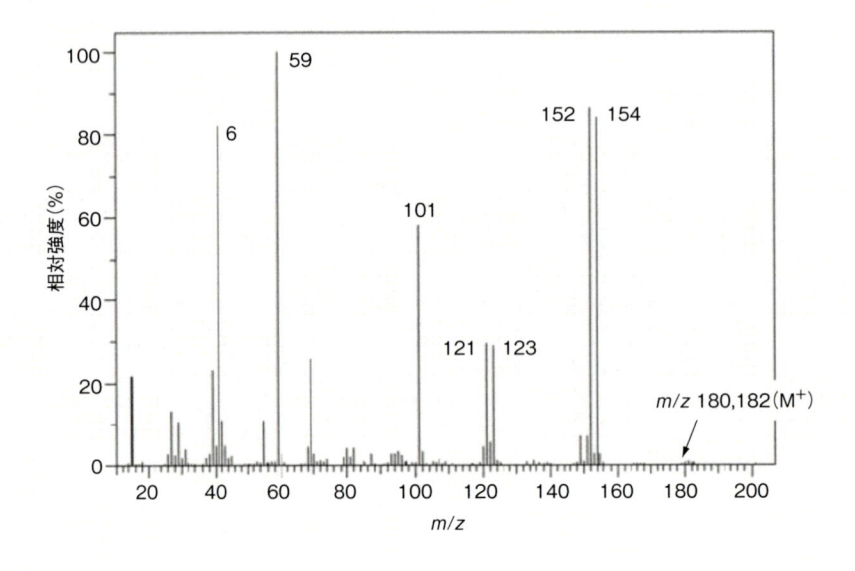

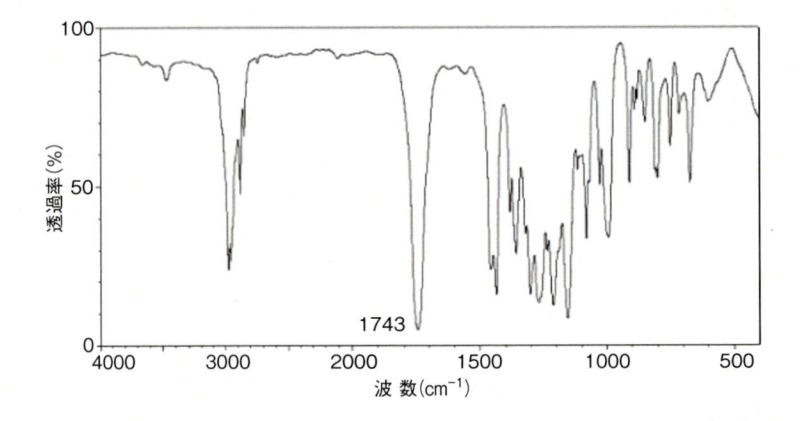

〔SDBSWeb より〕

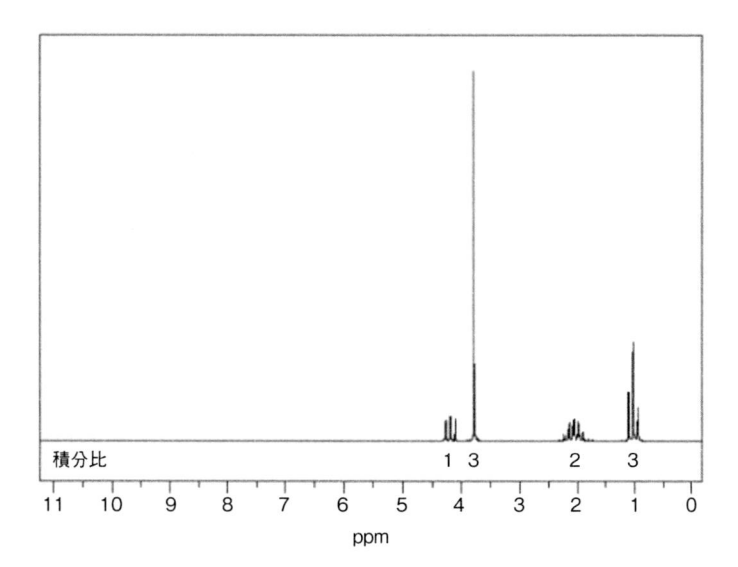

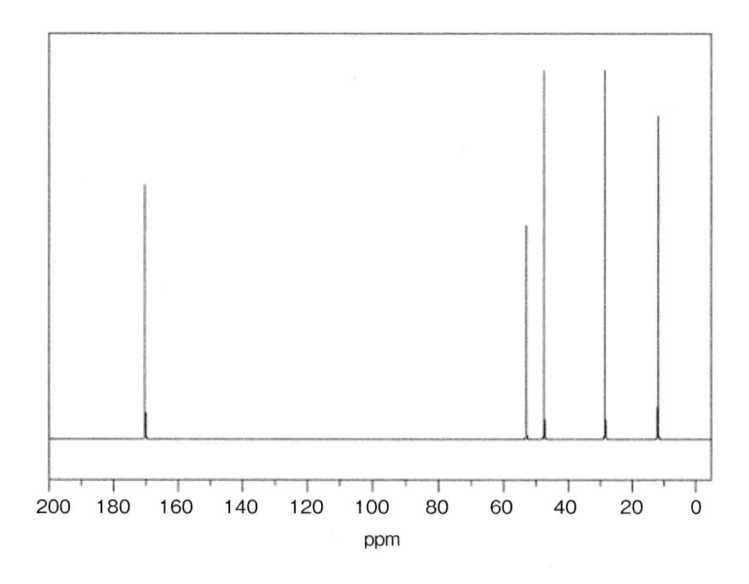

問題 4-26

問題 4-27 総合問題

〔SDBSWeb より〕

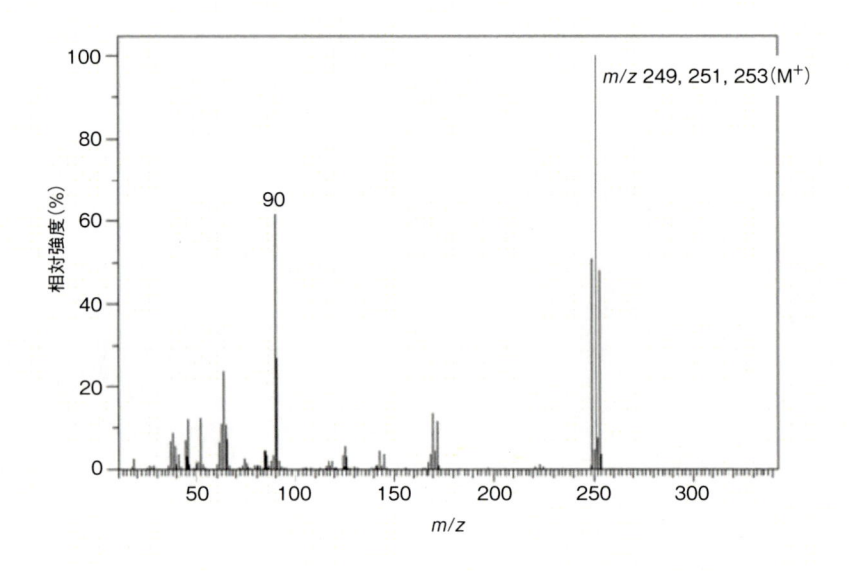

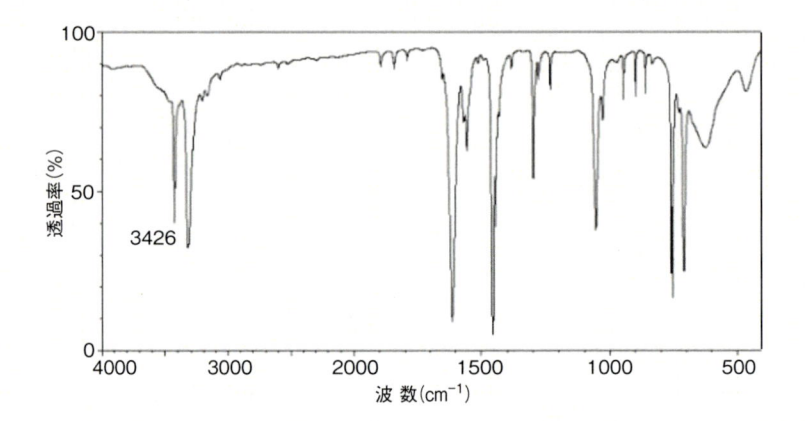

次の MS, IR, ^{1}H NMR (90 MHz), ^{13}C NMR スペクトルを示す化合物の構造式を書きなさい.

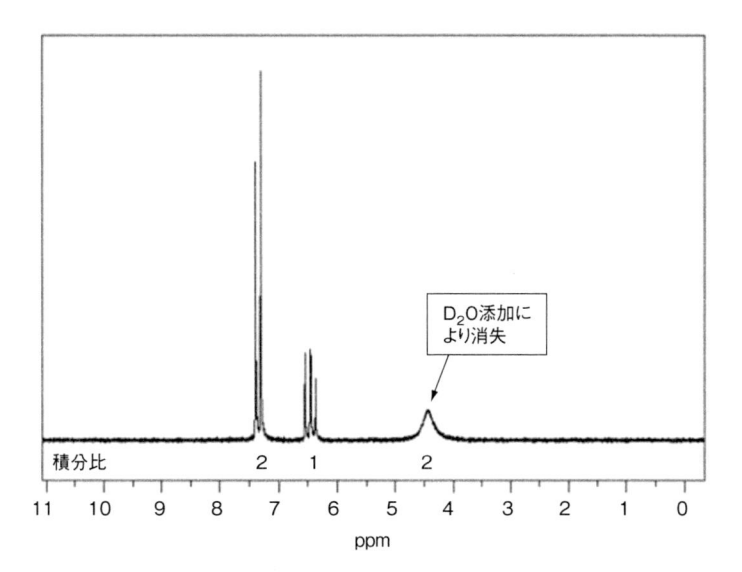

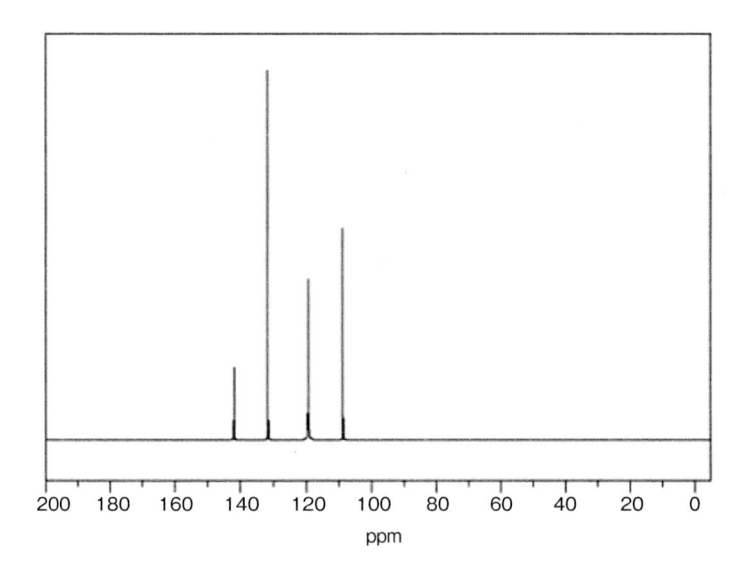

問題 4-27

D₂O添加により消失

積分比 2 1 2

問題 4-28 総合問題

〔SDBSWeb より〕

化合物(a), (b)は, C_5H_9N の分子式をもつ鎖状化合物である. スペクトルデータを解析して, それぞれの構造を推定しなさい.

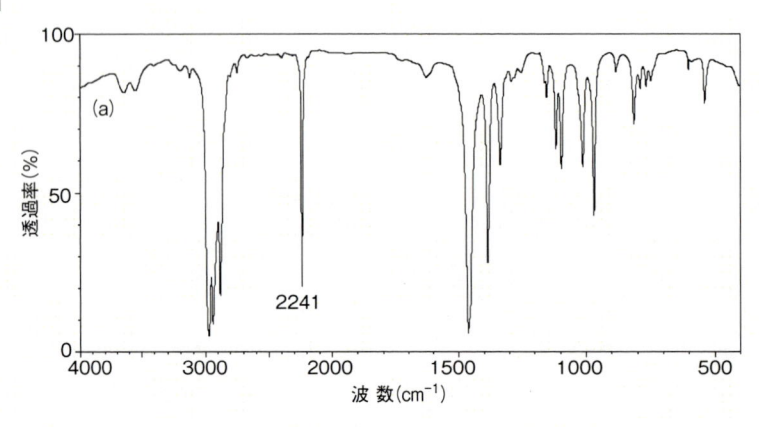

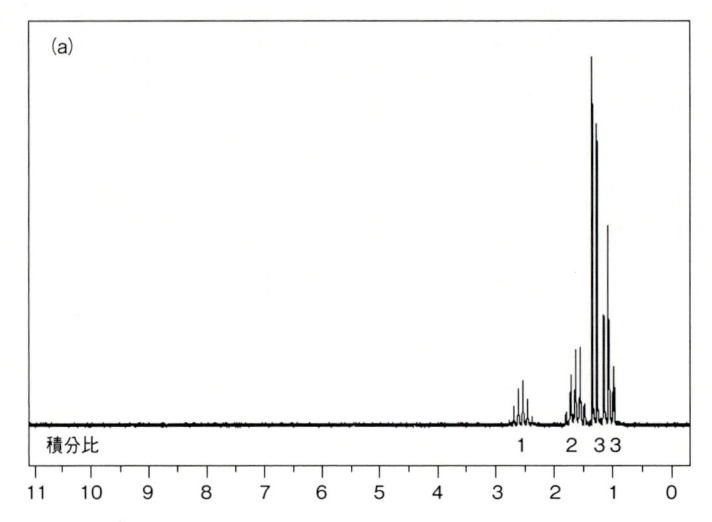

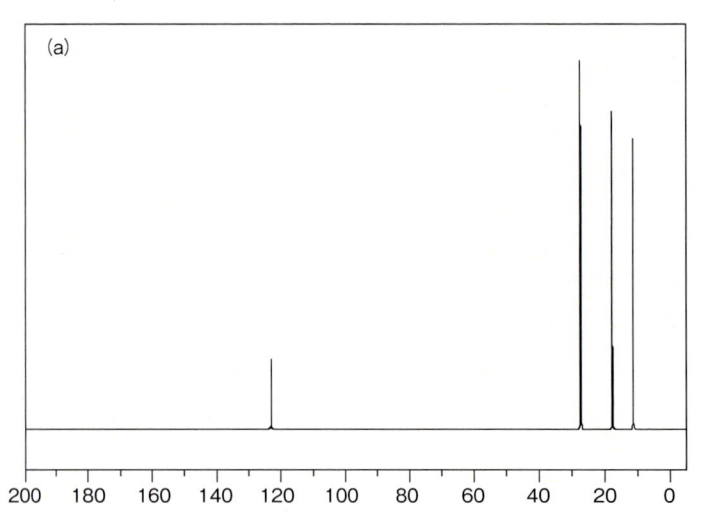

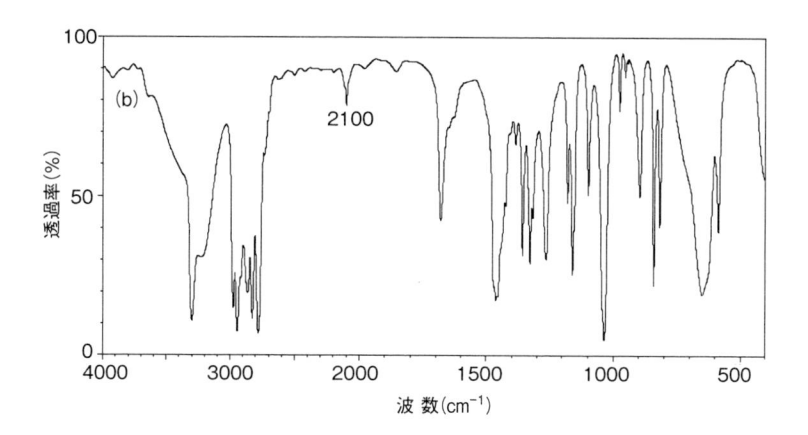

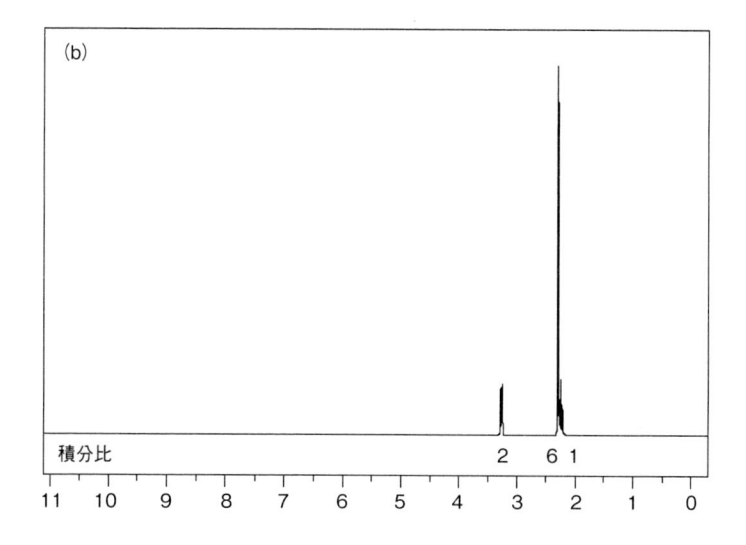

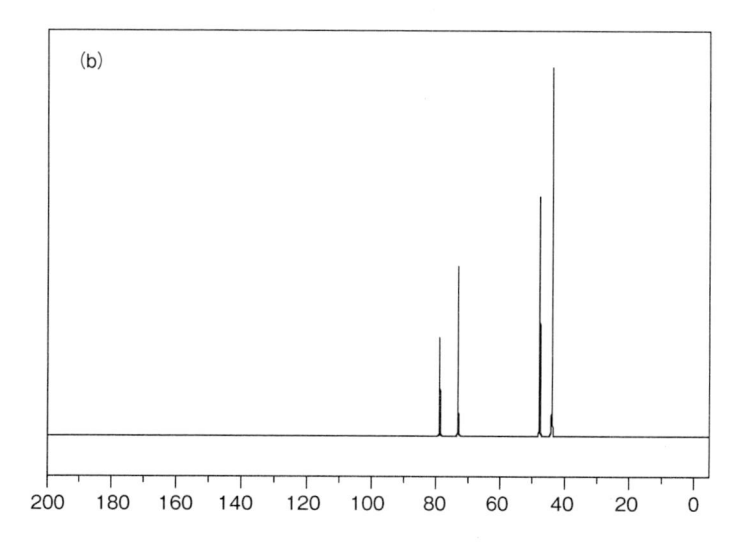

問題 4-28

(b) IR: 2100 cm⁻¹

(b) ¹H NMR 積分比: 2 : 6 : 1（約 3.2, 2.2, 2.1 ppm 付近）

(b) ¹³C NMR: 約 75, 70, 45, 40 ppm 付近にピーク

問題 4-29　総合問題

〔SDBSWeb より〕

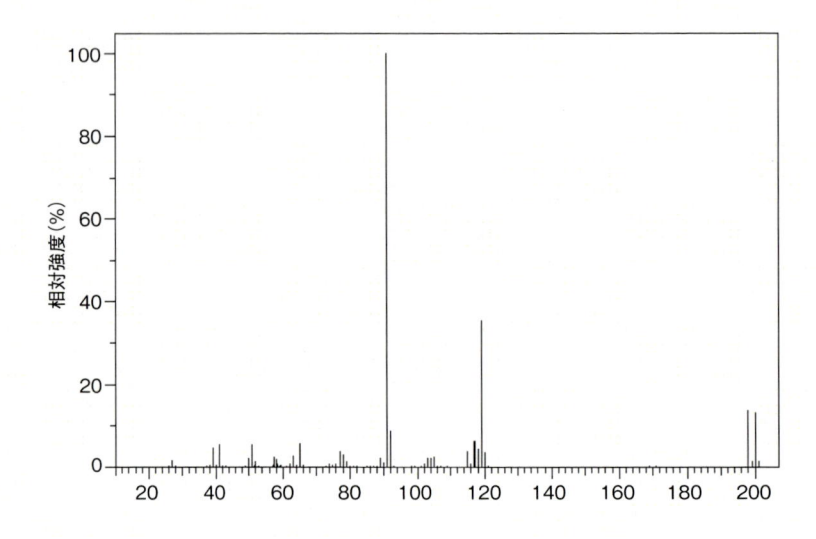

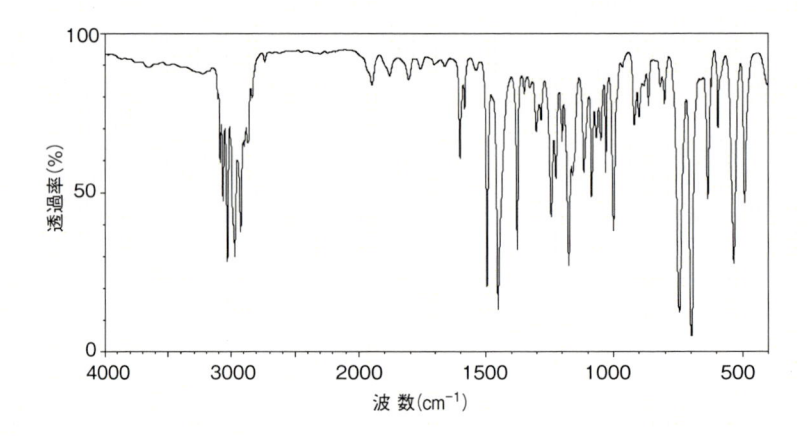

次のスペクトルチャートは，$C_9H_{11}Br$ の分子式をもつ芳香族化合物のものである．構造を推定し，シグナルを帰属しなさい．

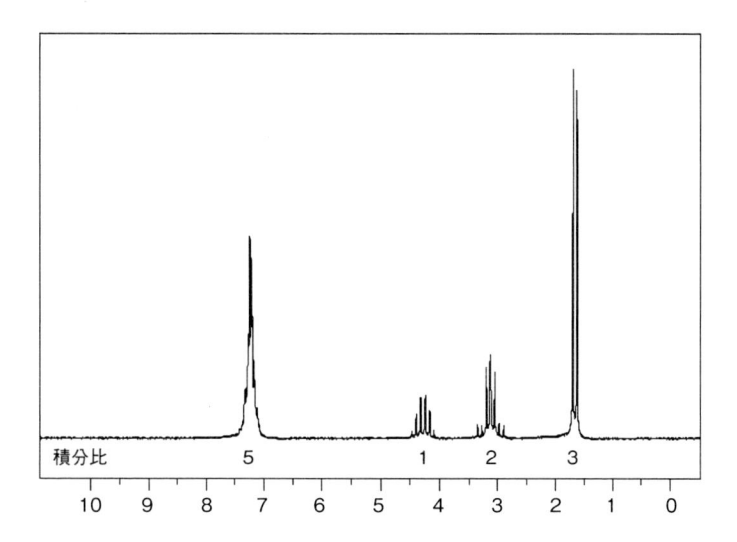

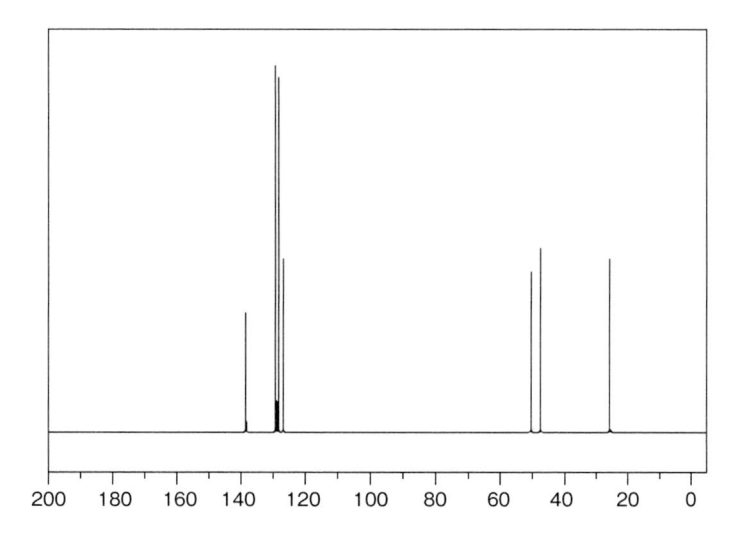

問題 4-29

問題 4-30　総合問題

〔SDBSWeb より〕

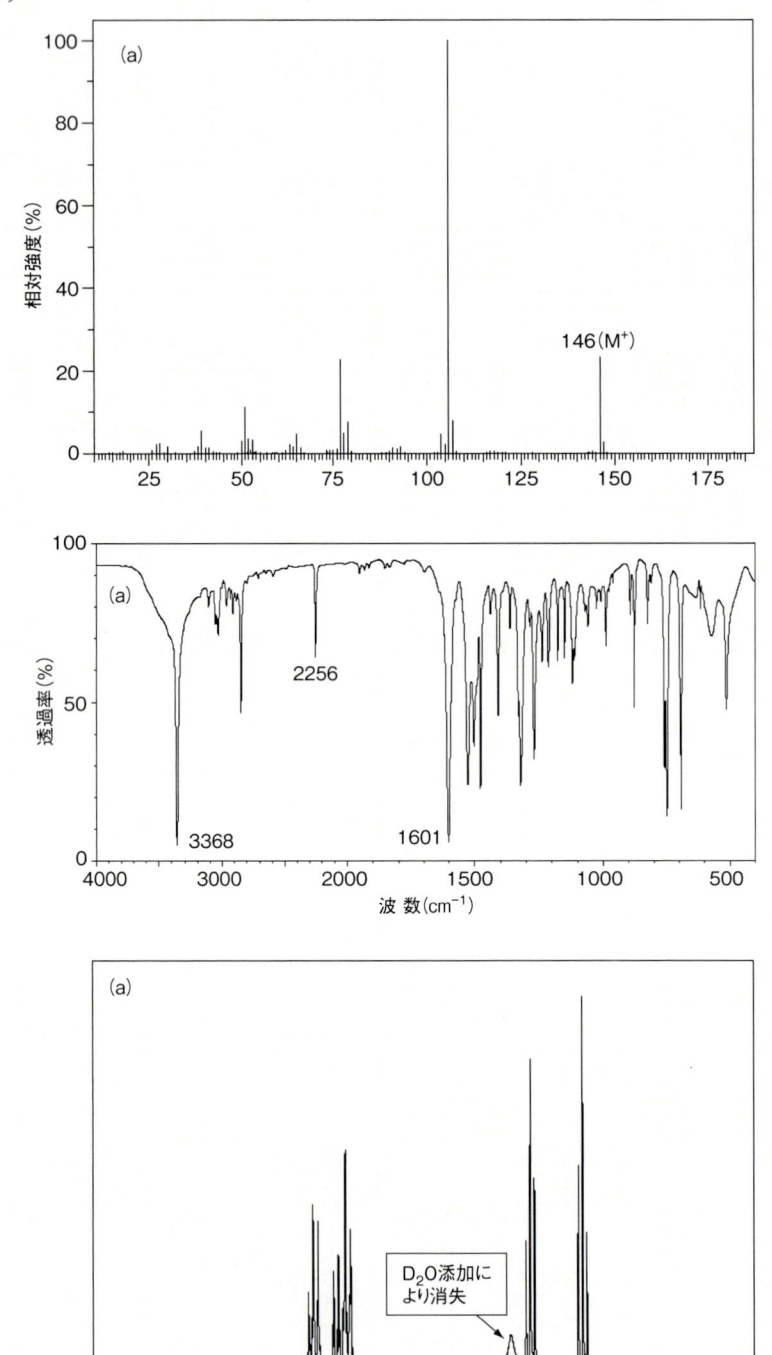

(a), (b)のスペクトルチャートは，$C_9H_{10}N_2$ の分子式をもつ芳香族化合物のものである．それぞれの構造を推定しなさい．

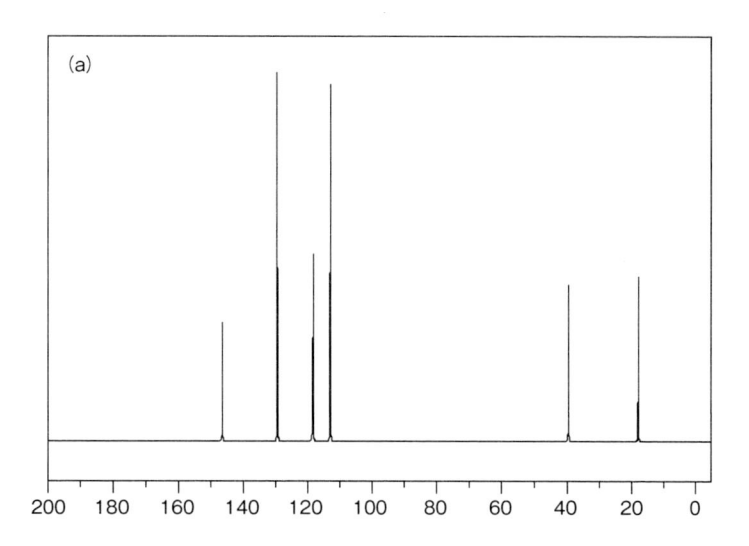

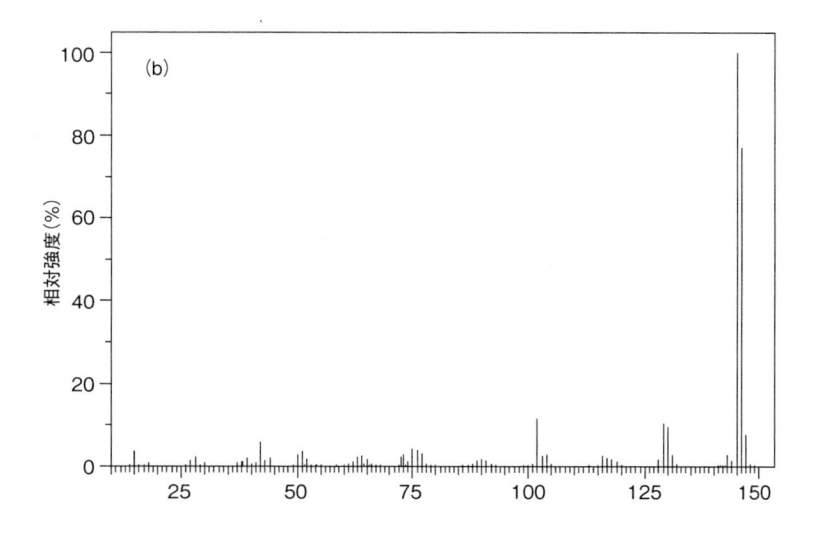

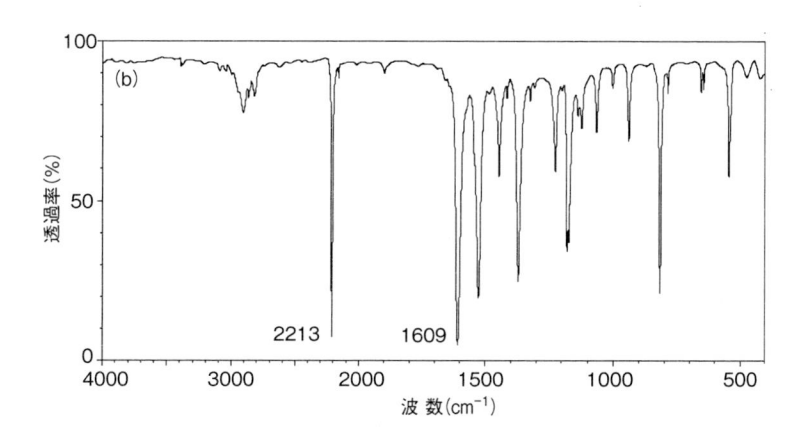

問題 4-30

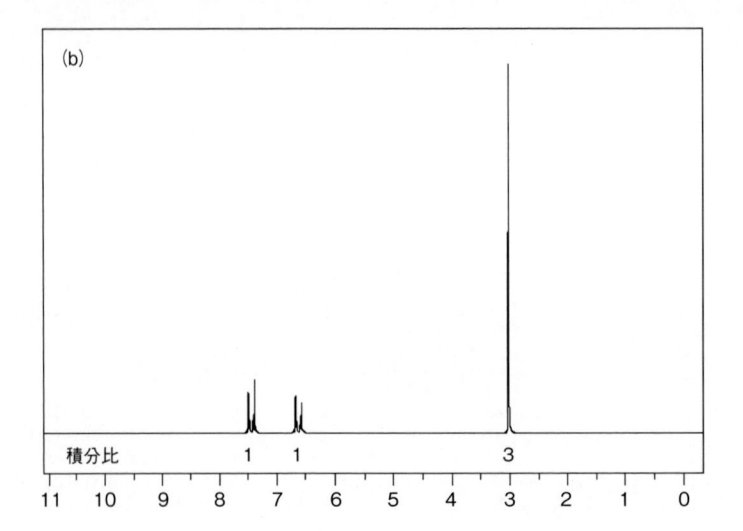

176　❹　総合問題

(b)

積分比　　　　1　1　　　　　　3

11　10　9　8　7　6　5　4　3　2　1　0

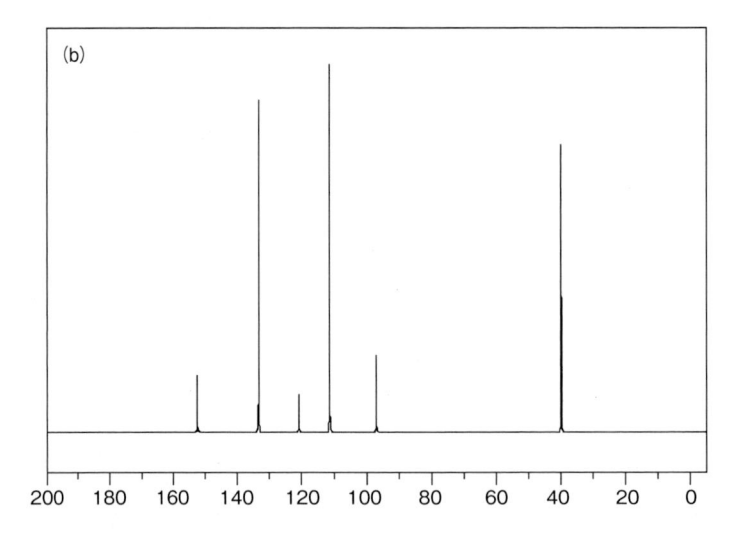

(b)

200　180　160　140　120　100　80　60　40　20　0

問題 4-31 総合問題

〔SDBSWeb より〕

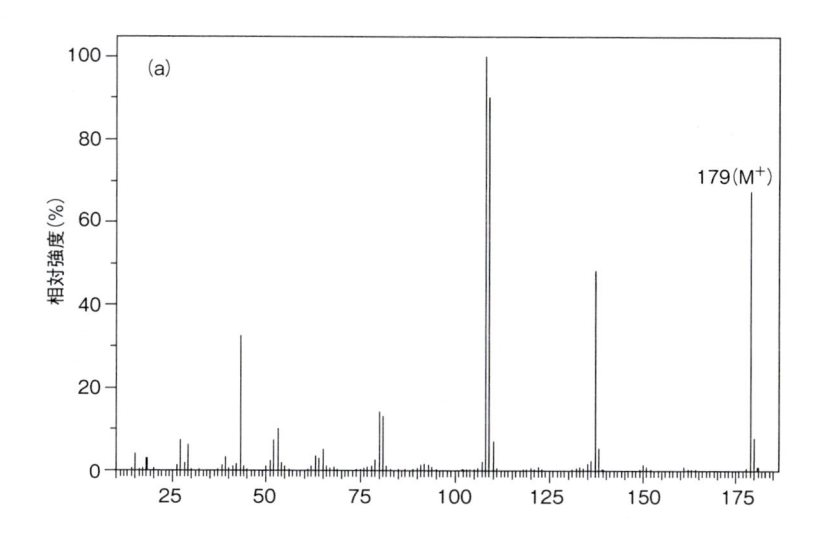

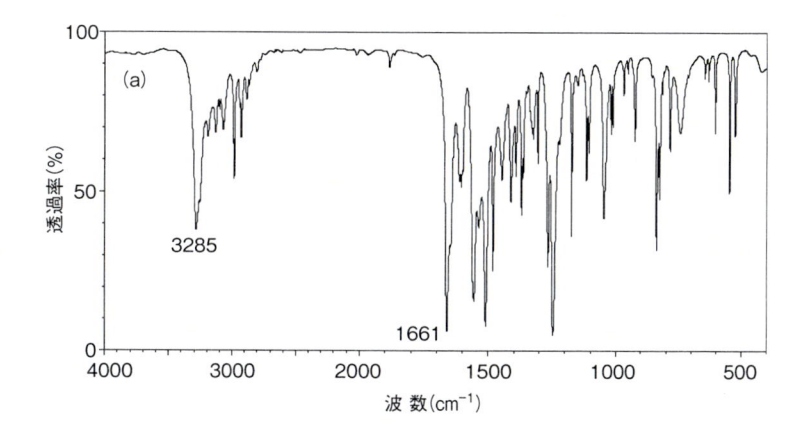

(a), (b) のスペクトルチャートは，$C_{10}H_{13}NO_2$ の分子式をもつ芳香族化合物 (a), (b) のものである．それぞれの構造を推定しなさい．

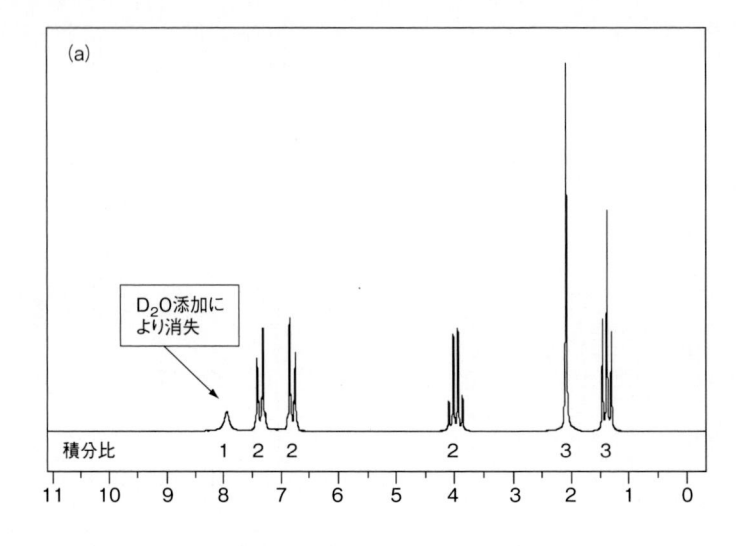

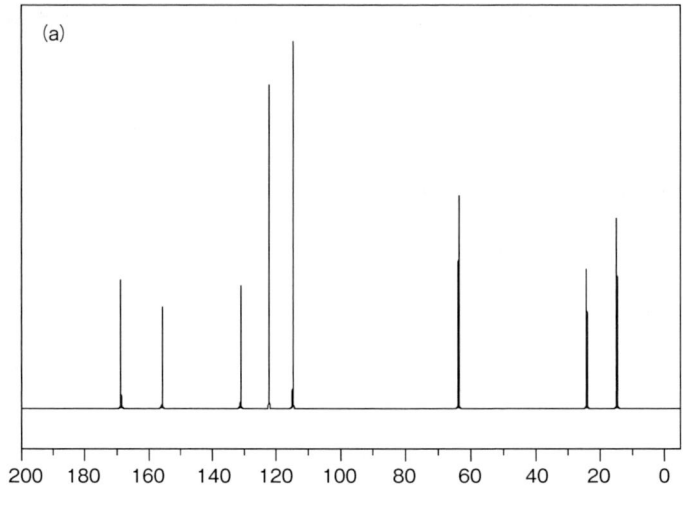

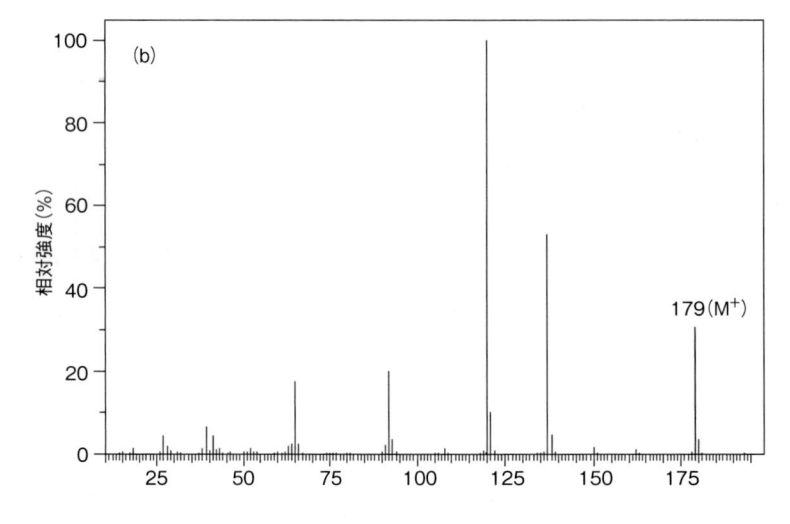

4 総合問題

(a)

積分比 1 2 2 2 3 3

D₂O添加により消失

(a)

(b)

179 (M⁺)

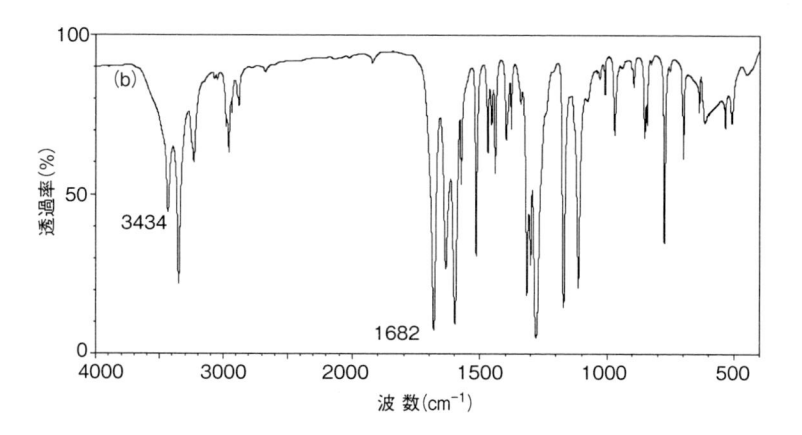

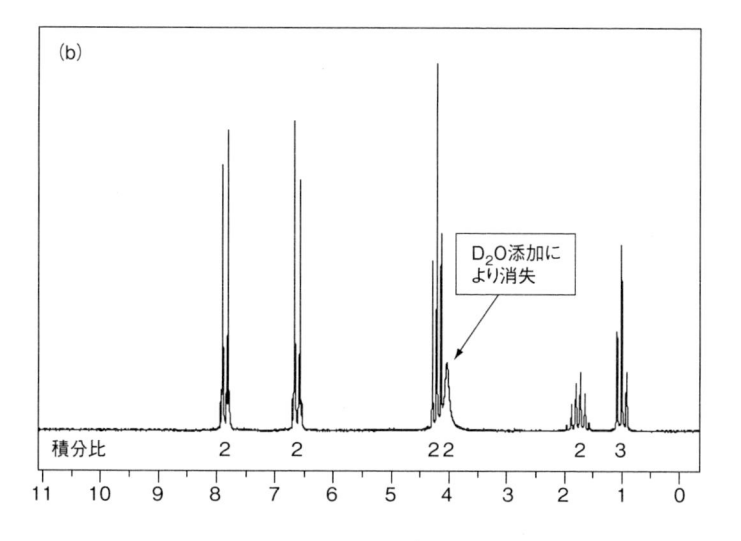

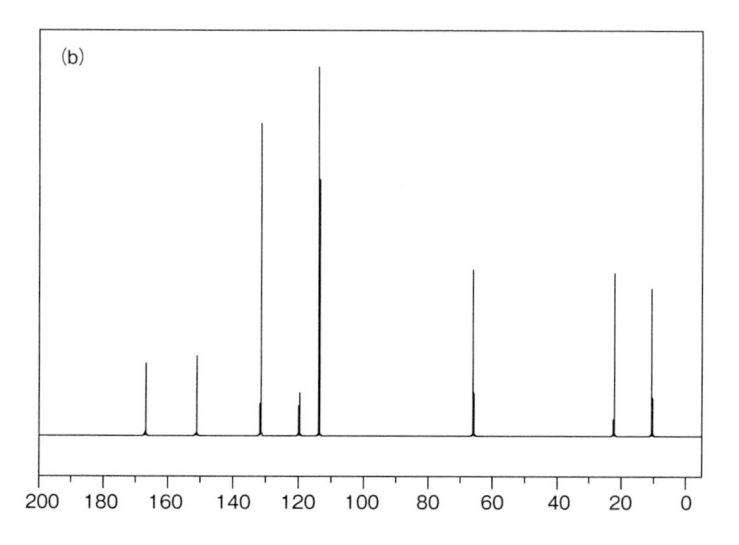

問題 4-31

3434

1682

波 数(cm⁻¹)

D₂O添加により消失

積分比   2   2   2 2   2 3

問題 4-32 総合問題

〔SDBSWebより〕

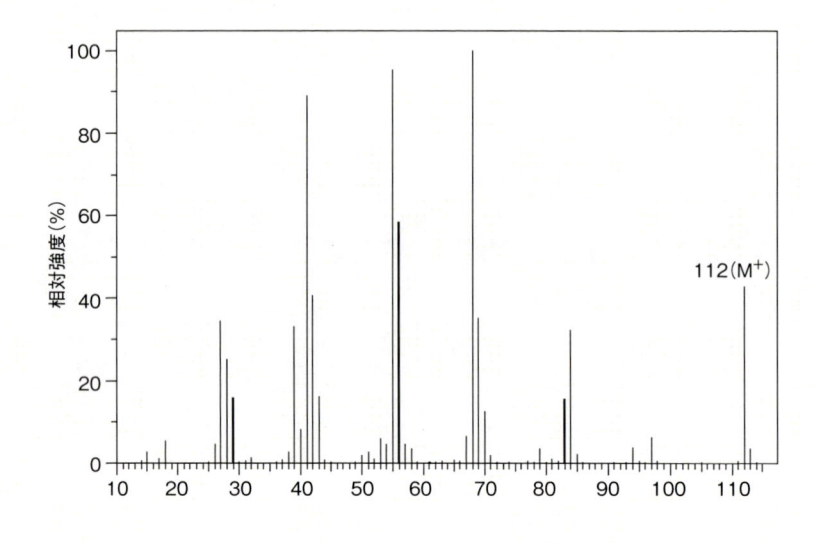

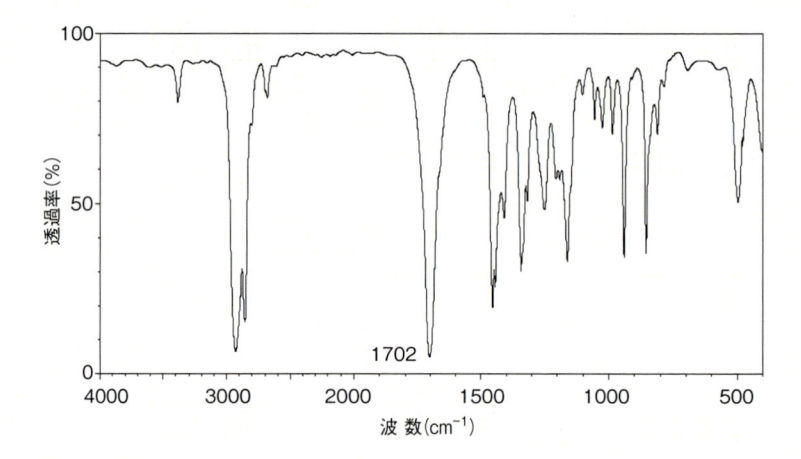

以下のスペクトルチャートは，$C_7H_{12}O$ の分子式をもつ化合物である．構造を推定しなさい．

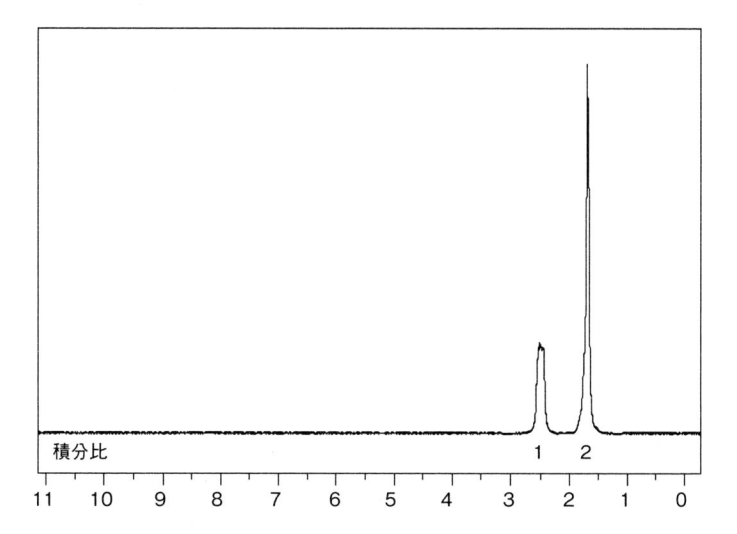

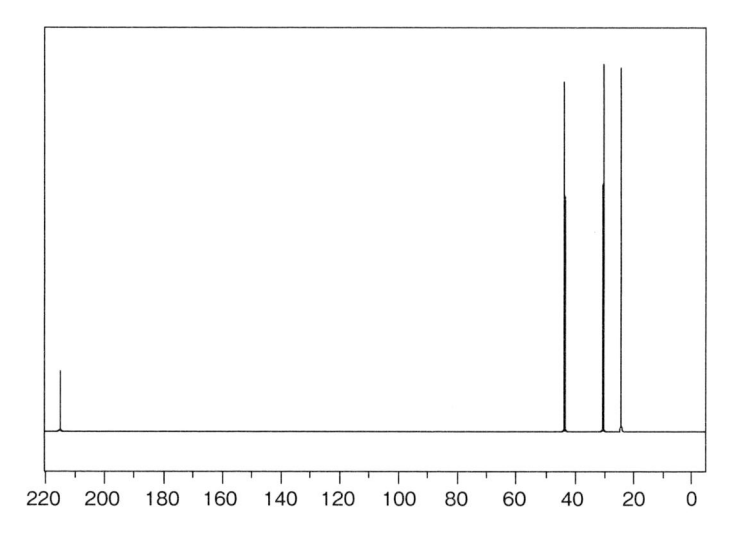

問題 4-32

積分比　　　　　　　　　　　　　1　2

chapter 5 天然有機化合物のスペクトル解析と問題

❶ 構造解析の手順

1.1 天然有機化合物の構造解析の手順

　もちろん扱う化合物の純度, 量, 性質によっても異なるのは当然であるが, 一般的に MS, NMR で得られる情報量は多い. MS は, 測定後の試料回収はできないが, 高感度であるため, 必要な試料量が非常に微量ですみ, ほかの測定では得られない分子式の情報が得られるので, 早くに測定すべきである.

　NMR は非破壊の測定であり, 非常に多くの構造情報が得られる. 最近は, 高磁場の磁石が普及し, さらに, ミリプローブやクライオ(コールド)プローブなどの高感度のものもあり, 1〜3 mg 程度でも十分なデータが得られる. NMR では, 1 D の ^{1}H, ^{13}C, DEPT の測定を行い, MS より得られた情報と比較する. 2 D NMR のなかでも, COSY, HMQC は高感度の測定で短時間で測定可能であるので, 早めに測定することにより, ^{1}H, ^{13}C との関係および部分構造の推定が可能である.

　次に, 平面構造を推定するためには, HMBC の測定が有力である. HMQC や HSQC に比較して感度が落ちるが, 4級炭素を含めた平面構造のつながりを導くには, 重要な情報である. 試料量が 1 mg 以下の場合に, 急激に相関ピークの感度が低下してくるが, ミリプローブやクライオプローブを用いれば, 0.1 mg 程度でも十分観測が可能である.

　平面構造が決定したら, 次に結合定数(*J* 値)の情報や NOE の情報 (NOESY, ROESY)により相対立体配置の推定を行う. このとき, 分子モデルを作製するか, コンピュータグラフィックスを用いて分子の立体構造を表示しながら, NMR 情報に矛盾しない立体構造を推定することが重要である.

　最後に, 絶対立体配置の推定を行う. 絶対立体配置は, 改良モッシャー (Mosher)法などの NMR を使う方法, キラル分析を行う方法, CD スペクトル, X 線結晶解析などの方法があるが, 構造にあった方法を選ぶ必要があり, 難航するケースも少なくない. また, IR, UV などの情報も微量で収集でき

クライオプローブ
低温のヘリウムガスにより回路全体を冷却して使用するクライオプローブは, コイルの電気抵抗がなく, 熱的な雑音が抑えられるために感度が向上する.

改良モッシャー法
光学活性な2級アルコールや1級アミンの絶対立体配置の決定法. 化合物にキラル補助剤として *R*-および *S*-α-メトキシ-α-トリフルオロメチルフェニル酢酸〔*R*-および *S*-α-methoxy-α-(trifluoromethyl)phenylacetic acid；MTPA〕を反応させてジアステレオマーとし, 芳香環の磁気異方性効果による化学シフトの変化により, 絶対立体配置を決定する方法.

るため，化合物に合わせて，データを測定することが重要である．

```
                        IR,UV情報
MS, 1D NMR  →  2D NMR  →  平面構造  →  相対構造  →  絶対構造

分子式                                カップリング定数   CD,キラル試薬
不飽和度         部分構造 ⇒ 全体構造    NOE情報
水素、炭素の由来
```

図1.1 構造決定のながれ

column

おもな略語

DEPT（distortionless enhancement by polarization transfer）：分極移動による無歪み感度増大法
COSY（correlation spectroscopy）：相関分光法
HMQC（heteronuclear multiple quantum coherence）：異種核多量子コヒーレンス
HMBC（heteronuclear multiple bond correlation）：異種核多結合コヒーレンス
NOE（nuclear Overhauser effect）：核オーバーハウザー効果
NOESY（nuclear Overhauser effect spectroscopy）：核オーバーハウザー効果分光法
ROESY（rotating frame Overhauser effect spectroscopy）：回転座標系オーバーハウザー効果分光法

chapter 5 天然有機化合物のスペクトル解析と問題

❷ 演習問題
クエルセチン，スコポラミン，メントール

> **1．クエルセチン (quercetin)**：植物界に広く分布する黄色色素フラボノールの一種で，ルチンなどの配糖体（ルチノース配糖体）として存在することが多い．ソバなどに含有されるルチンは，血小板凝集阻害作用により血栓の生成を阻害する．

$C_{15}H_{10}O_7$ をもつフェノール性の天然物（フラボノイドのクエルセチン）について，以下に，DMSO-d_6 中で測定した ^{1}H NMR，^{13}C NMR，COSY，HMQC，HMBC スペクトル（^{1}H：600 MHz）を示した．IR スペクトルにおいて，3600, 1680 cm^{-1} に強い吸収が観測された．また，UV スペクトルにおいて，芳香環および共役ケトンに特徴的な吸収が観測された．次の手順にしたがって，解析を進めて構造を推定しなさい（シグナルの帰属を行いなさい）．

(1) ^{1}H および ^{13}C NMR チャートから，それぞれのシグナルの化学シフトおよびカップリング定数を読み取って記載しなさい．

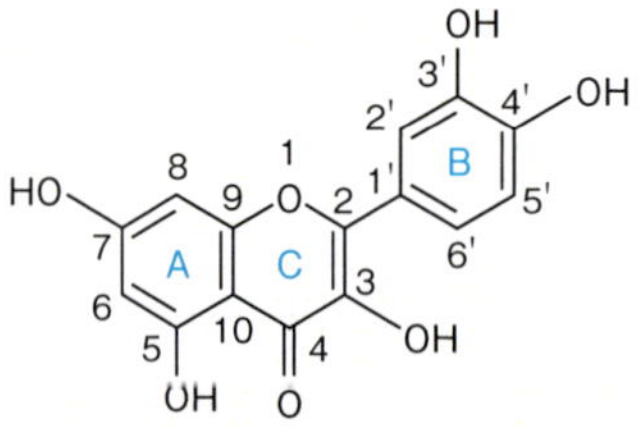

図2.1 クエルセチン

1. クエルセチン(quercetin)

¹H NMR

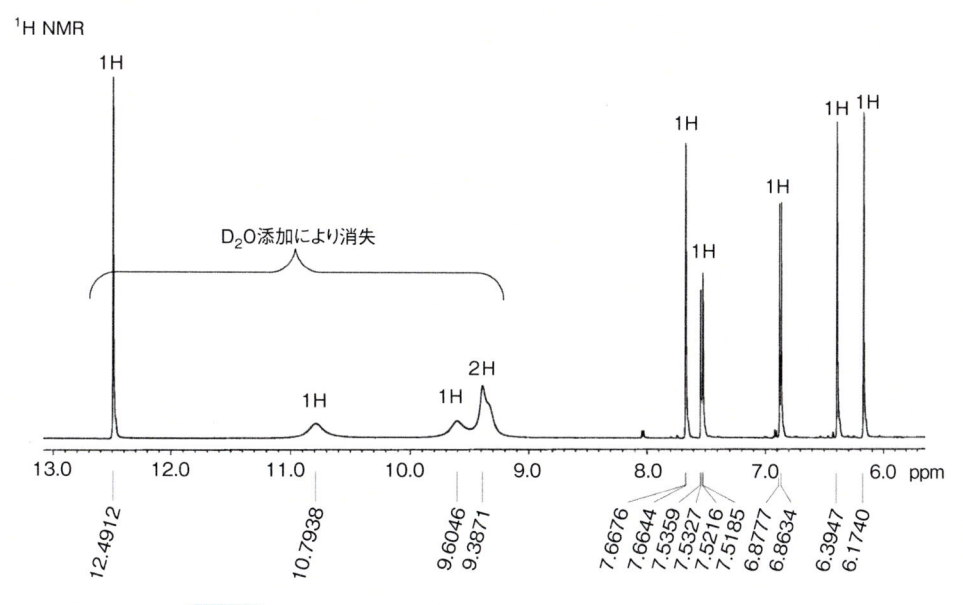

1H 12.4912
1H 10.7938
2H 9.6046, 9.3871
D₂O 添加により消失

1H 7.6676, 7.6644
1H 7.5359, 7.5327, 7.5216, 7.5185
1H 6.8777, 6.8634
1H 6.3947
1H 6.1740

図2.2 クエルセチンの ¹H NMR スペクトル(600 MHz)

¹³C NMR

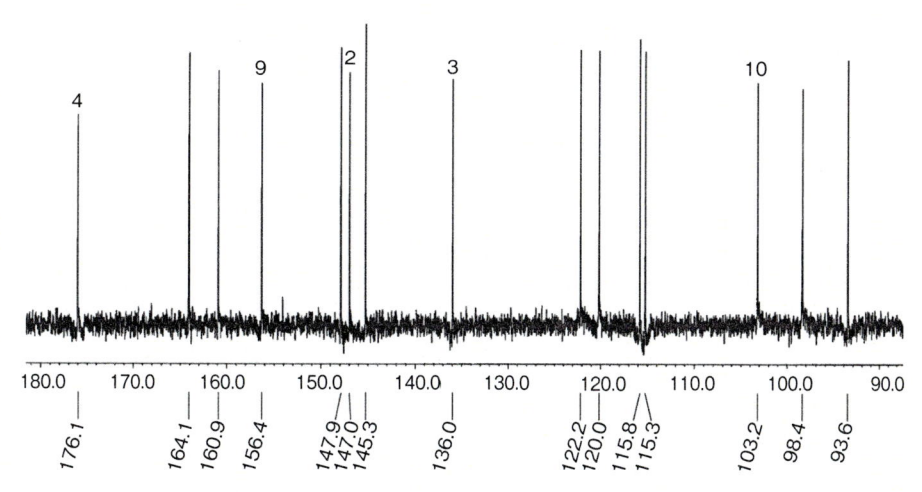

4: 176.1
164.1
9: 160.9
156.4
2: 147.9, 147.0, 145.3
3: 136.0
122.2, 120.0
115.8, 115.3
10: 103.2
98.4
93.6

図2.3 クエルセチンの ¹³C NMR スペクトル
(一部の帰属はチャート上に示した.)

(2) ¹H-¹H COSY スペクトルよりカップリングしている芳香族プロトン間の関係を解析して，芳香環の置換様式を推定しなさい(6, 8, 2′, 5′, 6′ のプロトンの帰属を行う).

COSY

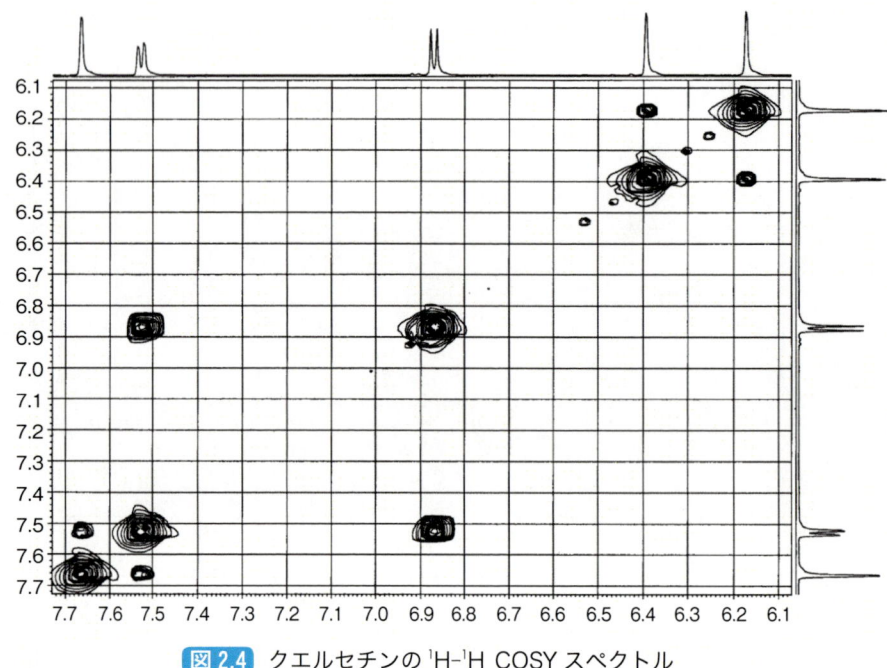

図 2.4 クエルセチンの ^{1}H–^{1}H COSY スペクトル

（3）HMQC スペクトルを解析して，プロトンが置換している炭素の解析を行いなさい．

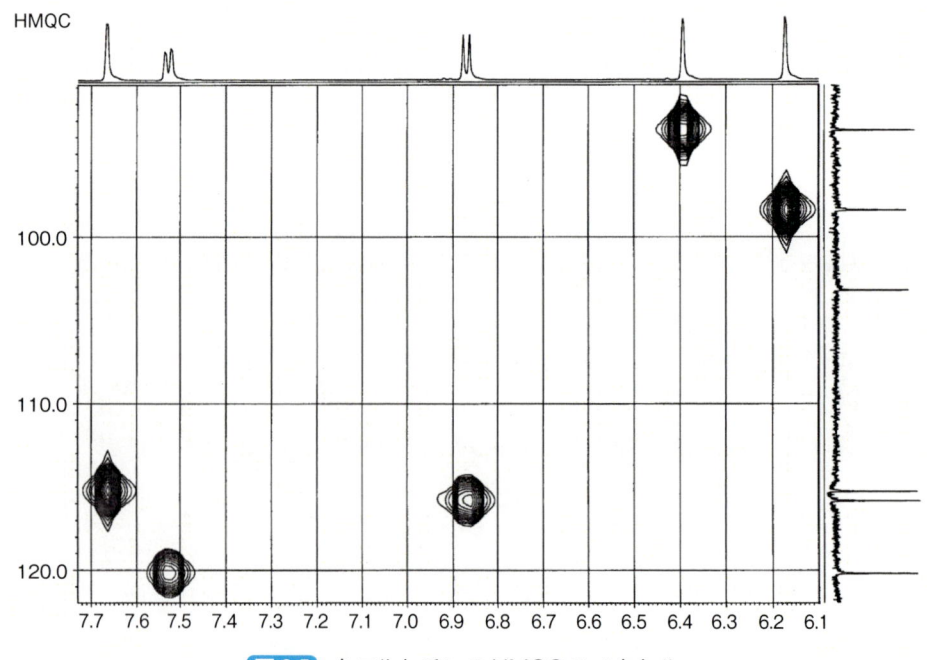

HMQC

図 2.5 クエルセチンの HMQC スペクトル

1. クエルセチン(quercetin)

(4) HMBC スペクトルを解析して，各プロトンからの 4 級炭素への相関ピークより，すべての ^{1}H および ^{13}C シグナルを帰属しなさい（ヒント：一部のシグナルの帰属は以下に示した）．

図 2.6 クエルセチンの C 環部の ^{13}C シグナルの帰属

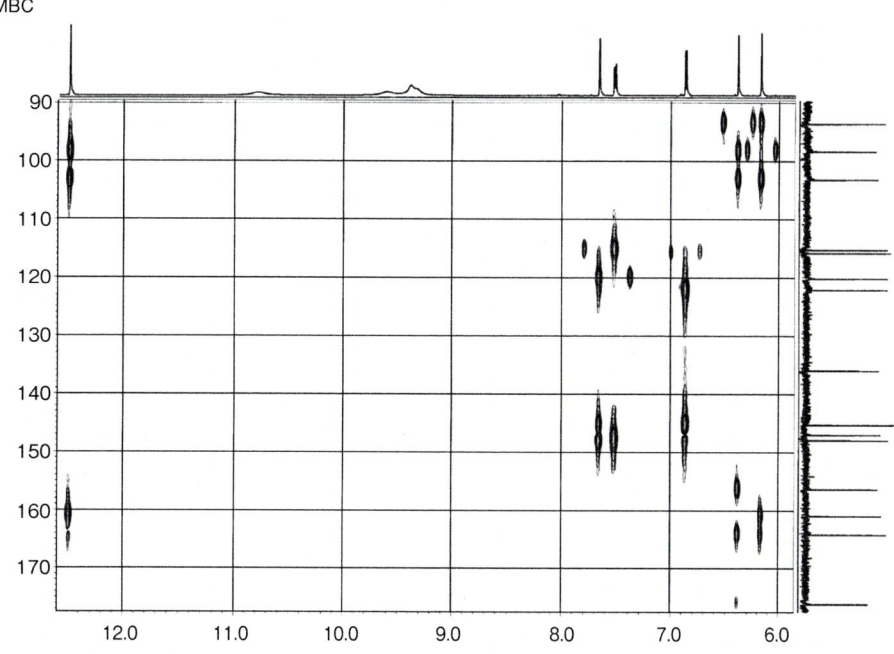

(a) HMBC

(b) HMBC

図2.7 クエルセチンのHMBCスペクトル(a, b)

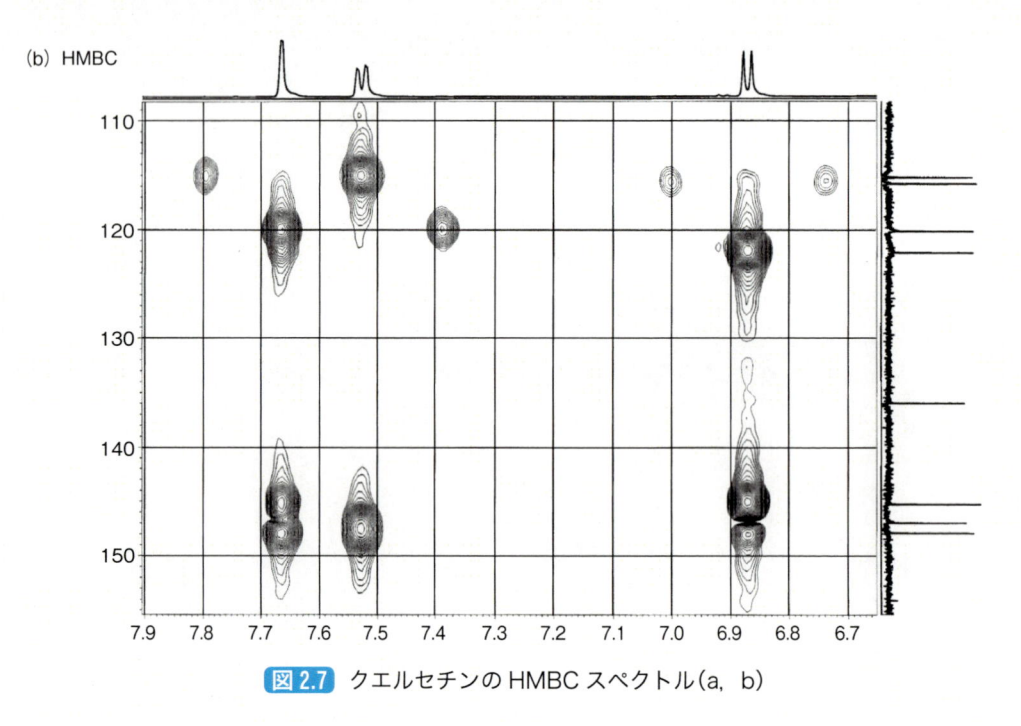

> **2．スコポラミン（scopolamine）**：ナス科チョウセンアサガオやハシリドコロ，ベラドンナなどに含有されるトロパンアルカロイド．アセチルコリンのムスカリン受容体への結合を競合的に阻害する（抗コリン作用）．これにより副交感神経遮断作用をもち，散瞳，眼内圧の上昇，心拍数の上昇，消化管の緊張や運動の抑制などを引き起こす．緑内障患者での使用は禁忌．

　副交感神経抑制作用をもつスコポラミンの ^{1}H NMR，^{13}C NMR，COSY，HMQC，HMBC スペクトル（^{1}H：600 MHz，CDCl$_3$）を示した．MS スペクトルより分子式 C$_{17}$H$_{21}$NO$_4$ を示した．IR スペクトルにおいて，3600，1730 cm^{-1} に強い吸収が観測された．また，UV スペクトルにおいて，芳香環に特徴的な吸収が観測された．次の手順にしたがって，解析を進めて構造を推定しなさい（シグナルの帰属を行いなさい）．
（1）分子式から不飽和度を計算しなさい．
（2）^{1}H および ^{13}C NMR チャートから，それぞれのシグナルの化学シフトおよびカップリング定数を読み取って記載しなさい．

2. スコポラミン(scopolamine)

¹H NMR

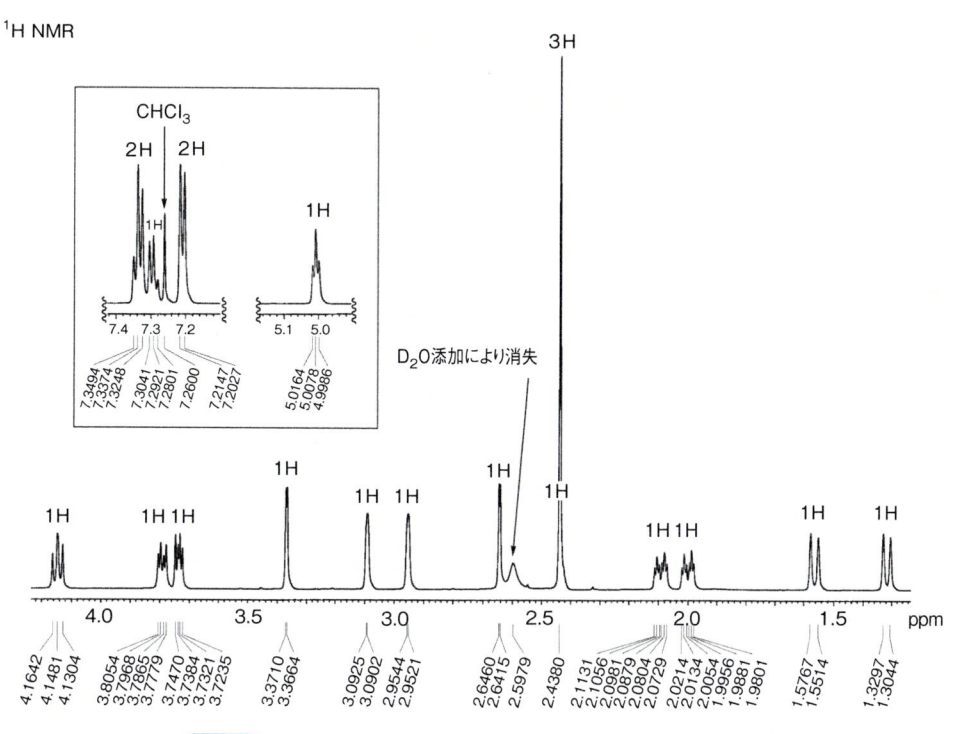

図 2.8 スコポラミンの ¹H NMR スペクトル(600 MHz)

¹³C NMR

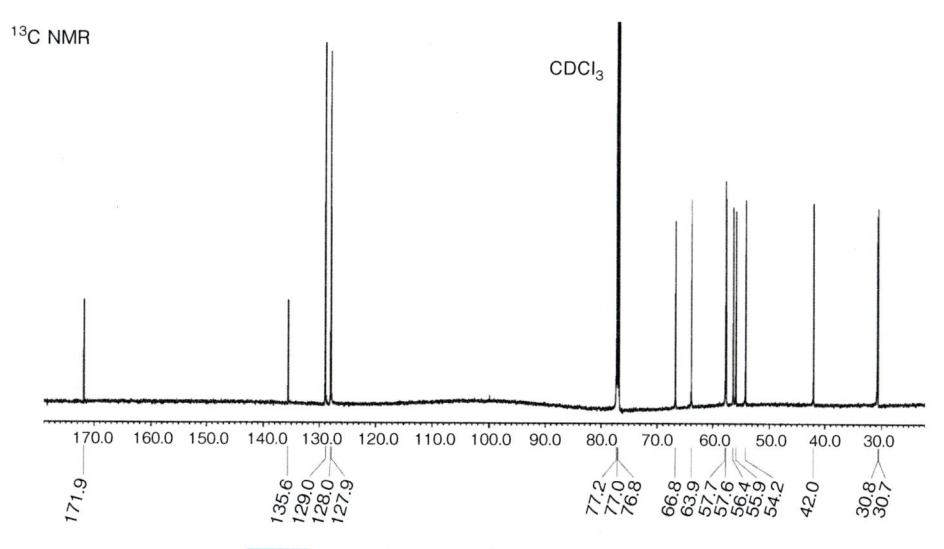

図 2.9 スコポラミンの ¹³C NMR スペクトル

（3）¹H-¹H COSY スペクトルよりカップリングしているプロトン間の関係を解析し，チャート中に一部の帰属を示したので，参照しながら残りのプロトンの帰属をしなさい〔参考：スコポラミンの立体構造を記載した（図 2.14）．カープラス（Karplus）則（5.2.3 参照，p.43）により二面角が 90° となるプロトン間のカップリング定数に注意すること（図

2.15)．また，トロパ酸(tropic acid)の芳香環による異方性効果により，C_2 対称に位置するトロピンエポキシド(tropine epoxide)のプロトンシグナルが非等価に観測されていることに注意すること〕．

(a) COSY

(b)

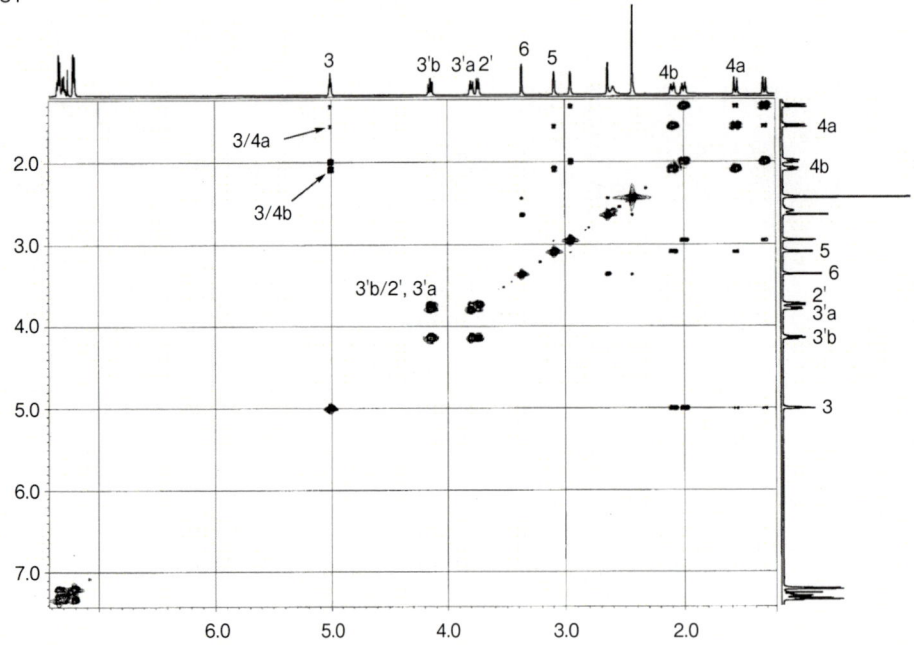

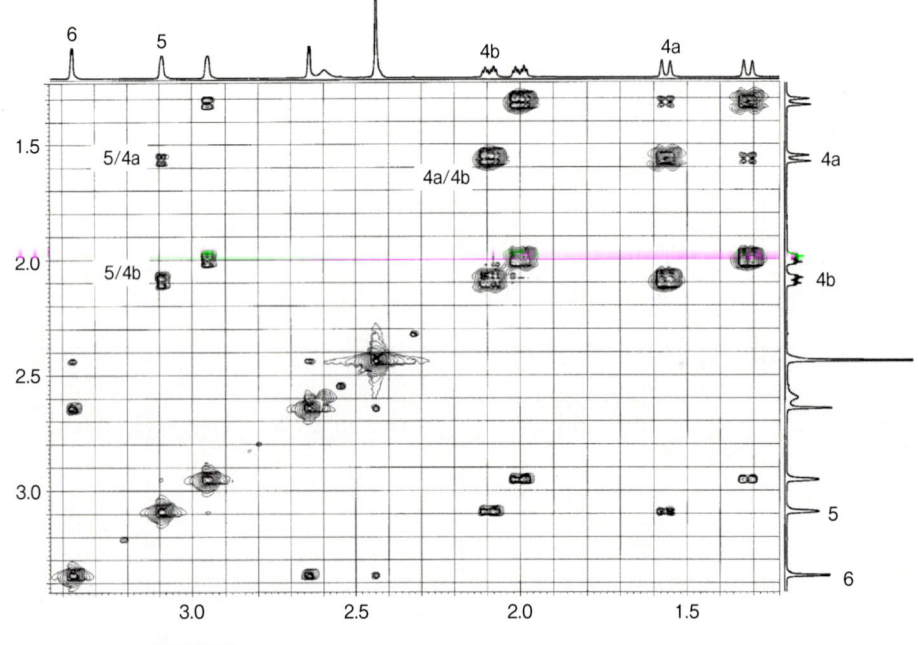

図 2.10 スコポラミンの ^{1}H–^{1}H COSY スペクトル(a, b)

2．スコポラミン(scopolamine)

（4）HMQC スペクトルを解析して，プロトンが置換している炭素の帰属を行いなさい．

(a) HMQC

(b)

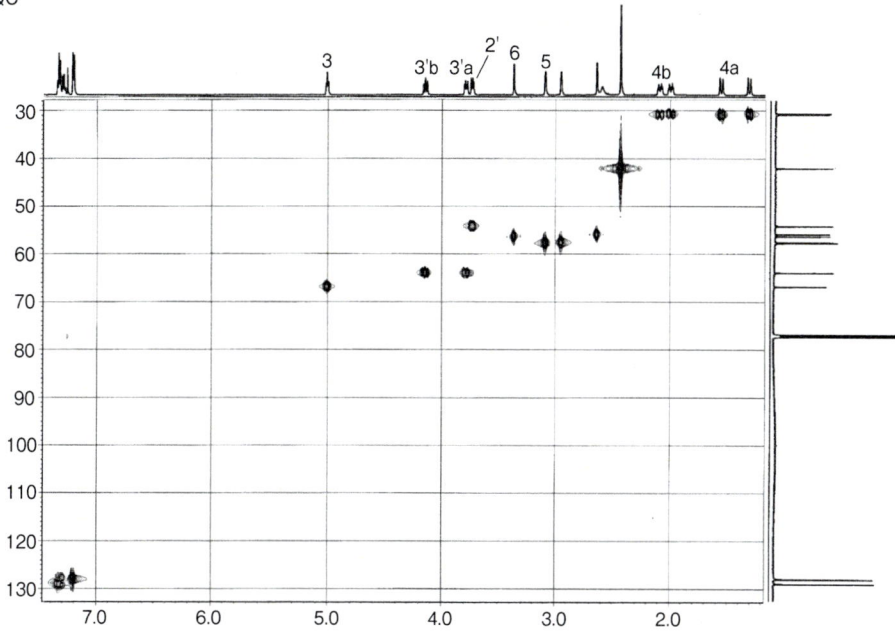

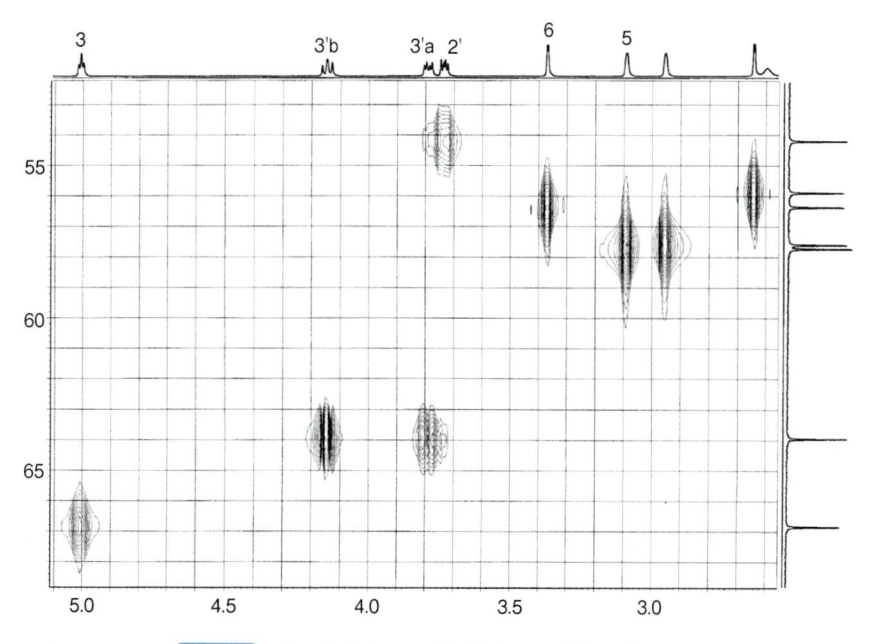

図 2.11 スコポラミンの HMQC スペクトル(a, b)

（5）HMBC スペクトルを解析して，各プロトンからの 4 級炭素への相関ピークより全体の ^{1}H，^{13}C の帰属をしなさい．

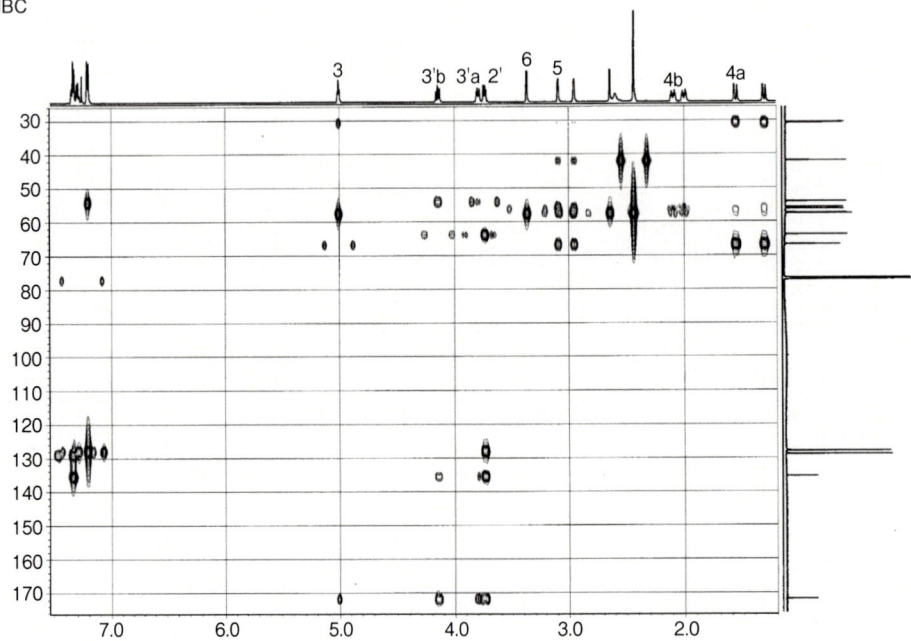

(a) HMBC

(b)

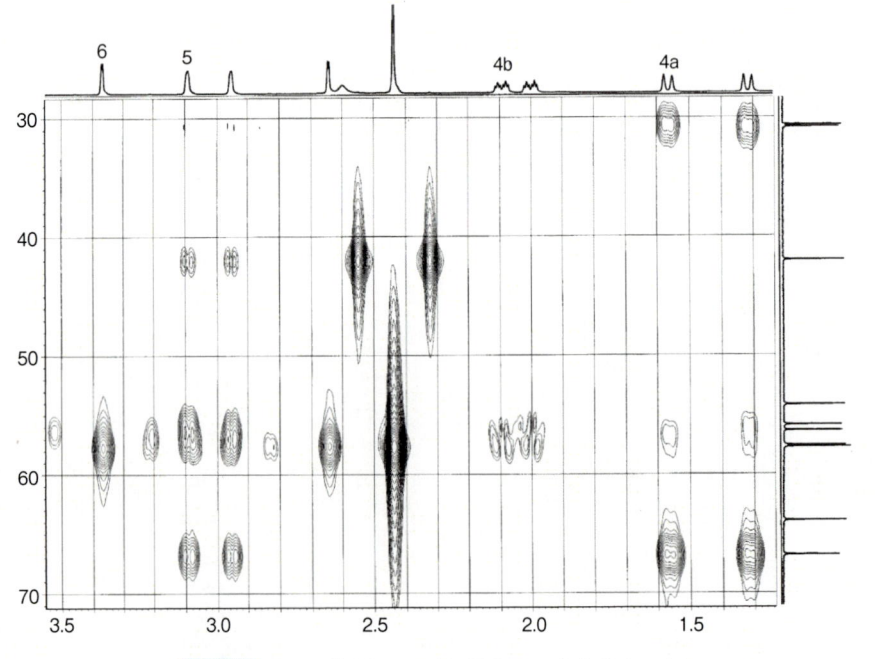

図 2.12　スコポラミンの HMBC スペクトル(a, b)

2．スコポラミン(scopolamine)

（6）NOESY スペクトルを解析して，^{1}H の帰属を確認しなさい．

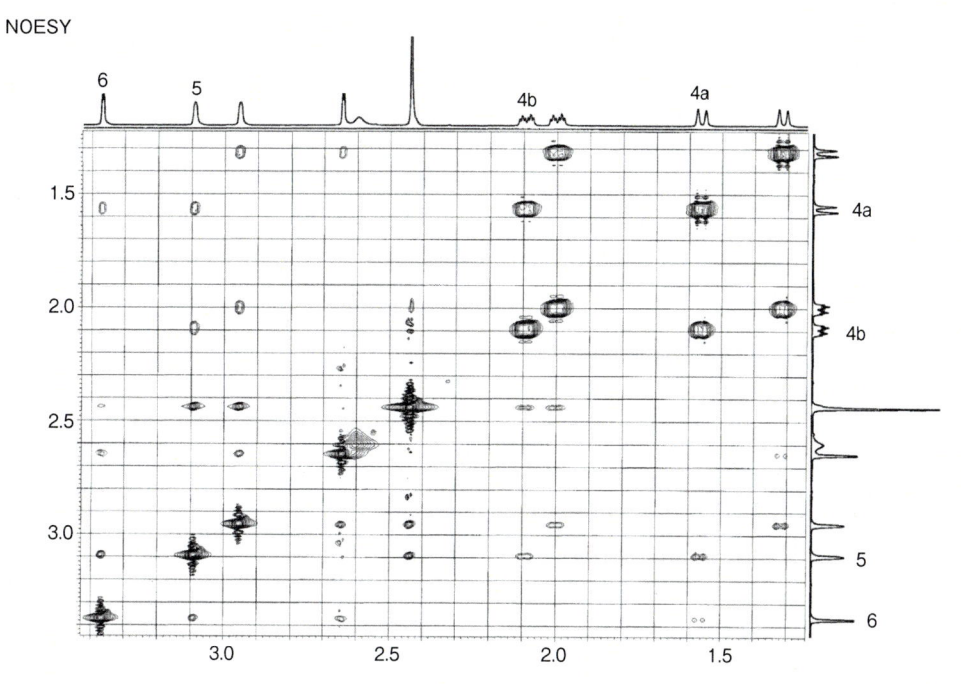

図 2.13 スコポラミンの NOESY スペクトル

図 2.14 スコポラミンの立体構造

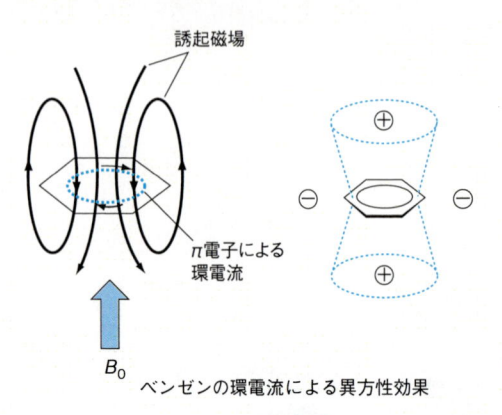

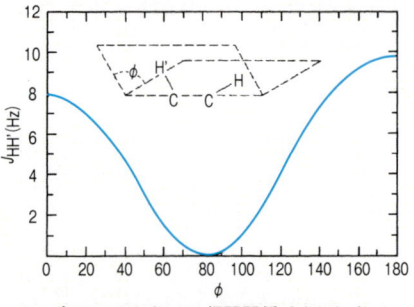

図 2.15 ベンゼン環による異方性効果とカープラス則

> **3．メントール(menthol)**：メンタン骨格をもつモノテルペンアルコールで，ハッカなどのシソ科植物の精油成分．強い香気と清涼な味をもち，鎮静剤，制痒剤，化粧品原料などとして利用される．

$C_{10}H_{20}O$ をもつモノテルペンである．以下に，$CDCl_3$ 中で測定した ^1H NMR，^{13}C NMR，COSY，HMQC，HMBC スペクトル（^1H：600 MHz）を示した．IR スペクトルにおいて，3600 cm^{-1} に強い吸収が観測された．次の手順にしたがって，解析を進めて構造を推定しなさい（シグナルの帰属を行いなさい）．

（1）^1H NMR（各プロトンの重心の化学シフトを示してある），^{13}C NMR，および HMQC スペクトルから，プロトンが置換している炭素の解析を行いなさい（各プロトンに対応する ^{13}C シグナルを帰属する）．

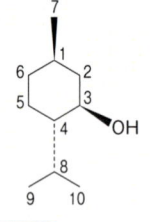

図 2.16 メントール

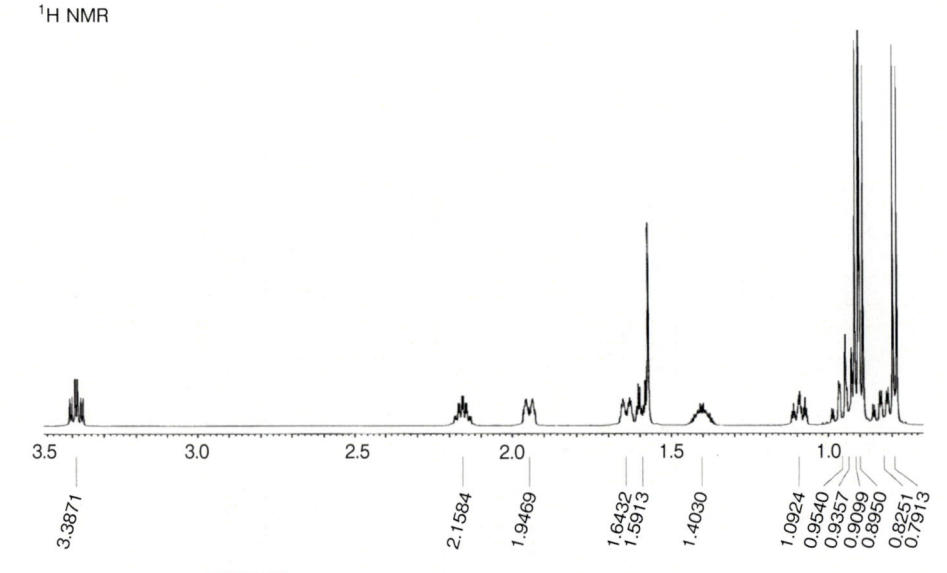

図 2.17 メントールの ^1H NMR スペクトル（600 MHz）

3. メントール(menthol)

¹³C NMR

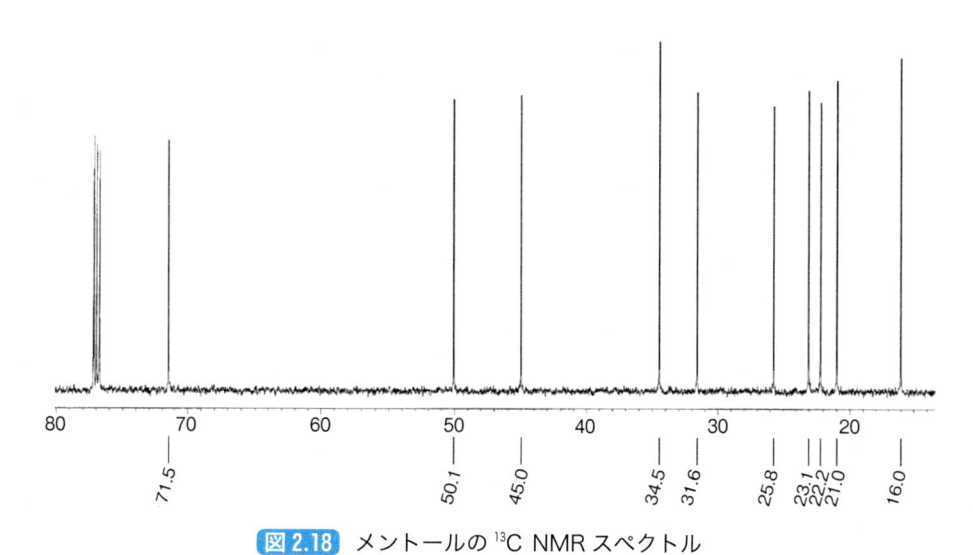

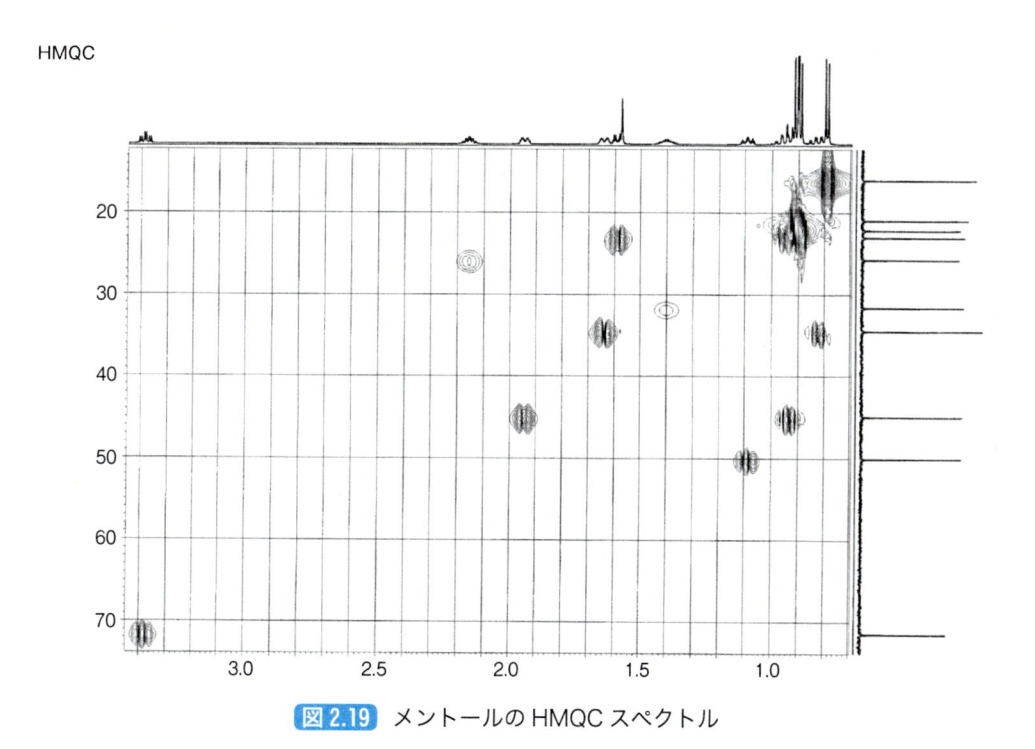

71.5, 50.1, 45.0, 34.5, 31.6, 25.8, 23.1, 22.2, 21.0, 16.0

図 2.18 メントールの ¹³C NMR スペクトル

HMQC

図 2.19 メントールの HMQC スペクトル

（2）COSY スペクトルよりカップリングしているプロトン間の関係を解析し，以下の部分構造の帰属をしなさい（不明確な結合を構築する必要はありません）．

図 2.20 COSY スペクトルより解析できる部分構造

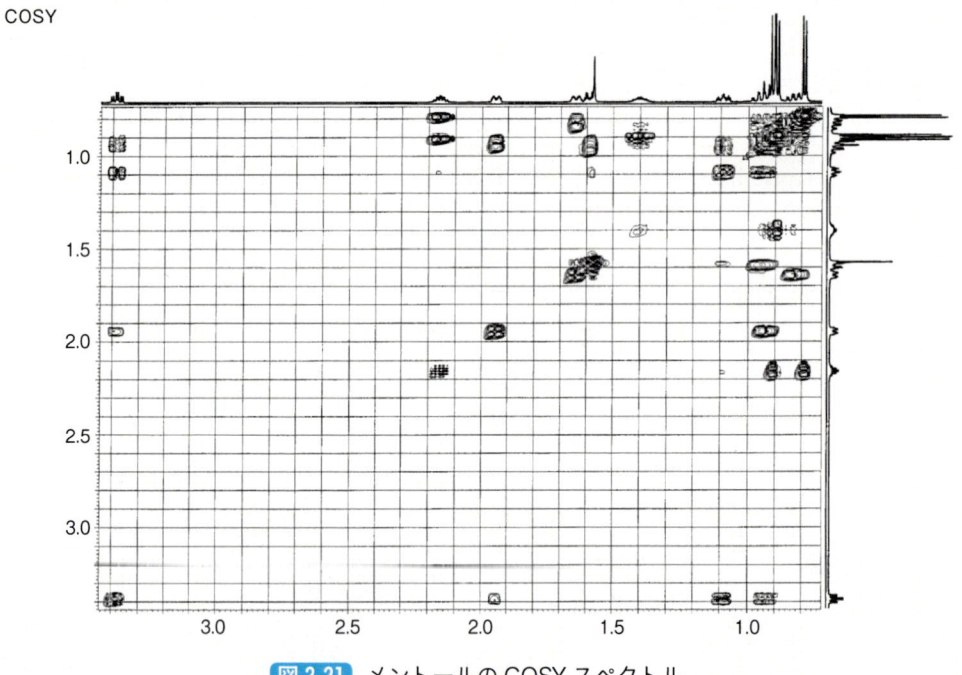

COSY

図 2.21 メントールの COSY スペクトル

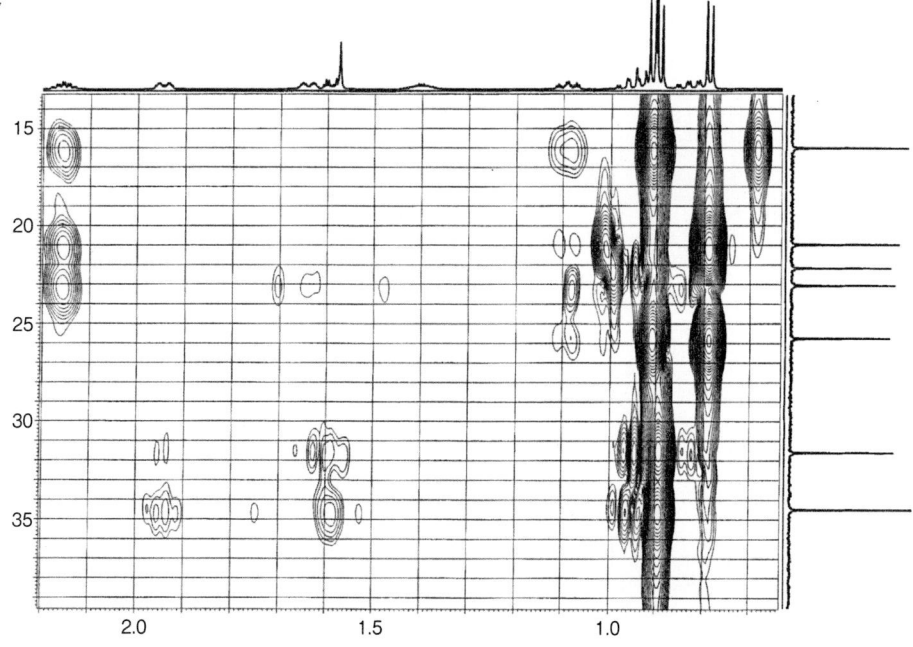

3. メントール(menthol)

（3）HMBC スペクトルを解析して，上記の部分構造同士の結合を明らかにしなさい（各プロトンから HMBC 相関のある炭素に矢印を書く）．

(a) HMBC

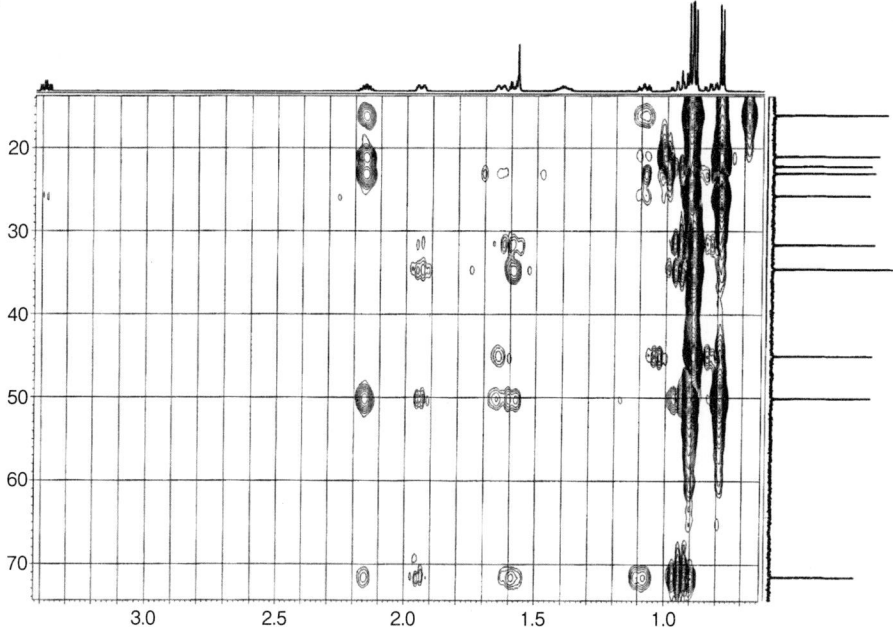

(b) HMBC

(c) HMBC

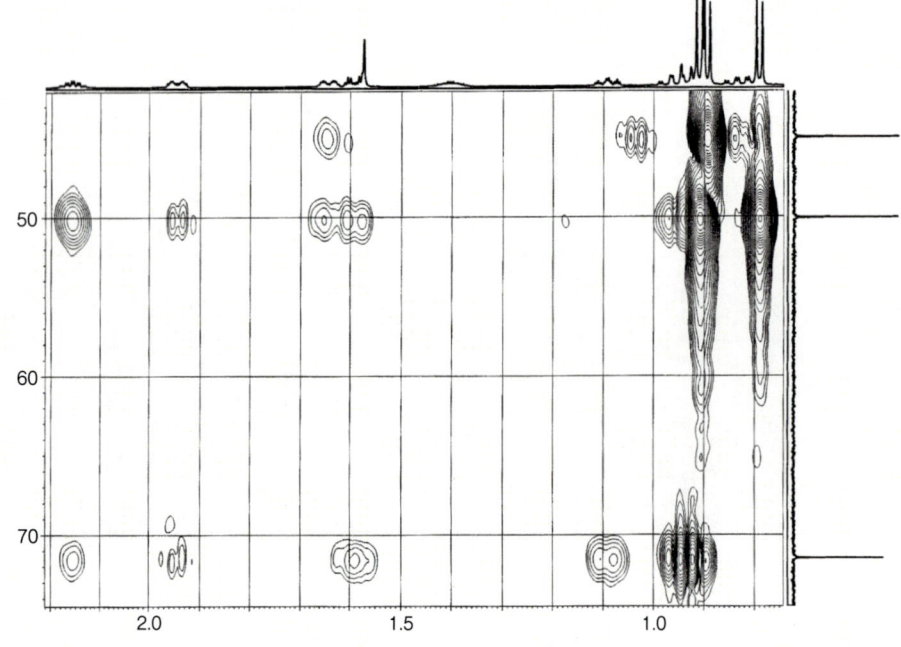

図 2.22 メントールの HMBC スペクトル(a, b, c)

(4) 以下の 6 つのプロトンはメントールの ¹H NMR から抜粋したものである．カップリング定数を読み取り，立体配置の帰属をしなさい〔各プロトンをカープラス則にしたがってカップリング定数(J値)に基づいて帰属するとともに，メントールの立体配座も推定しなさい〕．

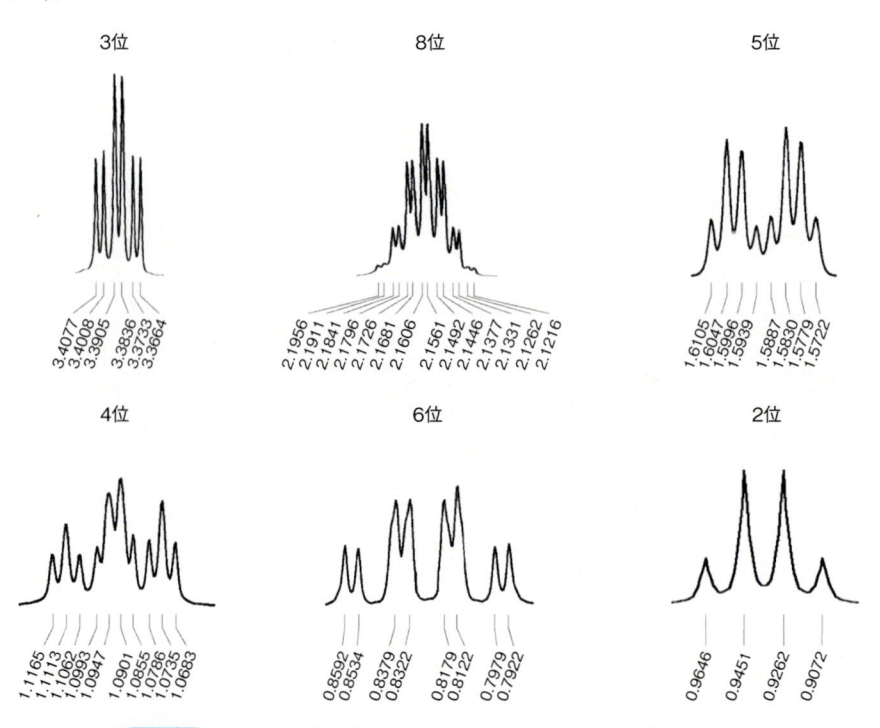

3位　　　　　　　　　8位　　　　　　　　　5位

3.4077
3.4008
3.3905
3.3836
3.3733
3.3664

2.1956
2.1911
2.1841
2.1796
2.1726
2.1681
2.1606
2.1561
2.1492
2.1446
2.1377
2.1331
2.1262
2.1216

1.6105
1.6047
1.5996
1.5939
1.5887
1.5830
1.5779
1.5722

4位　　　　　　　　　6位　　　　　　　　　2位

1.1165
1.1113
1.1062
1.0993
1.0947
1.0901
1.0855
1.0786
1.0735
1.0683

0.8592
0.8534
0.8379
0.8322
0.8179
0.8122
0.7979
0.7922

0.9646
0.9451
0.9262
0.9072

図 2.23 メントールの ¹H NMR スペクトルの抜粋(拡大チャート)

問題の解答

【Part 1：確認問題の解答】

第2章　UVスペクトルの解析
1. ×
2. ×
3. ○
4. ○
5. ×
6. ○
7. ○
8. ○
9. ×
10. ×
11. ×
12. ○

第3章　IRスペクトルの解析
1. ×
2. ○
3. ○
4. ×
5. ○
6. ×
7. ○
8. ○
9. ○
10. ×
11. ○
12. ○
13. ×
14. ×
15. ○
16. ○

第4章　MSスペクトルの解析
1. ×
2. ○
3. ×
4. ○
5. ×
6. ○
7. ○
8. ○
9. ×
10. ○
11. ×
12. ○
13. ○
14. ○
15. ○
16. ×
17. ○
18. ○
19. ○
20. ○
21. ×
22. ○

第5章　NMRスペクトルの解析
1. ○
2. ×
3. ○
4. ○
5. ○
6. ×
7. ×
8. ○
9. ×
10. ×
11. ○
12. ○
13. ×
14. ○
15. ×
16. ×
17. ○
18. ×
19. ○
20. ○
21. ×
22. ×
23. ○
24. ×
25. ×
26. ○
27. ○
28. ○
29. ×
30. ×

第6章 そのほかのスペクトル分析
【旋光度(比旋光度)】
1．×
2．×
3．○
4．○
5．×
6．×
7．○
8．○
9．○
10．○
11．×
12．×

【円二色性(CD)スペクトル】
1．○
2．×
3．○
4．○
5．○
6．×
7．○
8．×
9．○
10．×

【X線結晶解析】
1．×
2．○
3．○
4．○
5．×
6．×
7．○
8．×
9．○
10．×

【Part 1：第5章 NMRスペクトルの解析■練習問題の解答】
練習問題 5-1
$\nu = \gamma(B/2\pi)$ より，$\nu_H/\gamma_H = \nu_C/\gamma_C = \nu_F/\gamma_F = B/2\pi$
$\nu_C = (\nu_H/\gamma_H) \times \gamma_C = (\gamma_C/\gamma_H) \times \nu_H = (0.6728 \times 10^8/2.675 \times 10^8) \times 3 \times 10^8 = 7.55 \times 10^7$
　　(約 75 MHz)
$\nu_F = (\nu_H/\gamma_H) \times \gamma_F$
$\gamma_F = (\nu_F/\nu_H) \times \gamma_H = (282 \times 10^6/300 \times 10^6) \times 2.675 \times 10^8 = 2.5145 \times 10^8$

練習問題 5-2
$N_\beta/N_\alpha = 1 - h(\gamma/2\pi) \cdot B/kT$ 〔式(5.6)〕を用いる．

練習問題 5-3
式(5.7)より，$\nu - \nu_0 = \nu_0 \times \delta \times 10^{-6}$
(1)では，$\nu_0 = 500$ MHz $= 500 \times 10^6$ Hz
したがって，$\delta = 1.00$ のとき，$\nu - \nu_0 = (500 \times 10^6) \times 1.00 \times 10^{-6} = 500$ Hz
(2)では，$\nu_0 = 100$ MHz $= 100 \times 10^6$ Hz
したがって，$\delta = 1.00$ のとき，$\nu - \nu_0 = (100 \times 10^6) \times 1.00 \times 10^{-6} = 100$ Hz

練習問題 5-4
α 位 2.62，β 位 1.54，δ 位 0.73，ε 位 0.51

練習問題 5-5

$$\begin{array}{c} O \\ \parallel \\ C-O-CH_2-CH_3 \\ \underset{b}{H_2C} \quad\quad \underset{a}{} \quad \underset{c}{} \\ C-O-CH_2-CH_3 \\ \parallel \\ O \quad\quad a \quad c \end{array}$$

練習問題 5-6
5.5 から 6.5 ppm の間(1 ppm)をものさしではかると，75 mm である．したがって，75 mm が 300 Hz に相当し，1 mm は 4 Hz である．J_{ab}，J_{ac}，J_{bc} に対応する幅をおのおのものさしではかると 2.5 mm，4.0 mm，0.5 mm である．したがって，$J_{ab} = 4 \times 2.5 = 10$ Hz，$J_{ac} = 4 \times 4.0 = 16$ Hz，$J_{bc} = 4 \times 0.5 = 2$ Hz である．これらの値はおのおの，図 5.17 および表 5.7 の二重結合のシス，トランス，ジェミナル間の結合定数と矛盾ない．

練習問題 5-7
(a)と(c)，(b)と(d)

練習問題 5-8
1：6本，**2**：4本，**3**：5本，**4**：3本

練習問題 5-9
15 ppm (= 9000 Hz) を 32768 に分割してデータを取得する．したがって，分解能は，$9000 \div 32768 = 0.27466$ Hz

【Part 2：問題の解答】
第1章　IRスペクトルの問題
問題 1-1
(a)　2-ブタノン
　　　1718 cm^{-1} は，通常のカルボニル伸縮振動
(b)　ブタナール
　　　1728 cm^{-1} は，ケトンよりやや高波数
　　　2722 cm^{-1} は，アルデヒドの C—H 伸縮振動
(c)　N-エチルアセトアミド
　　　1655 cm^{-1} は，アミドカルボニル伸縮振動
　　　3921 cm^{-1} は，アミド N—H 伸縮振動
(d)　塩化プロピオニル
　　　1792 cm^{-1} は，塩化物のカルボニル伸縮振動

問題 1-2
(a)　3600 cm^{-1} 付近のヒドロキシ基の伸縮振動

(b) カルボニルの伸縮振動（共役系 1680 cm^{-1} か非共役系 1715 cm^{-1}），末端アルケンの吸収（3080, 890 cm^{-1}）
(c) カルボニルの伸縮振動（アミド I 型 1680 cm^{-1}，II 型 1570 cm^{-1} か芳香族系 1690 cm^{-1}），アミノ基，アミド基は，測定法や水素結合によっても変化するが幅広い吸収（3100〜3300 cm^{-1}）

問題 1-3 〔いずれもカルボニルとヒドロキシ基の吸収によって同定可能〕
(a) 酸塩化物
(b) カルボン酸
(c) アルコール
(d) アルデヒド
(e) アミド

問題 1-4
(a) シクロヘキサノン
(b) アセトフェノン
(c) 酢酸エチル
(d) ブチロラクトン

第 2 章　MS スペクトルの問題

問題 2-1
(a) p-ヒドロキシアセトフェノン

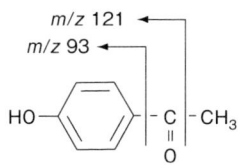

m/z 121
m/z 93
HO-C₆H₄-C(=O)-CH₃

(b) p-トルイル酸

m/z 119
m/z 91
H₃C-C₆H₄-C(=O)-OH

(c) 酢酸フェニル

m/z 93
C₆H₅-O-C(=O)-CH₃

(d) 2-ヒドロキシアセトフェノン

m/z 105
m/z 77
C₆H₅-C(=O)-CH₂OH

問題 2-2
(a) m/z 119　（ベンジルカチオン）

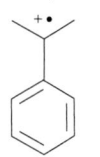

[C₆H₅-CH(+)-CH₃]

(b) m/z 66　（逆 Diels-Alder 開裂）

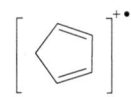

[シクロペンタジエン]$^{+\bullet}$

(c) m/z 30　（α-開裂）

$\overset{+\bullet}{CH_2}-NH_2 \longleftrightarrow \overset{+}{CH_2}=NH_2$

(d) m/z 93　（McLafferty 転位）

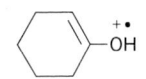

[シクロヘキセノール]$^{+\bullet}$ -OH

問題 2-3
(a) m/z 91　（トロピリウムイオン）

[C₇H₇]$^+$

(b) m/z 30　（α-開裂）

$CH_2=\overset{+}{NH_2}$

(c) m/z 43　（α-開裂）　　m/z 58　（McLafferty 転位）

$H_3C-\overset{+\bullet}{C}\equiv O$ 　　$H_3C-\underset{CH_2}{\overset{+\bullet}{C}-OH}$

問題 2-4
(a) m/z 70　　　　　　m/z 55

$H_3C-\underset{CH_3}{CH}-CH_2-\overset{+\bullet}{CH}$ 　　$H_3C-\underset{CH_3}{\overset{+\bullet}{C}}=CH$

(b) (α-開裂)

m/z 73　　　　m/z 45

(c) (α-開裂)

m/z 59　　　　m/z 31

第3章　NMRスペクトルの問題

問題 3-1　e
問題 3-2　e
問題 3-3　b
問題 3-4　d
問題 3-5　b
問題 3-6　e a c d b
問題 3-7　a:6, b:6, c:7, d:6, e:7
問題 3-8　e
問題 3-9

(a) ジオキサン

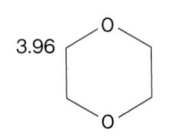

3.96　　　　67.2

(b) 酢酸エチル

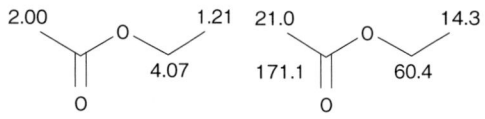

2.00　　1.21　　　21.0　　14.3
　　4.07　　　　171.1　　60.4

(c) メタノール

—OH　　　　　—OH
3.42　3.97　　　50.1

(d) ヘキサン

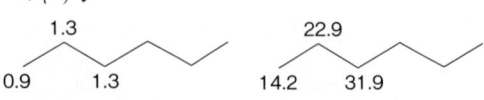

1.3　　　　22.9
0.9　1.3　　14.2　31.9

(e) ベンゼン

7.34　　　　128.4

(f) トルエン

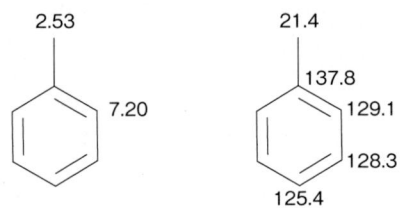

2.53　　　　21.4
7.20　　　　137.8
　　　　　　129.1
　　　　　　128.3
　　　　　　125.4

(g) THF (テトラヒドロフラン)

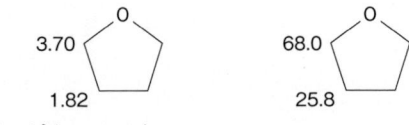

3.70　　　　68.0
1.82　　　　25.8

(h) ジクロロメタン

5.30　　　　53.5
CH₂Cl₂　　　CH₂Cl₂

(i) クロロホルム

7.26　　　　77.2
CHCl₃　　　CHCl₃

(j) ジエチルエーテル

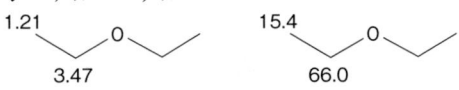

1.21　　　　15.4
3.47　　　　66.0

(k) エタノール

3.57　　　　57.8
HO　1.11　　HO　18.1
2.60

(l) アセトン

2.16　　　　30.8
　　　　　　206.6

(m) DMF (N,N-ジメチルホルムアミド)

2.97　　　　36.4
2.88　　8.02　　31.3　　162.6

(n) イソプロパノール

1.20　　　　25.3
4.00　　　　64.0
OH　　　　　OH
2.10

(o) ブタノール

0.84　1.40
　　　　　＼＿＼＿＼＿OH
　　1.40　3.51　2.20

13.9　34.9
　　　　　＼＿＼＿＼＿OH
　　19.1　62.3

問題 3-10

(a) 構造 **2**: エトキシ基 OCH$_2$CH$_3$ (4.0, 1.4), 芳香環 (6.8, 7.0), CH$_3$ (2.3 ppm)

(b) 構造 **3**: C(=O)CH$_3$ (2.6 ppm), 芳香環 (7.8, 7.2), CH$_2$CH$_3$ (2.7, 1.2)

問題 3-11

(a) PhCH$_2$CH$_2$OC(=O)CH$_3$: 2.9, 4.3, 2.0, 7.2　**7**

(b) PhCH$_2$OC(=O)CH$_2$CH$_3$: 5.1, 2.3, 1.2, 7.3　**5**

(c) 4-メチル安息香酸エチル: 2.3 (H$_3$C), 7.2, 7.9, 4.3, 1.3　**4**

(d) 安息香酸プロピル: 7.4, 8.0, 4.2, 1.8, 1.0　**1**

問題 3-12

(a) CH$_3$CH$_2$C(=O)OCH$_3$: 1.1, 2.3, 3.7　**3**

(b) CH$_3$C(=O)CH$_2$OCH$_3$: 2.1, 4.1, 3.4　**4**

(c) CH$_3$C(=O)CH$_2$CH$_3$: 2.1, 2.5, 1.0　**1**

(d) CH$_3$C(=O)OCH$_2$CH$_3$: 2.1, 4.1, 1.2　**2**

問題 3-13

エチルベンゼン (PhCH$_2$CH$_3$)　**5**

問題 3-14

(a) サリチル酸メチル — ortho 置換ベンゼン環に COOCH$_3$ と OH

(b) アスピリン — ortho 置換ベンゼン環に COOH と OCOCH$_3$

(c) パラオキシ安息香酸メチル — para 置換ベンゼン環に C(=O)OCH$_3$ と OH

(d) アセトアミノフェン — para 置換ベンゼン環に NHC(=O)CH$_3$ と OH

問題 3-15

(a) (CH$_3$)$_2$CHC(=O)CH$_3$ (3-メチル-2-ブタノン)

(b) CH$_3$CH(OH)CH=CH$_2$ (1-ブテン-3-オール)

問題 3-16

$J_A = \nu_{A1} - \nu_{A2} = (E_2 - E_1)/h - (E_4 - E_3)/h$
$\quad = (E_2 - E_1 - E_4 + E_3)/h$

$J_X = \nu_{X1} - \nu_{X2} = (E_3 - E_1)/h - (E_4 - E_2)/h$
$\quad = (E_3 - E_1 - E_4 + E_2)/h$

したがって，$J_A = J_X$

ここで，ν_{A1} は X 核が α 状態での A 核の α から β への遷移に対応し，ν_{A2} は X 核が β 状態での A 核の α から β への遷移である．ν_{X1}，ν_{X2} については，A 核が α あるいは β 状態での X 核の遷移に対応する．E_1〜E_4 は，A 核と X 核の 4 種の組合せ ($\alpha\alpha$, $\alpha\beta$, $\beta\alpha$, $\beta\beta$) のエネルギーレベルである．おのおのの遷移に対応するエネルギー差は図右側に示した通りとなる．

問題 3-17

HOCH$_2$-C(CH$_3$)=CH-C(=O)-O-CH$_3$ におけるプロトン割当:
- d: OH
- b: HOCH$_2$— (i)
- e: =C-CH$_3$ (k)
- a: =CH— (h)
- c: OCH$_3$ (j)
- f: C=O
- g: =C<

第4章 総合問題

問題 4-1

(b) 1. カルボニル基
2. ヒドロキシ基(カルボン酸のヒドロキシ基)
3. イソプロピル基
4. isobutyric acid

isobutyric acid

(c) 1. カルボニル基
2. エチル基(プロパノイル基)
3. methyl propionate

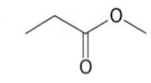

methyl propionate

(d) 1. カルボキシル基
2. butyric acid

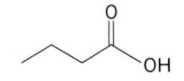

butyric acid

(e) 1. アセチル基のメチルとメトキシ基のメチル
2. methoxy acetone

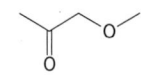

methoxy acetone

問題 4-2

(a) 1. 二つのカルボニル基
2. 二つのメチル基と二つのメチレン基
3. ethylene diacetate

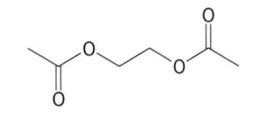

ethylene diacetate

(b) 1. 二つのアセチル基と隣接位に水素が1個存在するメチル基
2. 化学シフト値より，酸素原子が二つ置換し，さらに分裂様式より隣接位にメチル基が存在する．
3. ethylidene diacetate

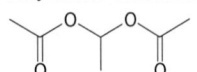

ethylidene diacetate

(c) 1. 一つのカルボキシル基と一つのカルボニル基
2. エトキシ基

3. ethylhydrogen succinate (4-ethoxy-4-oxo-butanoic acid)

ethylhydrogen succinate

問題 4-3 (解答は本文中にあります)

問題 4-4

(1) 12個
(2) アルデヒド
(3) イソプロピル基
(4) パラ置換ベンゼン
(5) 10個
(6) $C_{10}H_{12}O$, 分子量 148. マススペクトルの分子イオンピーク m/z 148 と矛盾しない.
(7) p-イソプロピルベンズアルデヒド

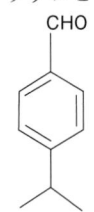

問題 4-5

(1) 水素 10 個，炭素 6 個
(2) カルボン酸
(3) $C_6H_{10}O_2$, 分子量 114, マススペクトルの分子イオンピーク m/z 114 と矛盾しない.
(4) 二重結合. ^1H NMR シグナルが ^1H 分のみであるため，三置換二重結合と考えられる．
(5) 2個のメチル基. $\delta 1.83(3H, s)$ はシングレットであり，このメチル基の隣りは四級炭素と考えられる．また，$\delta 1.07(3H, t)$ はトリプルレットであり，このメチル基の隣りはメチレン基(CH_2)と考えられる．すなわち，CH_3CH_2-(エチル基)が存在する．
(6) $\delta 6.91(1H, t)$ と $\delta 1.07(3H, t)$ の二つ．合計水素4個分．$\delta 6.91$ と $\delta 1.07$ のシグナルはいずれも三重線であるため，いずれもメチレン基[$\delta 2.22$ (2H)]に隣接していると考えられる．すなわち，$\delta 6.91$ と $\delta 1.07$ のシングルはメチレン基($\delta 2.22$)を挟んで存在する．
(7) 2-methyl-2-pentenoic acid. ここでは二重結合の E/Z は問わない．$CH_3CH_2CH=C(CH_3)COOH$

問題 4-6
(a) methyl benzyl alcohol
(b) p-methoxy toluene
(c) phenethyl alcohol
(d) phenetole
(e) methoxy toluene
(f) methyl benzyl alcohol

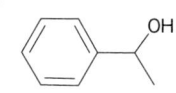

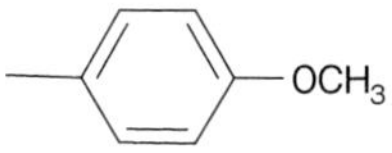

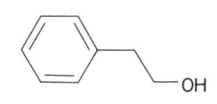

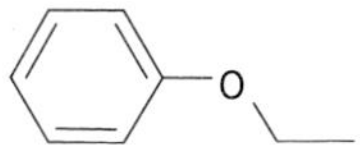

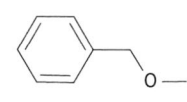

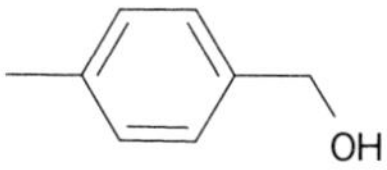

問題 4-7
(a) cinnamyl alchohol
(b) propiophenone
(c) p-ethylbenzenaldehyde

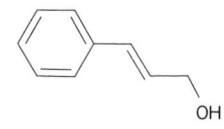

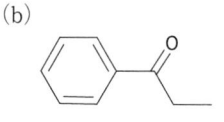

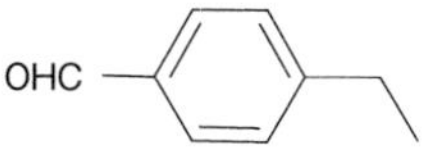

問題 4-8
(a) isobutyl acetate
(b) ethyl butyrate
(c) 2-ethyl butyric acid
(d) methyl valerate
(e) propyl propionate
(f) isopropyl propionate
(g) pentyl formate
(h) butyl acetate
(i) methyl 2-methyl butyrate

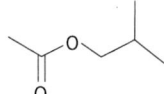

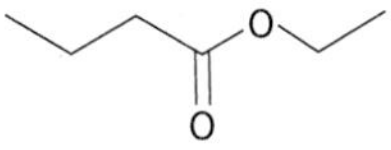

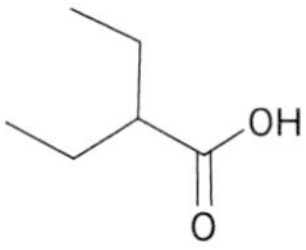

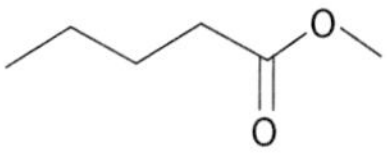

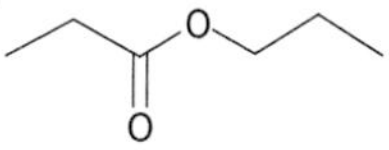

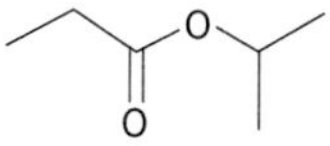

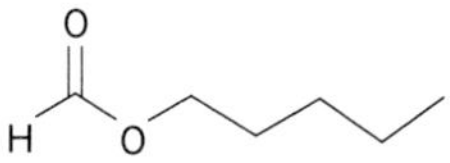

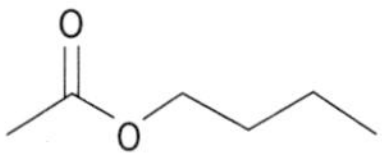

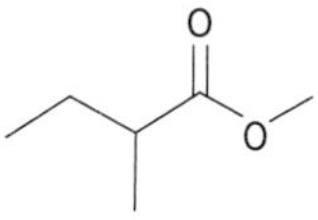

問題 4-9
(a) sec-butylbenzene
(b) tert-butylbenzene
(c) tetramethylbenzene
(d) tetramethylbenzene

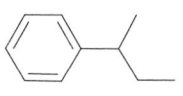

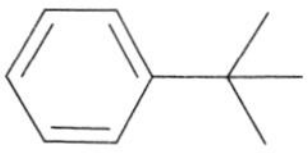

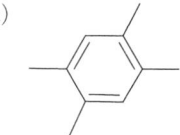

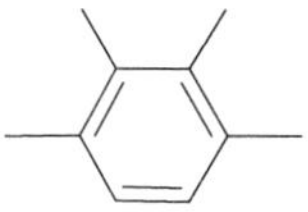

問題 4-10
(a) hydrocinnamic acid
(b) benzyl acetate
(c) methoxy acetophenone
(d) ethyl benzoate
(e) ethoxy benzaldehyde
(f) p-tolyl acetate
(g) hydratropic acid
(h) phenyl propionate

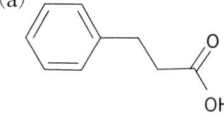

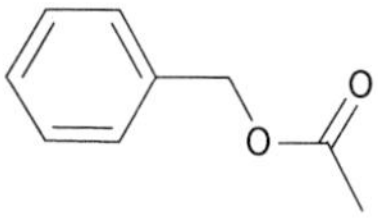

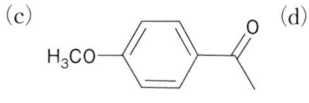

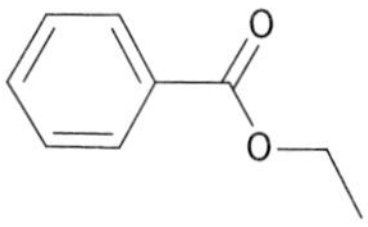

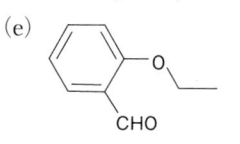

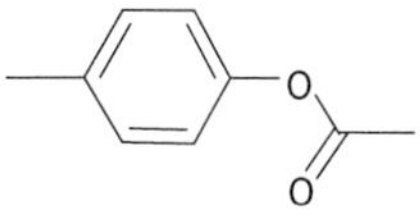

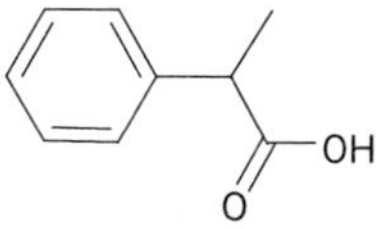

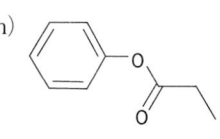

(i) methyl toluate (j) methyl phenylacetate

問題 4-11
(a), (b), (c), (d), (e), (f)

問題 4-12
(a), (b), (c), (d), (e)

問題 4-13
(a), (b), (c), (d), (e), (f), (g), (h), (i)

問題 4-14
(a)

(b) [構造式]

(c) [構造式]

問題 4-15 [構造式]

問題 4-16 [構造式]

問題 4-17 [構造式]

問題 4-18 [構造式]

問題 4-19 [構造式]

問題 4-20 [構造式]

問題 4-21 [構造式]

問題 4-22 [構造式]

問題 4-23 [構造式]

問題 4-24 [構造式]

問題 4-25 [構造式]

問題 4-26 [構造式]

問題 4-27 [構造式]

問題 4-28
(a) [構造式]　(b) [構造式]

問題 4-29 [構造式]

問題 4-30
(a) [構造式]　(b) [構造式]

問題 4-31
(a) [構造式]
(b) [構造式]

問題 4-32

(シクロヘプタノンの構造式)

第 5 章　天然有機化合物のスペクトル解析と問題②
演習問題：クエルセチン，スコポラミン，メントール

【クエルセチン】

(1) ¹H NMR(DMSO-d_6, 600 MHz)
6.17(1 H, s)
6.39(1 H, s)
6.87(1 H, d, 8.6 Hz)
7.53(1 H, dd, 1.9, 8.6 Hz)
7.67(1 H, d, 1.9 Hz)
9.39(2 H, brs)
9.60(1 H, brs)
10.79(1 H, brs)
12.49(1 H, s)

¹³C NMR(DMSO-d_6)
93.6, 98.4, 103.2, 115.3, 115.8, 120.0, 122.2, 136.0, 145.3, 147.0, 147.9, 156.4, 160.9, 164.1, 176.1

(2) (クエルセチン構造式：¹H NMR帰属 6.39 (8), 6.17 (6), 7.67 (2'), 6.87 (5'), 7.53 (6'))

(3) (クエルセチン構造式：¹³C NMR帰属 93.6 (8), 98.4 (6), 115.3 (2'), 115.8 (5'), 120.0 (6'))

(4) (クエルセチン構造式：OH プロトン帰属 12.49 (5-OH) など)

【スコポラミン】

(1) 不飽和度(水素不足指数) $17 - 21/2 + 1/2 + 1 = 8$

(2) ¹H NMR(CDCl₃, 600 MHz)
1.32(1 H, d, 15.2)
1.56(1 H, d, 15.2)
2.00(1 H, dt, 15.2, 4.5)
2.09(1 H, dt, 15.2, 4.5)
2.44(3 H, s)
2.60(1 H, brs)
2.64(1 H, d, 2.7)
2.95(1 H, d, 1.4)
3.09(1 H, d, 1.4)
3.37(1 H, d, 2.8)
3.73(1 H, dd, 8.9, 5.2)
3.79(1 H, dd, 11.3, 5.2)
4.15(1 H, t, 9.7)
5.01(1 H, t, 5.2)
7.21(2 H, d, 7.2)
7.29(1 H, t, 7.2)
7.34(1 H, t, 7.2)

¹³C NMR(CDCl₃):δ 30.7, 30.8, 42.0, 54.2, 55.9, 56.4, 57.6, 57.7, 63.9, 66.8, 127.9, 128.0, 129.0, 135.6, 171.9

(3) ¹H NMR(CDCl₃, 600 MHz)
1.32(1 H, d, 15.2, H-2a)
1.56(1 H, d, 15.2, H-4a)
2.00(1 H, dt, 15.2, 4.5, H-2b)
2.09(1 H, dt, 15.2, 4.5, H-4b)
2.44(3 H, s, NCH₃)
2.60(1 H, brs)
2.64(1 H, d, 2.7, H-7)
2.95(1 H, d, 1.4, H-1)
3.09(1 H, d, 1.4, H-5)
3.37(1 H, d, 2.8, H-6)
3.73(1 H, dd, 8.9, 5.2, H-2')
3.79(1 H, dd, 11.3, 5.2, H-3'a)
4.15(1 H, t, 9.7, H-3'b)
5.01(1 H, t, 5.2, H-3)
7.21(2 H, d, 7.2, H-5')
7.29(1 H, t, 7.2, H-7')
7.34(2 H, t, 7.2, H-6')

(4) ¹³C NMR(CDCl₃):δ 30.7(C-2), 30.8(C-4), 42.0

(NCH₃), 54.2(C-2'), 55.9(C-7), 56.4(C-6), 57.6(C-1), 57.7(C-5), 63.9(C-3'), 66.8(C-3), 127.9(C-5'), 128.0(C-7'), 129.0(C-6'), 135.6(C-4'), 171.9(C-1').

(5) HMBC 相関ピーク

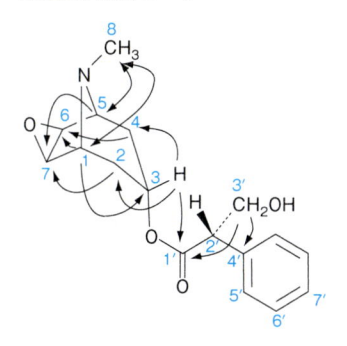

特徴的な HMBC 相関(→)

(6) NOESY 相関ピーク

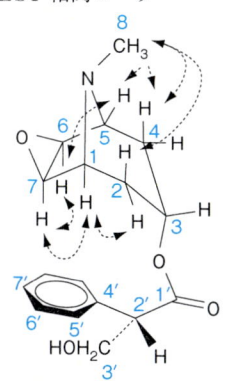

特徴的な NOESY 相関(◄--►)

【メントール】

(1)
¹H	¹³C
0.79	16.0
0.83, 1.64	34.5
0.94, 1.95	45.0
0.95, 1.59	23.1
0.90	22.2
0.91	21.0
1.09	50.1
1.40	31.6
2.16	25.8
3.39	71.5

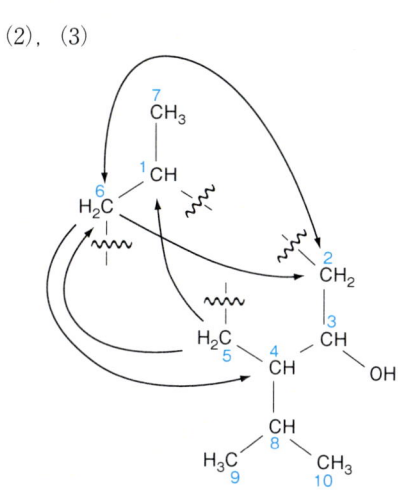

(2), (3)

COSY より解析できる部分構造と特徴的な HMBC 相関(→)

(4) 0.94(1 H, ddd, 11.5, 11.5, 10.5, H-2β)
0.82(1 H, dddd, 12.0, 12.0, 12.0, 3.5, H-6β)
1.09(1 H, dddd, 13.0, 10.5, 3.0, 3.0, H-4β)
1.59(1 H, dddd, 13.0, 3.5, 3.0, 3.0, H-5β)
2.16(1 H, ddd, sept.d, 7.0, 3.0, H-8)
3.39(1 H, td, 10.5, 4.0, H-3)

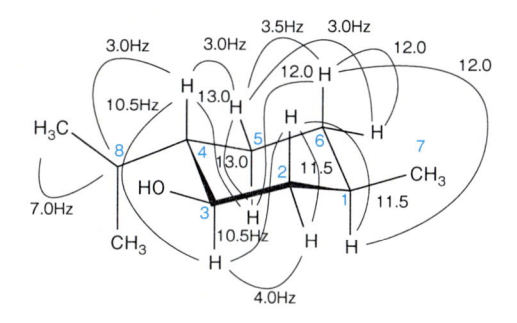

索引

事項

あ

アキシアル-アキシアル	44
アキシアル-エクアトリアル	44
アリルカチオン	24
α-開裂	23
イオン化法	19
イオントラップ質量分析計	20
イメージングプレート	80
液膜法	12
エクアトリアル-エクアトリアル	44
遠隔結合	57
円二色性	71, 73
オクタント則	73, 74

か

回転座標系	47
外部磁場	34
改良モッシャー法	181
化学シフト	34, 35
化学的等価	39
核オーバーハウザー効果	53, 57
核磁気共鳴	29
核スピン	29
カップリング	40
カープラスの式	43
カルボカチオン	24
換算質量	10, 11
完全デカップリング法	53
緩和	49
基準ピーク	22
気体セル法	12
基底状態	5
逆ディールス-アルダー開裂	27
吸光度	8
吸収分光法	2
鏡像体過剰	71
共鳴周波数	31
共役系	4
局所磁場	34
キラリティー	71
キラル	71

クライオ(コールド)プローブ	182
結合強度	10
結合性軌道	5
結合定数	41
ケミカルシフト	34
光学活性	71
光学純度	71
格子定数	79
高磁場側	36
コットン効果	74

さ

最高被占軌道(HOMO)	6
最低空軌道(LUMO)	6
ジェミナルカップリング	62
紫外線	5
磁気異方性効果	37
磁気回転比	29
磁気的に等価	64
磁気モーメント	29
磁気量子数	30
実験室座標系	47
シム	59
指紋領域	11, 12
遮蔽定数	34
臭化カリウム錠剤法	11
重原子	77
重水素交換	64
自由誘導減衰	47
助色団	7
伸縮振動	13
深色シフト	8
水素不足指数	18
スピン-スピン結合	40
赤外線	10
——吸収スペクトル	10
積分	39
絶対立体配置	181
ゼーマンエネルギー	31
ゼーマン分裂	30
旋光性	71, 73

旋光度	71
浅色シフト	8
相関ピーク	55
相対立体配置	182

た，な

縦緩和	50
単位格子	79
単収束質量分析計	20
単純開裂	25
淡色シフト	8
窒素ルール	18
超伝導磁石	59
低磁場側	37
データ取り込み	52
電子衝撃イオン化法	17
電子遷移	4, 5
電磁波	2
電子密度	77
電子モーメント	74
同位体イオン	17
──ピーク	22
同位体存在比	17
等価	39
透過率	8, 12
トロピリウムイオン	25
ナノグラム	2
二次元NMR	55
二重収束質量分析計	19
二面角	43
ヌジョール法	11
熱平衡状態	32
濃色シフト	8

は

薄膜法	12
パスカルの三角形	43
発色団	5, 74
パルスNMR	46
パルス照射	48
パルス遅延時間	52
反結合性軌道	5
ビオ・サバールの法則	29
ピーク面積	39
飛行時間型質量分離装置	21
ビシナルカップリング	62
フィルム法	12

複合格子	79
フックの法則	10
不飽和度	18
フラグメンテーション	22
フラグメントイオンピーク	22
ブラッグの式	78
ブラベ格子	79
プランク定数	29
フーリエ変換	47
ブルーシフト	8
プローブチューニング	59
分解能	61
分子イオンピーク	21
分子内水素結合	16
平面構造	182
ペースト法	11
ヘテロリシス	22
変角振動	13
ベンジルカチオン	24, 25
芳香族性	25
ホモリシス	22
ボルツマン定数	32
ボルツマン分布	32

ま，や

マクラファティー転位	26
ミリグラム	2
ミリマス測定	19
モル吸光係数	7
モル楕円率	73
誘起磁場	34
溶液法	11
横緩和	49
4軸型X線回折装置	80
四重極質量分析計	20

ら

ラジオ波	29
ラーモアの歳差運動	31
ランベルト-ベールの法則	7
ルーフ効果	62
励起状態	5
レッドシフト	8
連続波	46
レンツの法則	34
ロック	59
──シグナル	58

化合物

あ

アスピリン(acetylsalicylic acid)	105
アセチルコリン(acetylcholine)	188
アセトアミノフェン(acetaminophen)	105
アセトアリニド(acetanilide)	85
アセトイン(acetoin)	111
アセトフェノン(acetophenone)	87
アセトン(acetone)	97
アニソール(anisole)	85
アニリン(aniline)	8
p-アミノアセトフェノン(*p*-aminoacetophenone)	85
安息香酸(benzoic acid)	22
安息香酸エチル(ethyl benzoate)	105
イソホロン(isophorone)	54
エタノール(ethanol)	97
N-エチルアセトアミド(*N*-ethylacetamide)	84
エチルフェニルケトン(ethyl phenyl ketone)	105
エチルベンゼン(ethylbenzene)	55, 105
エトキシベンゼン(ethoxybenzene)	105
塩化プロピオニル(propionyl chloride)	84

か

ギ酸エチル(ethyl formate)	39
クエルセチン(quercetin)	184
p-クレゾール(*p*-cresol)	64
クロロホルム(chloroform)	97

さ

酢酸エチル(ethyl acetate)	66, 87, 97
酢酸フェニル(phenyl acetate)	89
サリチル酸メチル(methyl salicylate)	105
ジエチルエーテル(diethyl ether)	66, 97
1,4-ジオキサン(1,4-dioxane)	97
シクロアルケン(cycloalkene)	45
シクロヘキサノン(cyclohexanone)	87
シクロヘキサン(cyclohexane)	44
シクロペンタノン(cyclopentanone)	13
シクロペンタン(cyclopentane)	44
ジクロロアセトアルデヒド(dichloroacetaldehyde)	40
1,1-ジクロロエタン(1,1-dichloroethane)	42
2,6-ジクロロフェノール(2,6-dichlorophenol)	8
ジクロロメタン(dichloromethane)	97
p-ジメチルアミノ安息香酸エステル(*p*-dimethylaminobenzoate)	74
ジメチルホルムアミド(dimethylformamide; DMF)	68
N,N-ジメチルホルムアミド(*N,N*-dimethylformamide)	97
重クロロホルム(CDCl$_3$)	58, 64
重DMSO(dimethyl sulfoxide)	58
スコポラミン(scopolamine)	188

た, な

テトラヒドロフラン(tetrahydrofuran)	97
テトラメチルシラン(tetramethylsilane)	35, 59
2-ドデカノン(2-dodecanone)	92
ドデシルアミン(dodecylamine)	92
トランス-10-メチル-2-デカロン(*trans*-10-methyl-2-dekaron)	74
1,1,2-トリクロロエタン(1,1,2-trichloroethane)	41, 64
p-トルイル酸(*p*-toluic acid)	89
トルエン(toluene)	67, 97
トロパンアルカロイド(tropane alkaloid)	188
トロピンエポキシド(tropine epoxide)	190
ノルボルネン(norbornene)	91

は

[10]-パラシクロファン([10]-paracyclophane)	39
ビス-*p*-ジメチルアミノベンゾエート(bis-*p*-dimethylaminobenzoate)	76
2-ヒドロキシアセトフェノン(2-hydroxyacetophenone)	89
p-ヒドロキシアセトフェノン(*p*-hydroxyacetophenone)	89
p-ヒドロキシ安息香酸メチル(methyl *p*-hydroxybenzoate)	105
(*E*)-4-ヒドロキシ-3-メチル-2-ブテン酸メチル〔(*E*)-methyl 4-hydroxy-3-methylbut-2-enoate〕	109
フェニルアラニン(phenylalanine)	62
1-フェニルヘキサン(1-phenylhexane)	92
ブタナール(butanal)	84
1-ブタノール(1-butanol)	97
2-ブタノン(2-butanone)	84
ブチルアミン(butylamine)	91
tert-ブチルベンゼン(*tert*-butylbenzene)	91
ブチロラクトン(γ-butyrolactone)	87
フラボノール(flavonol)	184
2-プロパノール(2-propanol)	97
プロパン酸エチル(ethyl propanoate)	105
2-プロピルシクロヘキサノン(2-propylcyclohexanone)	91

ブロモエチレン(bromoethylene)	45		4-メチル-3-ペンテン-2-オン(4-methyl-3-penten-2-one)	85
ヘキサン(hexane)	97		3-メチル-1-ブタノール(3-methyl-1-butanol)	94
5-ヘキセン-2-オン(5-hexen-2-one)	85		p-メトキシケイ皮酸エステル(p-methoxycinnamate)	74
ベンジルアルコール(benzyl alcohol)	85		R-および S-α-メトキシ-α-トリフルオロメチルフェニル酢酸〔R-および S-α-methoxy-α-(trifluoromethyl)phenylacetic acid〕	182
ベンゼン(benzene)	97			
1-ペンタノール(1-pentanol)	60, 65			
2-ペンタノール(2-pentanol)	94		メバロノラクトン(mevalonolactone)	62
3-ペンタノール(3-pentanol)	94		メントール(menthol)	194
			モノテルペンアルコール(monoterpene alcohol)	194

ま, ら

マロン酸ジエチル(diethyl malonate)	40			
メタノール(methanol)	97		ルチン(rutin)	184

欧　文

AB システム	61		HOMO	6
anti-Diels-Alder 開裂	27		ion trap mass spectrometer	21
ATR 法	12		ITMS	21
CCD カメラ	80		Karplus equation	43
CD	73		KBr 法	11
──励起子キラリティー法	74		Lambert-Beer law	7
chemical ionization	19		LUMO	6
CI 法	19		MALDI 法	19
^{13}C NMR	53		mass spectrometry	17
continuous wave	46		matrix assisted laser desorption ionization	19
COSY	183		McLafferty 転位	26
coupling constant, J	41		Mosher 法	182
CW 法	46		MS スペクトル法	17
DEPT(法)	54, 183		MTPA	182
dihedral angle	43		NMQC	56
DMF	68		NMR	29
EI 法	17, 19		──の基本的共鳴条件	31
electron impact	17, 19		──溶媒	59
electrospray ionization	19		NOE	53, 57, 183
ESI 法	19		NOESY	57, 183
FAB 法	19		quadrupole mass spectrometer	20
fast atom bonbardment	19		R 値	80
FID	47		ROESY	183
Flack パラメータ	81		roof effect	62
FT	47		time of flight mass spectrometer	21
geminal	62		TMS	35, 59
^{1}H(プロトン)	29		TOFMS	21
^{1}H-^{1}H COSY	55		vicinal	62
HMBC	57, 183		X 線結晶解析	77
HMQC	183			

著者略歴

森田　博史
（もりた　ひろし）
1960年　埼玉県生まれ
1988年　東京薬科大学大学院博士課程修了
現　在　星薬科大学薬学部教授
専　門　天然物化学，生薬学
薬学博士

石橋　正己
（いしばし　まさみ）
1957年　佐賀県生まれ
1985年　東京大学大学院理学系研究科
　　　　博士課程修了
現　在　千葉大学名誉教授
専　門　天然物化学
理学博士

第1版	第1刷	2011年4月1日
	第9刷	2024年9月10日

ベーシック有機構造解析

検印廃止

JCOPY 〈出版者著作権管理機構委託出版物〉

本書の無断複写は著作権法上での例外を除き禁じられています．複写される場合は，そのつど事前に，出版者著作権管理機構（電話 03-5244-5088, FAX 03-5244-5089, e-mail: info@jcopy.or.jp）の許諾を得てください．

本書のコピー，スキャン，デジタル化などの無断複製は著作権法上での例外を除き禁じられています．本書を代行業者などの第三者に依頼してスキャンやデジタル化することは，たとえ個人や家庭内の利用でも著作権法違反です．

著　者　森田博史
　　　　石橋正己
発 行 者　曽根良介
発 行 所　㈱化学同人
〒600-8074 京都市下京区仏光寺通柳馬場西入ル
編 集 部　TEL 075-352-3711　FAX 075-352-0371
企画販売部　TEL 075-352-3373　FAX 075-351-8301
振　替　01010-7-5702
e-mail webmaster@kagakudojin.co.jp
URL https://www.kagakudojin.co.jp
印刷・製本　大村紙業株式会社

Printed in Japan　© H. Morita, M. Ishibashi 2011
無断転載・複製を禁ず

ISBN978-4-7598-1456-9